U0258554

万类霜天竞自由

初雯雯　方通简　　著

中信出版集团 | 北京

图书在版编目（CIP）数据

万类霜天竞自由 / 初雯雯，方通简著 . -- 北京：
中信出版社 , 2024.5
ISBN 978-7-5217-6190-0

Ⅰ . ①万… Ⅱ . ①初… ②方… Ⅲ . ①野生动物－动
物保护－研究 Ⅳ . ① S863

中国国家版本馆 CIP 数据核字（2023）第 226050 号

万类霜天竞自由
著者：　　初雯雯 方通简
出版发行：中信出版集团股份有限公司
　　　　　　（北京市朝阳区东三环北路 27 号嘉铭中心　邮编　100020）
承印者：　　嘉业印刷（天津）有限公司

开本：787mm×1092mm　1/16　　印张：21.75
插页：16　　　　　　　　　　　字数：312 千字
版次：2024 年 5 月第 1 版　　　印次：2024 年 5 月第 1 次印刷
书号：ISBN 978-7-5217-6190-0
定价：78.00 元

蒙新河狸采集新鲜的灌木柳枝条送回巢穴

摄影：初雯雯

跨越了几千公里回到阿尔泰山的赤麻鸭夫妇

摄影：初雯雯

上： 阿尔泰山野生动物救助中心野放雕鸮，
"咔吧"临回家前拍摄的照片
摄影：方通简

下： 阿尔泰山野生动物救助中心里的黑鸢，
它好奇地打量穿着伪装服的保育员
摄影：方通简

右上： 让初雯雯单身好几年的"秃鹫大哥"
康复后霸占了她的卫生间
摄影：王大鹏

右下： 为草原雕制作可以缓解脚部
压力的仿自然栖架
摄影：初雯雯

上：　阿尔泰山野生动物救助中心救助的
　　　喀纳斯网红小狐狸"狐萝卜"
　　　摄影：方通简

下：　阿尔泰山野生动物救助中心救助的
　　　小赤狐"毛毛"和"小小"
　　　摄影：王大鹏

阿尔泰山野生动物救助中心
野放赤狐"毛毛"和"小小"
摄影：方通简

上： 阿尔泰山上的羊群

摄影：初雯雯

左： 阿尔泰山野生动物救助中心救助的棕熊"能能"

摄影：初雯雯

中毒的秃鹫奄奄一息，
第一次兽医会诊时医生们都不抱太大希望
摄影：李晓云

中毒的蓑羽鹤

摄影：方通简

阿勒泰地区自然保护协会的
小伙伴们
摄影：方通简

下身瘫痪的猞猁"女王"

摄影：方通简

目录

第一章
唉，真的就只能这样了吗？

I

第二章
走，带你干件大事去！

第三章
哎，太阳好像快升起来啦！

第四章
嘿，这是真正的自由！

第五章
棒，野生动物的劫后余生

河狸军团：守护野生动物，引领公众参与的生态保护使者

在国家的倡导和社会的关注下，虽然生物多样性保护的议题受到了越来越多的关注，但依然是环保和公益领域里的小众议题，在吸引社会资源和公益捐赠方面，比起其他离公众日常生活更近的议题，难度要更大。

在新疆阿勒泰，一个名叫阿勒泰地区自然保护协会的年轻团队，正用他们的勇气和坚持，书写着一段关于野生动物保护的传奇。他们通过抖音平台，不但让全国乃至全世界看到了这片土地上的生机与活力，更是引领了很多年轻的、没有专业背景的互联网用户参与其中，共同守护这片大地的生态平衡。

初雯雯的抖音账号，是一个展示新疆野生动物保护工作的新窗口，更是一个连接人与自然的桥梁。她和同事们用镜头捕捉下河狸在自然生境里的生机勃勃，被救助野生动物的顽强生命，以及很多令人惊叹的美好瞬间，让无数抖音用户透过她的镜头身临其境，感同身受。用户们的每一个点赞、每一次转发，都在为他们的保护工作加油鼓劲。正是这种真挚的情感纽带，让他们在短短几年内与大量的网友们站在了一起，组成了年轻、热情、热爱公益的"河狸军团"。

"河狸军团"的成功并非偶然。他们深知，野生动物保护工作不仅需要关注与支持，还需要更多的资金与资源。于是，他们在为野生动物保护公益项目筹款的同时，公开透明地通过短视频和直播向用户们展示每一分捐款的去向，确保每一分钱都用在实处。这种真实与执着，赢得了线上用户的广泛信任和支持。这种对捐赠的敬畏和责任，正是当下公益事业所稀缺的。

这本书所讲述的故事不仅仅是一个保护者的自述，他们更用实际行动证明了每个人都有能力为生态保护和自己热衷的公益事业做出贡献。他们鼓励网友们参与到保护行动中来，从捐款、志愿服务到成为专业的野生动物保育工作者，从传播信息到亲身参与，他们都毫无保留地分享自己的经验和心得。

如今，这些生动的自然保护故事被整理成书，让更多的人了解新疆的美好生境、了解野生动物保护、了解人与自然的关系。这本书的出版，不仅仅是对初雯雯和阿勒泰地区自然保护协会工作的肯定，更是对"河狸军团"每一位参与者的最好回馈。字节跳动公益平台有幸能在这个美好而伟大的历程中，以平台资源略助绵力，也让他们的工作能为更多人所知，得到更多支持。

让我们跟随"河狸军团"的脚步，走进新疆的大美之地，感受生命的奇迹，共同守护每一个生命的美好未来。这本书不仅仅是对协会小伙伴们的致敬，更是对每一个心中有爱、有责任的人的邀请函。

罗海岳

"河狸军团"网友，公益同行者

第一章

唉，真的就只能这样了吗？

栖息地消失，河狸0号家族不见了

初雯雯

"为什么是河狸？"

这个是我被问过次数最多的问题，没有之一。

是啊，河狸公主的头衔，协会80%的公益项目都跟河狸相关，连标志都是一只河狸，别人肯定会好奇这个问题。

我其实有各种各样官方的答案，比如河狸数量很少，只有600只左右，又是国家一级保护动物；比如阿勒泰地区这个生物多样性高度发达的区域，生活在这里的小朋友都见过很多野生动物，我小时候就见过河狸，还被它大尾巴拍击水面的声音吓到过，就印象深刻；再比如因为河狸可以凭借一己之力修筑水坝，创造小环境为其他很多野生动物提供家园之类的，这样的答案随便在脑子里捞一捞，就能拼凑在一起。但其实这些理由都是浮在表面上的，真正选择河狸的那个瞬间，是我不想提起的，每次想起都会觉得像是心脏被剜走了一块。

富蕴县的恰库尔图镇，是阿勒泰去乌鲁木齐的必经之路，从小我就经常路过那里。乌伦古河从镇子里流过，那里住着好几个河狸家族。12岁那年，傍晚在路边溜达，我在一条小土渠边上，看见了一只河狸正在水边抱着灌木柳啃，我有点惊讶，于是小声说："哎呀。"没想到它听见了我的动静，迅速蹿入水中，在进水的一瞬间，宽大的尾巴拍击水面，啪的一声巨响，水花溅了我一脸。

我赶忙蹲下，一动不动的，心想，就算是蚊子来咬我，我也坚决不动一下，一定要再看到这个肥嘟嘟、圆滚滚的小家伙。过了大概15分钟，远处的河面冒出几个水泡，在水面上碎开，一路咕噜咕噜着，接着一个小脑袋丝滑地从水下露出来。河狸宝宝回来了，屁股后面跟着三角形状散开的水波纹。它又回到了刚才的岸边，后腿支起身子，乌黑油亮的鼻子在空气中嗅着，又左顾右盼一番，确认没有了威胁，再抱起没吃完的灌木柳，继续干饭。它的小手抓着树干灵活转着圈，大板牙配合着手上的动作，将树皮啃下吞进肚里，咔嚓咔嚓咔嚓的声音飘过来，均匀又细密，像高级厨师在切土豆丝。

从那以后，每次我路过恰库尔图的时候，都会先蹑手蹑脚地走到土渠跟前，侧头伸着耳朵听一听有没有切土豆丝，哦不，啃树的咔嚓声响；然后再矮下身子，悄摸走到我第一次见到河狸的最佳观景点，坐在那里静静等着，那儿的草都被我坐塌了一块儿。也因为这只河狸，我开始从各种途径了解这个神奇的物种。去恰库尔图的无聊旅程，也因为它的存在而变得让人充满期待了。我还记得，最开始去看这只河狸的时候，它是"孤身一人"，到了第三年的时候，居然出现了另一只。它俩在岸边互相梳理毛发，卿卿我我的，这居然就组建了家庭，嘿，可真好。但河狸这个物种，每次都会把自己的宝宝保护得很好，直到小朋友柔软的绒毛换成长而粗且防水的针毛，才会让它出门，所以这几年，我一直没能见过它家的崽，还挺遗憾的。

也不知道是不是老天爷听到了我这份遗憾，非要让我用更遗憾的方式来补齐这个心愿。

那时协会刚成立，我对未来的一切都充满着期待，终于能在自然保护领域大展拳脚，那种畅快，想要让全世界都知道。

在那年冬天的某个午后，我和老方坐在办公室里，晒着太阳喝茶，跟他描绘着协会和自然保护事业的大好未来，给他讲各种野生动物的故事，讲到河狸的时候，我说它们还会"修冰箱"。老方很震惊，说："会修冰箱？这是什么神奇操作啊！"我当时就来了兴趣，拽着他就要出门，去看看修好的"河狸冰箱"长什么样，也带他认识一下我单方面的好朋友。

在水渠边下了车，我把食指比在嘴边，小声跟老方说："嘘，从这里开始就要静悄悄的了，要不然河狸会被吓跑。你跟着我，弯着腰往前走，走到那个地方，我们看看它们在不在；不在的话我带你从冰面上走过去，去看它们的食物堆，也就是它们的'冰箱'啦……大概就在那个位置……"我好像看到冰面上有两坨黑色的东西，举起的手本来在指示方向，慢慢落下，那是什么？我好像看见了大尾巴，怎么一动不动，而且整个姿态都是僵硬的？

当时我就有点慌了，又往前走了两步，它怎么还没动？

不对劲！我直接就冲了过去，等看清楚情况的时候，我哐当一下就坐在了覆盖着皑皑白雪的冰面上。老方也冲了过去，我已经泪流满面了。

是两只河狸，以扭曲的姿势交叠着，整个身子已经被冻在了冰面上，头不见了。

"它俩，怎么都死了？"我哭着问，也不知道是问老方，还是问老天爷。

老方小心地拽了一下我羽绒服的袖子，往旁边指了指。我扭头，感觉脑袋里的神经绷断了，是一只小小的河狸，只有我手掌那么长，也静静地躺在妈妈身边的雪地里。

我跟疯了一样，腿跪在地上，两只手在冰面上想要把雪全部刨开，想要知道到底发生了什么。老方看着我崩溃，本来有洁癖的他也不管了，蹲在冰面上跟我一起刨着。刺骨的冰雪冻红了我俩的手，但我们一秒都没有停，仿佛早一秒挖出来，它们就能活过来一样。天地间除了雪花摩擦发出的沙沙声之外，什么声音都没有。我的眼泪一滴一滴砸落在冰面上，震耳欲聋。

半个小时之后，它们周身的冰雪都被清理干净，我这才明白发生了什么。

"是冰，冰全冻透了，食物堆也被冻在了里面，妈妈想要把冰啃开，给娃找一口吃的，河岸也彻底冻住了。它被卡在了河岸和冰之间，爸爸想来救妈妈，也来拼命啃，可是并没有用。看，这里的河岸还沾着它的血。它也被卡住了。宝宝看爸爸妈妈这么久不回家，还很饿，就出来看，发现妈妈在这里，于是想要钻到妈妈怀里吃口奶，可是怎么也吃不到。那么短的毛，没一会儿就冻僵了。"我哭得话都说不利索，但还在努力厘清思路，给老方复盘着现场。

"它们一直一直住在这里，但河狸会根据情况选择栖息地，如果这里不适合生存了，水位变低了，它们就会去寻找新的家园。可能是没有找到适合的栖息地，也可能是因为有娃，就没选择搬。这些小傻子，就为了这么一口饭啊！我知道，野生动物活着就为了一口饭、一口水，但是我接受不了！我不能接受它们怎么就这么没了，为什么啊！"我终于忍不住了，号啕大哭，滚烫的泪水流过已经冻成冰的旧泪水，融化了一起从我脸上落下。

我已经记不清自己是如何离开那里的，只能记得，在回去的路上我就一直絮絮叨叨地跟老方讲着我和这个河狸一家的故事，失去的时候才能懂得自己最珍惜什么。那个时候，我才明白，原来在我心里，河狸一直占据着最重要的位置。

那天，稍微平静了之后，我就想，我这么爱河狸，那能做点什么呢？能怎样减少这样心痛的时刻呢？

想起了我当初查到的很多文献，也许用科研的方式，先了解清楚河狸的现状，再去搞明白它们面对的问题，再行动吧。

没过几天，我就和地区林草局的护林员们一起回到了恰库尔图，开始了河狸调查，调查表格里第一条，就是家族编号。我给这窝命名为 0 号家族，它们已经不在了，但它们永远是我河狸保护之路的起点，会作为纪念碑，永恒地停留在那里，永远地留存在我的科研调查表格里。

写到这里，我已泪流满面，但回望那个瞬间，我竟有一丝感激，细究的话，还有一点点释怀。如果不是它，我不会那么坚定地选择河狸，可能也就无缘做出那么多努力，帮助蒙新河狸整个种群数量提升 20% 吧。

0 号家族，虽然你们的故事我不会再提起，但我会永远记得。

初老板的姥姥是协会的"天使投资人"

方通简

有个很奇怪的现象，协会几乎每个同事都想去阿勒泰市出差。协会驻地在富蕴县，这两个地方距离两个多小时车程。同事们日常工作安排得很满，所以，每个人都忙着埋头干活，通常进城出差这种耗时的事总没人愿意干，除了去阿勒泰市。

我很早就发现了这个现象，例如派同事小马哥去某外地出差，他大概率会说："最近手头事情太多，能不能等几天，我好多攒几件事一起去办？"但如果安排他去阿勒泰市，仅需要10分钟他就能高高兴兴地整装待发，其他人则投来羡慕的眼神。

起初我以为大家是想进城逛逛，但很快发现即使是乌鲁木齐，大家也不愿意去，单单就喜欢阿勒泰市。这是怎么回事呢？趁着某天种树时大伙都在，我好奇地问："阿勒泰市到底有啥好的？你们怎么都想去？"大伙互相看看，嘿嘿笑着不说话。

"快，不告诉我的话，你们都不许去了，以后我自己去。"我说。"其实也没啥，就是去了可以住在姥姥家，初老板她姥姥做饭太——好吃了！""酱肘子满分的！""你们吃过姥姥做的红烧排骨没？""韭菜合子也是一绝，上次我吃了8个！""饺子，还有饺子！"大家急了，连忙招供。

我明白了，怪不得这些家伙每次出差都像回家一样。

起初我都以为初老板姥姥的名字叫"吕富贵"，因为她的手机上就是这么存的。直到第一次见到姥姥，我觉得这个名字真写实啊，老太太白白胖胖，说话慢悠悠，脾气很好，一脸福相。

"姥姥，你的名字真喜庆啊，很有年代感。"某天，守着一大盘酱肘子，碗里抢了好几块排骨，旁边还叠了几个韭菜合子的我终于也轮到去阿勒泰市出差的机会了。"你听她乱喊，我不叫这个名字。"姥姥瞪了初老板一眼，慢条斯理地说。

"哈哈哈，这是我给姥姥起的外号。"初老板笑出了鹅叫。原来，姥姥小时候家境很好，据说老人家的父亲是十里八乡有名的殷实人家。初老板从小就拿"地主家的女儿"跟疼爱她的姥姥开玩笑，起出了"吕富贵"这么个名。

当年，初老板硕士毕业后和几个同学回到阿勒泰市创办了阿勒泰地区自然保护协会，起步时两手一摊，要啥没啥，不仅没工资，几个人连饭都没法解决。颠沛流离了一阵子后，"青黄不接"的初老板想到了解决办法：向姥姥求救，请求姥姥发挥余热，给大家做中午饭。姥姥说："做饭行，可这么多小伙子、大姑娘，好几张嘴，谁负责买菜买肉？"初老板厚着脸皮憋出一句："可我们也没工资啊，要不，您老再发挥多一点余热，买菜钱也您出？"

就这样，姥姥轻易地相信了初老板"等我以后有工资了好好孝敬您"的空头支票，协会的创始团队找到了吃中午饭的地方。那么早饭和晚饭怎么解决呢？"那还用说吗，中午吃不完的打包啊，哈哈哈。"初老板倚在姥姥身上笑着回忆。

于是，在那些个协会刚刚成立，脆弱得像一株嫩芽的日子里，拉着小推车买菜，走路和说话都慢吞吞的姥姥成了大伙最有力的后盾。每天繁重的体力工作结束后，再晚再累都会有一桌丰盛的菜，有一盏温暖的灯在等着大家。那段时光，这些跟着初老板为了自然保护的理想从全国各地来到阿勒泰的年轻人在遥远的阿尔泰山脚下有了家。"当时真的很艰苦，无法想象是怎么扛下来的，只记得回姥姥家吃饭是我每天最大的期待。"多年后，当时的一位小伙伴这样告诉我。

时至今日，每次我们办完事离开阿勒泰市返回富蕴前，姥姥仍然会一次次地向我们确认："你们真的有饭吃吧？没骗我吧？看你们瘦的，要不要带一些吃的走？"初老板也会一次次地回答："哎呀，姥姥！我们现在真的已经不饿肚子了，富蕴县对我们很好，单位就有食堂呢。"

我至少十几次替协会的同事们转达邀请，想请姥姥来如今的协会看看。可老人家至少十几次跟我说："你们年轻人做事那么忙，我就不去添麻烦了。就算现在条件好一点了也要省着钱花，自己多买些肉吃啊。"

不知道当年的姥姥会不会想到，她用最简单的心愿保存下来的自然保护种子，现在已经发展成了在全国拥有数百万人的公益群体"河狸军团"。五年过去了，种子生长出了根系和枝干，那群曾经在她家混饭吃的年轻人已经在乌伦古河流域恢复了大面积的野生动物栖息地，拉起了一支浩浩荡荡的牧民自然保护巡护员队伍，还建成了国际山脉阿尔泰山在中国境内的第一所专业野生动物救助中心，挽救了上百条野生动物的生命。

现在，我们经常开玩笑称姥姥是协会的"天使投资人"，她总是不好意思地让我们别瞎说，自己只不过是"做了几顿饭罢了"。我想，善良其实是一种很简单的传承，是一种也许无法用复杂语言描述的行为模式。当"河狸军团"的年轻人浩浩荡荡地向世界传递爱的温度时，可能不会有人想到在最初的时光里，我们其实早就得到了一位朴实的新疆老太太温柔的爱。

实在被叮得不行了，有了河狸直播

初雯雯

天边的云彩燃烧起来了，在渐变色天空组成的画布上层层叠叠。太阳已经落山，没有什么光芒会在天空中和这些华美的云彩争抢，它们放心大胆地展示着自己的样子。最高处是深蓝色的天空上叠着一团被扯开平铺着的云，像是把棉花无章地扯开，从边缘到内里，都显现出毛茸茸的感觉，这坨棉花是紫红透着点暗影的样子，红得发紫，紫得发黑；在天的中段，这些云是光芒四射的，金色的云彩是丝质缎带，有的平铺在天空浅蓝的底色上，有的调皮一些，尾巴飞了起来，这些缎带的金色也不尽相同，靠近上半部分的衔接处，是温和的橘金，衬得天空的冷色调越发明显起来。下半部分呢，是张扬且尖锐的白金色，看起来就很不好说话的样子。而到了最下边，在靠近地平线的地方，云彩变得温和，更加细细密密，把深黑色的树林紧紧地抱在怀里，橘红色的光勾勒出每一片树叶的样子，天空也不甘愿只当个背景了，非要展示一道一道的象牙白，就像用剪刀把云朵整齐地切开了一样。

在这个瞬间，乌伦古河心甘情愿地变成了一面镜子，就像是刻意放慢了流速一样，将每个层次的颜色都复制到了河面上。细小的水波纹泛起的涟漪像是为这些色彩点缀上了宝石，是低调的宝石，不像钻石那样强势耀眼，而是心甘情愿地当个配角，让整幅画面更和谐了几分。突然，这宁静被打破了，水面上出现了一个锐角三角形，顶点处是一个黑点，所到之处撕破了画布，三角形经过的地方只剩下黑色的线条和振动的波纹，平行于顶点的波纹一圈一圈地漾开，随着水流扩散开来。镜头拉近，是一只河狸，刚从窝里出来，正在它的湿地里逡巡着。

这样的画面，每天都在河狸直播上演着，甚至每一个落日的颜色构成都不相同，我从没在河狸直播里见过一模一样的两次日落。其中的颜色变化，相信我，我匮乏的语言描述不了它的十分之一，只有身在其中，只有让你的眼睛和这个画面亲密接触，才能感受到大自然完整的细节丰富的美。你要是喜欢，可以拉近距离，去看每一层云彩的颜色；可以转动镜头，跟着不和谐小三角一路前游，陪着它一起检查领地；可以对准天空，看一群群忙碌了一天的鸟儿结伴飞行归巢的身影。

过去，要是想要看到这样的场景，想要拍下河狸的照片或视频，只能是蹲在河道里，日夜守候着。那一脚踩进去就升腾起来的蚊子云啊，那河道里能把相机和我都搞得跟落汤鸡一样的露水啊，那无法抵御的钻过我的羽绒服、毛衣、秋衣、内衣和汗毛的让人战栗的湿气啊，都是要付出的代价。而现在，只要打开手机或者电脑，调出河狸直播，全天 24 小时随时就能看见，是可以装在口袋里的大自然。而且说实话，河狸直播的镜头比咱的眼睛和脖子好使多了！它能转 360 度，上天下河无所不能。

如今能看得见的河狸直播，就是我 2019 年 6 月心里设想的样子，它所展现的日升、月落和磅礴的自然，是我 4 年前在心里种下的种子开出的明艳动人的花。

这颗种子是"河狸军团"送给我的。

那时候，河狸像是纽带，它们在野外，我用相机记录下来，发布到各个媒体平台上，"河狸军团"的家人们就这样隔着网络，看着河狸宝宝胖乎乎、圆滚滚的样子，它用两个后腿用力支撑起全身的重量，两个前爪捧着泥巴修房子。大家看着它们竖着小耳朵蹲在水坝旁仔细听哪里漏水了，再顺着河水拖来是它们身长好几倍的树枝修补好水坝；大家看着河狸夫妇彼此依偎在一起梳理毛发，拿尾巴当坐垫，一屁股坐在上面，拿小短手费劲儿地搓着肚子。"河狸军团"的家人们对这些圆滚滚的小家伙可太喜欢了，每天都催着我多发点动态，但我也总在想，要怎么样才能让大家更方便地自己就能看见河狸呢？在一个仲夏的夜晚，我趴在河道边上，腿是万万不敢动的，河狸会被吓跑，只能奋力支起上半身，一个手扶着相机，另一只手拍死了那天试图来吸我血的第68只蚊子，突然就灵光乍现了。哎，人能直播，河狸不能自己直播吗？大家都那么喜欢河狸，它自己营业不行吗？

种子一旦种下了，就一发不可收了，那天我干脆也不拍了，躺在河道里，看着满天星斗，听着河狸在旁边嘎吱嘎吱吃饭，开始了对于河狸直播的思考。

人对于未知进程的期盼和迷恋能超过世间所有的美好，我坚信在某一天，河狸直播一定会落成，河狸隐秘的生活会被展示在大众面前，网友们可以远程看到我看到的每一个场景。一整晚，我都在默默地自言自语。"这个可太厉害了，直接一秒就能看到真正的大自然，还能看到河狸宝宝搓肚子洗脸。""河狸庇佑的野生动物们都会被全世界看到，而且还不会被打扰。野生动物们在这里面展现的都是它们最自然的一面！""全中国户外都还没有这个呢，咱这个搞起来，就可以帮其他机构探探路！""只要模式跑通，就能给更多野生动物建立直播了！"甚至还想到，是不是能从直播里看到小小一只的河狸宝宝，它们会不会把爸爸妈妈宽大的尾巴当成滑板呢？这些场景能够被喜欢它们的人随时随地看到，真是想想都觉得心里暖暖的，连蚊子都显得不那么烦人了。

有个让人兴奋到战栗的好点子但不能表达的感觉可真憋屈，我熬啊熬啊，好不容易等天边泛了白，我估摸着差不多到该睡醒了，赶紧掏出手机给协会的另一位"天使投资人"——阿拉善SEE西北项目中心的邹主席打电话。那阵儿河狸还没睡觉，还在我旁边溜达着，我只能压低了声音把我一整晚的思考全都倒了出来，可能是我的酣畅淋漓加了分，可能是河狸宝宝在旁边增加了幸运值，也可能是乌伦古河的气场给我当靠山，反正结果就是邹主席在电话里当场拍板："这个想法好啊！基金会支持你！需要多少钱，报个方案来，然后你就放开手脚去做吧！"

命运的齿轮开始转动，河狸直播的梦想从乌伦古河边那个扛着相机雀跃着、蹦跳着的小姑娘开始了。

拿到了最关键的资金——8万元，我和同事们开始了建立河狸直播的历程：找寻适合的河狸家族，去恳求牧民大叔把他们家一平方米的地方借给我们来当机房，求供应商便宜一点给我们搞一套设备，无数次往返于办公室和河狸直播点之间 300 多公里的路上……

过程的复杂，中间遇到的各种问题，其实现在想起来已经不那么重要了。在当时也并没有吓倒过我们，"太难了，我们放弃吧"这样的想法好像从来没有出现过，取而代之的是每次遇到问题的时候，我和同事们都坐在一起拿出手机翻通讯录，想着找谁和怎么去解决。艰难困苦不过是一个又一个肯定能解决的小问题罢了。因为那颗种子已经变成了一株幼苗，我们都知道它会成为的样子。

终于，在 2019 年 9 月，河狸直播正式上线，这也是中国第一家野生动物直播。

整个 9 月，我几乎就没好好睡过觉，每天晚上都抱着电脑屏幕不撒手，三个摄像头轮着切换，一会儿放大，一会儿又缩小。河狸在那个季节刚好在存储越冬用的"冰箱"，我们把河狸直播挂上了哔哩哔哩网站，我还开心地当了很久的解说员，"河狸军团"在直播里集结。我们一起看着河狸夫妻从河流的尽头出现，拖着树枝沿着水流回到家里，它们先后流畅地在水中一个翻滚，潜入水下，将树枝插在河岸上又浮起来，慢悠悠地游向远方，朝着河狸食堂的方向。几个往返之后，它们好像累了，两个小家伙挨着坐在了岸边，彼此梳理着毛发，就像是在窃窃私语："也不知道今年冬天冷不冷，咱们囤的树枝够不够吃。""是呢，可能得多来点，给咱家里的麝鼠兄弟也备点。"

就这样，河狸直播从梦想变成了现实，"河狸军团"在河狸直播里一起看了许许多多个日升月落，它还变成了好多网友的睡眠必备神器，看着河狸忙忙碌碌，听着轻音乐，很快就能入眠。有时候因为一些意外，河狸直播偶尔断线，大家就跑过来留言："咋回事！河狸直播咋还不开！还让不让我们睡觉了！"

那个时候，我们就天天看着河狸傻乐了。

河狸直播是"河狸军团"的梦想之一，这样的梦想还有很多，但回望来路，都是从一颗种子开始的，一步一步，就开出了自己的花。所以啊，一定要坚信自己的梦想会实现，在你对这个梦想有一颗坚定的心的时候，这颗种子自己就会向你展现出它未来的样子。朝着它给你展示的方向走，披荆斩棘也不怕，慢慢地，它自己就长成了，梦想也就成真了。

她说带我干票大买卖

方通简

我的印象中，在挺长的一段时间里，初老板总是缺肉。她几乎洗劫了所有身边的朋友，让大家给她买肉。鸡肉、牛肉、羊肉、兔子肉，统统都要，竟然还有一次问我能不能买到耗子，我翻了一个大白眼。

那时我还没有正式加入协会，在阿勒泰市工作。隐约感觉这位小朋友有点意思，她每次进城找到我不吃饭，不喝酒，连茶也很少喝，就要肉。其实除了肉她还蹭车，后来可能觉得盘剥我太过头，不好意思，或者是考虑到朋友也得可持续发展，所以她就改要求用我的车帮她运送从其他朋友那搞来的肉。

"老方，开上车，我带你干一票大买卖去。"她打电话。

"老兄救命，再帮我拉点肉。"她打电话。

"拉肉，走。"她打电话。

"走。"最后就成了这样。

正所谓，朋友再多也怕猛薅。终于，因为化缘的频率太高，她货源开始紧张，大家都不敢接她电话了。后来我才知道，当时她的压力很大，动物们张着嘴等肉吃，买是肯定买不起的，现在跟朋友们也整不来很多新的肉了，怎么办呢？

"算了，让他们缓缓，我过一阵再要。走，今天我想了个新路子，但是需要你配合一把。"某天周末，她中午前杀到我门前。我一脸蒙："女将军，这次计将安出？""你别问那么多，跟着我走就行了，保证你不亏本，还能混顿饭吃！"她一副胸有成竹的样子。

她开着我的车，进了一个小区里，熟练地摸出一张门禁卡，打开了单元门，冲我招招手。"快来！"

　　我刚要下车，她又说："我看你后备箱里有茶叶嘛，你带一盒上来。"

　　我只好又把新买的茶叶贡献了出来。上楼，她按门铃。开门的是女主人，问她："你这个大忙人怎么舍得回来了？"她大大咧咧地进屋，鞋子随意一丢："妈，这位是老方，我的好朋友！"说着从鞋柜里翻出一双拖鞋摆在我面前："老方快进来，我给你泡茶喝。"

　　我和她妈妈都没搞明白怎么回事，只好尴尬地点点头，算是打了招呼。"妈，老方可仗义了，看我们缺肉，这次决定赞助我两只羊。我想着拿了人的肉总得请人吃顿饭感谢感谢吧，可我又没钱，只好委托你和我爸请人家吃一顿喽。"她自己倒了杯水边喝边用手扇着风。

　　"啊？我说要赞助了吗？好吧好吧，那我赞助吧。"我苦笑着进屋坐下。这时初老板的爸爸也走了出来和我握手，瞪了她一眼说："有客人来也不知道提前说一声。"又转头招呼我："你好你好，小方是吧，谢谢你啊，哎呀，多亏了你们这些朋友帮衬，要不然她这个工作不好做。"初爸爸拉着我坐在沙发上。

　　"爸，妈，老方，到饭点了，你们快吃饭去吧，我就不去了，编辑老师催了我好几天了，今天必须交稿呢。"她跑回自己房间，打开电脑开始写东西。初爸爸摇摇头，嘟囔了一句"这个死丫头"。

　　于是，我们三个硬着头皮找话说的人，出门来到她家附近的一个小饭馆坐下，吃了一顿搞不清楚状况的饭。饭还没吃完，我收到了新信息："老方同志，借你车一用，我去办点事，你吃完饭后给我打电话，我来接你。"我闹不清这是什么情况，一抬头看到初妈妈也在看手机。看完手机，初妈妈抬头对初爸爸说："给你说一声啊，你的好闺女把你刚买的羊弄走了。"

　　"啊？唉，这个死丫头，像谁呀？"刚刚失去了新买的羊的初爸爸一脸无奈。吃完饭，和二位挥手告别，我站在路边给初老板打电话。

　　"我们吃完了。"

　　"我爸妈走了吗？"

"走了走了。"

"我爸吐槽我没有？"

"他觉得不可思议，但又感觉能够理解。"

"哈哈哈哈哈，我马上来接你。"电话那头她得意的表情似乎通过声音传递过来了。

再次见面后我才知道，几年来初老板为了摸清河狸栖息地的生境情况，常年在野外泡着，一直在救助站和乌伦古河两点一线地活动，鲜有回家的机会，即便富蕴距离阿勒泰市只有 200 公里，也仅仅是在除夕那天回家吃了顿中午饭。对此她妈妈打了好几次电话让她回家住几天。"我有什么办法，调查不能停，救助站动物们也都等着吃呢，一天都离不开人，我人手不足啊，况且回趟家还要加油，有那钱我还不如多买点肉呢。"她耸耸肩表示没办法。

说话那天我俩开着车到了阿勒泰市城南的一处空地，已经有一辆皮卡在等她了。我近前一看，皮卡斗子上堆了七八个编织袋。她麻利地翻上车斗开始蹲下盘货。"这只羊是从我高中老师那要的，这只是从我舅舅那要的，这只是林草局的张大哥给的……这只是我妈给的。""等等，这是你妈给的吗？明明是你刚从家偷的吧！"我忍不住拆穿她。

初老板哈哈一笑，眯着眼睛看我："方大哥好像还欠我两只哦？"好吧，我又亏了。

几年之后，我和初老板聊起当年的事情，她悠悠地回忆着这一切，每一位在协会最艰难时刻伸出过援手的朋友她都如数家珍。"好多人都说'河狸公主'了不起，做了很多事情。可事实上我只是一个小姑娘，哪里有那么大的力量呢？在协会那么多次弹尽粮绝的境地里，是我身边的朋友，是网上的'河狸军团'，是大家用一点一滴的爱做到了这些事情呀。"每次她讲起这段过往时，都很认真，眼睛里有星星在闪烁，"真的无以为报，大家的恩情我都记在心里，我就想好好做事，做出成绩来好让大家都知道自己的善良没有白费，救活了这么多条命呢。"

"对了，后来你又回家偷了几次肉啊？"我问她。"好多次呢，他们两人又吃不了那么多，但一买就是一整只羊，然后每次打电话都说漏嘴，一说漏嘴我就溜回家给她搞走，哈哈哈！"机智的初老板得意扬扬。

"你现在再想想，你妈真的傻吗？"我笑着看她，她愣住了。

河狸守护者，协会在牧区有人脉了！

初雯雯

我坐在桌子前，对着凌乱的草稿纸，上面画了4个大圆圈，分别是河狸、牧民、环境和网友。来来回回的箭头绕着这4个圈，涂涂抹抹的痕迹根本没有我的脑子乱。

只有我守护河狸是不够的，人手不是严重不足，而是根本没有。牧民是离河狸最近的人，河狸能改善环境，网友喜欢河狸，这些是客观事实，但是要怎么把这些关系串起来，形成一个闭环呢？

我头疼得要死，咋也想不出个头绪来，但我这人擅长认怂，不行的时候就赶紧场外求助啊！我给老方打电话，请他来一趟。可能是因为我想不到解决方法，情绪低落，打给老方的时候，他还以为我遇见啥大事儿了呢，不到五分钟就敲响了我家的门。看着我举着草稿纸用笔在上面指指点点的，又听着我乱七八糟的描述，加上我浑身散发的无力感，老方直接打断了我："哎，冷静，冷静，好好想一想，你想表达什么？"

我小声嘟囔，声音低到自己都快听不见了："嗯……我就是觉得……河狸宝宝这么可爱，而且已经在这个地球上活了4 000万年了，现在还只有500只左右了，大家应该都想和我一起保护它吧？你看老班长都可以，那其他的牧民兄弟们是不是也可以？还有咱们的网友朋友们，他们平时每次看到我发的河狸照片都可喜欢了，还有表情包呢，我给你看。"

老方按住正要拿手机展示的我，说："小姑娘，事儿不是这么干的，我提个建议，把每一方的需求和愿意付出的东西列出来。现在的情况我不足够了解，无法判断，你试着想一想。"

我有点犹豫，但顺着他引导的方向想：

河狸需要的是被守护，能付出的……只有它的可爱了吧？

牧民，他们可以成为守护河狸的人，可是牧民需要什么呢？钱？不行，不能给钱，守护的行为应该被奖励，但不应该拿钱来衡量。给牧草？牧草是好东西，他们需要。可是买牧草的钱从哪里来呢？

咱们能做什么呢？过几天河狸调查要开始了，可以请地区林草局帮忙，和他们一起调查,让护林员们帮忙找找牧民，这样就可以和牧民们说上话了……

环境，环境需要河狸，河狸通过修水坝提高环境质量……牧民们也需要环境，只有环境好了，水草丰茂了，牛羊才能好好成长。

网友，网友需要什么呢？大家想要看见河狸可爱的一面，还想要看着河狸宝宝在这个世界上一代又一代地繁衍下去，大家能付出什么呢？

能不能请网友们来给牧民兄弟们买牧草呢？这样好像就串起来了！

"对嘛，这就对了，你电脑呢？我给你列个表，咱们再梳理一下思路。"老方挂着他万年不变的眯眼微笑，不急不慢地说着。

我赶忙抱来了电脑，老方列好了表格，又指导我把刚才的想法整理出来，一瞬间我的脑子好像又好用起来了！我接着说："如果请牧民兄弟们来守护河狸的话，那河狸守护者这个名字怎么样？"他问："只有牧民是守护者吗？咱们的网友就不是守护者了吗？既然是携手共同守护，不如就分为在地守护者和云守护者。"

"河狸是一夫一妻一起带娃，以家族为单位，每个家族都在牧民的草场里。我们要给每一户牧民发牧草，要请网友来帮忙提供买牧草的钱，我们再给网友们看这些河狸……不对，这就不是这些河狸了，而是他们家的河狸！也就是说，一户牧民和一位网友一起守护一家河狸，这样的一对一，也就是说，可以认养河狸！虽然网友们不能来，但是可以云认养，对不对？"

老方竖大拇指："孺子可教。"

我抱着电脑对着表格把所有的想法整理出来，又从图库里找来河狸和牧民的照片贴进去，老方不停地提着建议，不到半个小时，一篇文章就出来了。我反反复复看了好儿遍，新思路带来的冲击让我久久不能平复，我只想把这个酷炫的想法说给全世界听！

"咳咳……"老方看着紧盯屏幕的我，试图引起注意。

"感谢你，老方，非常感谢，但是我现在要继续修改我的思路了，你开车没，没开车我送你，欢迎你下次再来做客。"我的兴奋劲儿上来了，就只想把这新思路好好再整理整理。

老方被我推着出了门，怨气从他嘴里冒出来："什么人啊，都不给我喝口茶的吗？哎，你别推，我会自己走！"到了楼梯口他站定，又说："最后一句，你要想好方式，看看是众筹还是公益，有内容只是第一步，还得有效传播啊。"

我是典型"狗窝里藏不住隔夜馍"的性格，想到啥事儿就必须迅速落实，不然浑身就跟爬满了虱子一样难受，管他什么众筹还是公益，只要能帮到河狸宝宝，先上线了再说！

我打开公益平台，那叫一个复杂，要找公募资质的基金会认领项目，还得找这个或那个，这不得急死我？算了，公益的事儿晚点再研究，众筹平台好像简单一些，我只要把项目写明白就可以了。那就决定是你了！我从文档里复制粘贴，把图片也一起搞过来，马上发布！

经历一番波折，看着众筹平台项目上线成功的提示，我第一时间就把链接发给老方，附言："大哥，请你当第一位守护者！"这人伙肯定要先考虑身边人嘛，我又把链接发在朋友圈，还写了好长一段文字，字里行间都是骄傲的感觉，又转发给好几个朋友。做完这些，我就开始一遍又一遍刷新着众筹的页面，看着数额有没有增长。500块，方通简，嗯，老方的；又500块，荷塘月色，我妈，感谢亲妈；又500块，是我小学老师……

我正沉迷于看着数额往上增长，老方打来电话，虽然我有点上头，但也能听见他言语之间夹杂着一点儿恨铁不成钢的意思："哎，我说让你好好想想，这就是你想的？我都还没到家呢，你的项目就上线了！你自己试了没？体验感巨差！而且，你不觉得咱现在正在做的这件事情，已经是公益了吗？为什么不用公益的方式呢？你别不说话，是不是公益平台太麻烦了？"我沉默，好半天才嗯了一声。老方语气软下来："好了，你下楼吧，咱们去咖啡厅，好好把这事儿一起研究一下，你不请我喝茶，我请你喝咖啡，总行了吧？"

中间过程很复杂，不是我不想说，是我直接把电脑丢给了老方，他完成了一系列的操作，又把图文改了又改，还联系好了基金会，前前后后忙了好几天，众筹平台的项目下线，而我们的第一个公益项目河狸守护者，正式在公益平台上线。跳出成功提示的那一秒，确定了协会未来要走的公益之路，也确定了老方迟早都得加入协会成为我合作伙伴这件事。

老方在筹备公益项目上线的这几天也没闲着，听我讲河狸的故事就讲了三天，又仔细研究了网友对于河狸的喜欢，细细准备了一篇推文，把公益项目的逻辑讲得清清楚楚，让大家明白自己付出的善良将为河狸、牧民的生活和自然带来什么样的改变，再把公益项目的链接附在文章下面。推文发出去了，老方伸了个懒腰，说出了协会一直以来奉为第一精神的一句话："网友兄弟姐妹们的钱，也是一点一滴挣来的，愿意给野生动物们，那是大家仗义，咱不能辜负了这份爱，要给大家讲清楚，更要把事情做清楚。"

善款还没筹满，我就迫不及待地和林草局的护林员兄弟们蹚雪过河，做河狸调查去了。在测量数据的空余，我给每一窝河狸家族都拍了照片，准备发给每一位云守护者，还请护林员帮忙找到了每一户河狸所在的牧民家。我留了电话，对于新模式的自信让我拍着胸脯跟他们保证："大哥，过几天我给你送一车草，以后你就是河狸守护者了，这窝河狸交给你了，记得照顾好它们！"

为了保证我吹的牛不落空，老方仔细回答着大家的每一个疑问，请他们对我们这个刚成立的公益协会放心。在我调查到乌伦古河中游第82号家族，正哆哆嗦嗦测量河狸食物堆数据的时候，老方打来电话，就说了两个字：满了。

我直接就把手里的调查记录本和尺子扔飞到天上，在冰面上一蹦三尺高，吓得护林员兄弟大喊："不能跳！冰不结实，塌呢！你这是咋了嘛！"

我也大喊着告诉他："我们在牧区有人啦！牧民大哥都是我们的啦！"

参加河狸调查，遭遇风云突变

方通简

我发誓，那天的馕沾防晒霜和花露水是我人生最难忘的一餐。

初老板又缺人手了，于是热情邀请我参加协会的河狸调查，并向我描绘了一番夏季乌伦古河河道里的美妙风光，大河奔腾、霞光漫天、雄鹰飞舞、生灵雀跃，随手一拍都是大片，说得我心痒难耐，几乎立刻答应了客串团队的摄影师兼司机。"怎么样？这么好的事带上你，所以你负责给车加油，再出个相机是不是应该的？"她在电话里问我。"是的，是的，谢谢你终于在有好事的时候想到我了。"单纯的我由衷地感到兴奋并感谢。

迅速打点行李，整装出发。清晨从阿勒泰市出发抵达富蕴县城时初老板和协会的小伙伴们已经等候多时，我放眼望去，皮卡斗里拉着睡袋、红外相机、雨衣、水裤、铁锹、锅、急救箱等等，装了鼓鼓一车，大伙给我预留了副驾驶的位置。"快上车，你咋这么磨磨蹭蹭？"戴着鸭舌帽和墨镜的初老板大老远就开始催我。"我大清早起床洗完脸就出发了。"我替自己辩解。

"还洗脸？看来你对出野外一无所知啊。"她边发动车子边喊我系好安全带。当时的我并没有完全听明白她这句话的意思，而等到我理解了之后再想后悔已经迟了。天刚刚亮，柴油皮卡从富蕴县东郊的协会驻地出发，擦着还没有彻底苏醒的富蕴县城驶向了大自然。

"方老师，给你准备的干粮。"坐在身后的协会小伙子小西贴心地递来了一摞馕。"中午咱们就在野外解决了，你可要装好啊，这是咱们今天的饭，你来保管。"初老板提醒我。"喏，这是为了感谢你今天出钱给大家加油，送你的礼物。"初老板递给我一小瓶花露水和半管防晒霜，她不知道从哪里翻出这么两样礼物递到我手里。我第一次参加如此专业的野外工作队，有些没缓过神来，唯唯诺诺地接过，仔细地把干粮和礼物放进双肩包里。

"好不容易送我个礼物，为啥还是个半管的防晒霜？"我拉好背包的拉链，拧开保温杯吹了吹热气揶揄她。"哎，那本来是我的，但是装着实在麻烦，他们还都笑我秀气，送你吧。"她说。我嘴里卡了半口水，后悔自己就不该问。

车子行驶在苍茫的戈壁公路上，远处雪山雄壮，天际雄鹰盘旋，音质实在不咋样的车载音箱里播放着一首悠扬的哈萨克族曲子《燕子》。我第一次发现初老板竟然还会说哈萨克语，她跟着小声哼唱，唱得还不错。因为起得太早，我和其余三个小伙伴实在没忍住打起了瞌睡。

在摇摇晃晃中醒来时，我们已经来到了不知名的土路上，后排的小伙伴们微鼾起伏，我扭头看看眼睛瞪得像铜铃的初老板："你困不？要不要换我开？""不困。这个路上都是坑，你恐怕开不了。"她面无表情地盯着路面。

"你！"我摇下车窗看了看周围的环境，前不着村后不着店，四下无人，这里恐怕也不是出租车的出没范围，于是识时务地咽下了没说出口的愤愤不平。"开不了就开不了，在野外还是不要得罪首席技术员了吧，万一被端下车去再遇到狼就麻烦了。"我在心里暗暗告诫自己，并强行咧出一个虚心接受的笑容。

终于到了。车子来到了没有路的区域，剩下的就靠我们的双腿了。一行人取下行李，熟练地分了工，背的背，扛的扛，队伍开始向密林深处缓慢进发。河谷里的风景确实没有让我失望，绿意盎然，流水潺潺，水鸟飞舞，蜿蜒的河道延伸到天边，消失在地平线上，那天如果不是初老板不停地在旁边打扰，我的相机储存卡空间可能会更快用完。"看！我们河狸食堂64号地。""看那，32号地。""你快看看我的灌木柳，那一片都是我种的！"她像一个骄傲的将军，克制不住地向我接连显摆她的树，还有他们的"军功章"。

为了摆脱被人影响拍照又不好意思说的境地，我抱着相机快走几步冲到了队伍最前面，认真寻找着可拍的风景，确实是一步一景，怎么拍都美。走着走着，前方的草丛中忽然闪现了一大群野鹌鹑，这种好镜头我岂能放过？于是赶紧悄悄蹲下来，架好相机预备拍摄。没想到，就在我沉浸于自己的大作中时，脖子上忽然一痒跟着一痛，吓得我赶紧拍打，却什么也没打到，于是野鹌鹑跑掉了，没拍着，我在脖子上却摸到了一个鹌鹑蛋大小的包。

伙伴们跟了上来，对我展开了围观。"不是给了你花露水吗，咋还被虫子咬了？""啧啧，这包有点大。""太惨了，一来就中招。"感慨完，他们面色平静地继续前进，显然对此习以为常。我捂着脖子赶紧跟上队伍。初时的兴奋感很快被沉重的双腿击溃，我开始感觉肩上的背包无比沉重，脖子上的包又痛又痒，屁股还被一种叫"铃铛刺"的植物扎了好几下，脚腕没有被裤腿挡住的地方也被划出了血印子，而他们却像是河道里的牛犊一样匀速推进，速度并没有降低多少，不知不觉我已经落到了队伍的最后。

"停！"还好，走在最前面的初老板叫停了队伍，我赶紧小跑几步跟上了大伙儿。"情况不对，你们闻到什么味道了吗？"原本叽叽喳喳的初老板安静了下来，快步攀上了一块河床边的巨石。"今天河里的土味怎么这么重？你们快看天。"我跟着一起抬头看去，原本炽热的日头不知道什么时候不见了，天空竟然布满了乌云，不时有鸟群飞过，随着几丝微风到来，河谷里瞬间多了几分凉意。我心中一喜，这下好过一些了。

"全体人员立刻撤离河道，顺着羊道往高处走，咱们到前面18号台地那个岩洞里休息，注意落石！"没想到初老板露出了少有的严肃表情。大家应了一声开始提速，我不知道发生了什么，只知道现在不能给大家添乱。于是，我们全速前进，几乎快要小跑起来，大约十几分钟后，忽然一股大风顺着河谷刮了过来，天色越来越沉，很快豆大的雨点砸了下来，大家的速度又快了几分。"哎哟！"我一个不小心滑倒在地上，还没刹住，往坡下滚了几米，还好背包掉在地上替我垫了一下。初老板返回来拽了我一把，顾不上浑身的土，我赶忙捡起包跟上队伍。

我们终于赶到了岩洞，这时已经完全变天了，我们身上被雨淋了个透。河谷里的天气真像是孩子的脸，说变就变，大家围坐成一个圈，伙伴们捡来散落在四周的枯枝迅速生起了一堆篝火。"烤烤火，别感冒了。"初老板来到我附近坐下。"你怎么知道要下雨？"我好奇地问。"等你徒步走完这 750 公里长的河道，你也会知道的。"她看着外面的瓢泼大雨。

这其实是一个在高地上突起的小山，中部有一个天然的凹陷区，形成了一个可以容纳十来人的山洞。火光跳跃，照射出了地上很多的鸟粪，看来这里也曾当过动物们的栖身之地。"你们真神，怎么找到这么个好地方的？嘶！"我此刻才感觉浑身都要散架了，哪哪都疼，低头一看，裤子也摔烂了，膝盖上还擦破了点皮。

初老板这会儿稍微放松了些，朝我打趣道："你别娇气啊，这点伤还不是常事，大男人受点小伤别哭天喊地的。"大家也都看向我，嘿嘿笑着。正尴尬时，我的肚子咕噜噜响了。初老板挑了挑篝火："看样子，这雨还得等一会儿才能停，咱们先吃饭吧。"我赶忙拖过背包，记得馕是由我保管的，还好这玩意不怕摔。

包打开的瞬间，我傻眼了。馕自然是好的，可花露水和那半管防晒霜都出问题了，刚才那一跤摔破了花露水的瓶子，防晒霜也被挤了出来，现在都沾到了食物上，吃不成了！大家纷纷跑来帮我把馕拿出来，还好只是最上面的一个浸染严重，其余的只是多少沾了一点。

这下糟糕了，大家体力都消耗得差不多了，如果没这顿饭，恐怕很难坚持到今晚的露营地。初老板瞪了我一眼，掰了一块馕塞进嘴里想试试还能不能吃。我也很不好意思地掰了一块跟着尝。"呸！"其余的馕虽然没蹭上多少防晒霜，但都染上了花露水的味道。"等回县城我请大家吃大盘鸡！"我讪讪地说。"吃吧，大家克服一下，抓紧时间恢复体力，剩下的路都是泥，会更难走。"初老板掰下半个馕，用袖子擦了擦上面沾到的防晒霜大口吃起来。

雨终于停了，我们熄灭篝火继续赶路，终于在天黑前来到了今晚的目的地。扎营时，大家纷纷打开背包把里面的东西取出来，码在一个专门的帐篷里，我走近一看，原来多是用油纸包裹的红外相机、测距仪之类的调查工具。没想到这么沉的设备，他们几个竟然靠人力背负了好几个小时，一路上狂风骤雨，他们还是小心翼翼地保护好了这些器械，始终没有摔倒。我拎了一把初老板的背包，她背的重量并不比男孩子们的轻多少。"怎么不给男孩子多背一些？"我有些不理解。

"他们每个人的任务都很重，大家都很累的。"初老板回答。记得那天虽然是在野外过夜，晚上挺冷的，但我心头却像点燃了一处火星，今天似乎又从这些年轻人身上学习到了一些不同的东西，其价值远远超出我拍到的那几张照片。

那一晚，我们在乌伦古河寂静的怀抱中睡去。那一刻，我明白了为什么这支年轻的队伍能在资源如此匮乏的情况下，用这么短的时间完成国家一级保护动物蒙新河狸的全种群调查。

老班长的旧皮鞋

方通简

"丫头，你别生气，我的钱真的够花，有退休金呢。

"丫头，丫头！哎，等等我。"

一个瘦小的哈萨克族老汉一边披衣服，一边急匆匆跟在扭头走的初老板身后追出门去。

老早就听初老板说起过她在乡里的忘年交——老班长。3年来，这位老爷子一直在义务帮助协会照顾一个误入农用渠筑巢的河狸家族，风雪无阻。因为乌伦古河天然灌木柳的退化，河狸们的自然栖息地越来越小。刚刚成年的河狸会被父母赶出家门，四处寻找新的栖息地，可是合适的地方又哪里好找呢？

于是缺乏经验的它们偶尔会跑到人类为了农业灌溉而修建的水渠里安家。夏天自然没问题，它们在这里落脚、成亲、繁育下一代。可到了冬季，情况就严峻起来。当水闸落下后，渠道里原本丰沛的水一夜间消失，它们为躲避天敌而修建的水下巢入口会暴露出来。更要命的是耗时几个月囤积起来用于全家过冬吃的树木和枝条会被冰封在渠道底部，可口的年夜饭成了坚硬的冰块。在大雪漫天，积雪足以淹没马背的阿尔泰山越冬，筑巢在农用渠往往意味着这家河狸的故事将戛然而止。

因为当年并不具备救助条件，所以只能让河狸一家继续在渠道里暂住。协会尽可能为它们拉好了防备流浪动物侵扰的铁丝网，可吃什么成了河狸一家的问题。补饲不能一次给太多，给多了吃不完依然会被冻住。但如果给得太少，协会又必须每天来投喂。冬季的富蕴天冻路滑，协会驻地距离这个河狸窝足有200多公里，如果每天在冰面往返400公里投喂，人员安全、交通成本都成了无法克服的困难。

在这种情况下，家住8公里外的老班长挺身而出。"把它们交给我，我会像对待自己的孩子一样照顾它们！"老班长年轻时曾是一名镇守祖国边防的解放军战士，退役后回到了家乡养牛放牧，他家的夏季草场地就在那个河狸窝的不远处。

从许下承诺那天起，老班长用木板制作了一个小爬犁（类似冰雪地面上用的小拖车），每天早起一小时喂牛、羊、骆驼，在忙完家里的活计后开始装上新鲜的杨树枝、胡萝卜、苹果，用篷布小心翼翼地包好，再用粗绳扎紧防止掉落，然后出发去给河狸送饭。

夏天，当地牧民多骑摩托车出行，可是冬天乡道上的冰雪导致骑车变成了一件比较危险的事。所以年迈的老班长搓着手，弯着身子，把爬犁的绳子捆在自己的腰和肩膀上，一步一步踏进阿尔泰山的大雪中，用双腿开始了这场长达3年的攻坚战。

在老班长的悉心照顾下，当初那只刚出道的河狸"小面"成功找到了媳妇，还当了爹，有了两个孩子，现在一家狸其乐融融。"看着两只小崽子钻出洞活动，我有一种当爷爷的感觉！"老班长说起"小面"一家咧着嘴笑，幸福得眼睛都快要看不到了。

两周前，初老板发现老班长蹚雪时穿的还是一双边缘已经破掉了的、很有年代感的旧皮鞋，走路时一不小心雪就会灌进鞋子里。"雪化在鞋子里多冷啊。"初老板忧心忡忡。几天后，协会发了工资，初老板赶紧在县城取了一千块钱送到乡里塞给老班长："你自己买双好鞋子，千万别冻感冒了！"可老班长坚决不要，使劲地推了回来。"我的鞋子好着呢，不换。你的工资留着给动物们买点吃的，要不给和你一起干活的娃娃们买点吃的，给我个老头儿干什么，不用。"两人推来拉去，钱都快被扯破了。

最后，机智的初老板假装要去老班长家吃中饭，趁老人去做饭，把一千块钱扣在盆子下面跑掉了。"这不挺好的吗，你怎么还生气了？"我奇怪地问。"你让他自己说！"初老板气鼓鼓地瞪了老班长一眼，老人家有点尴尬，摸了摸鼻子，"那确实还有比我穷的人嘛，我是退伍军人，国家对我挺好的，真不用。"

原来，这事之后没两天，初老板就陆续接到乡里其他几户牧民巡护员大叔、大婶们的感谢电话。大家感谢初老板给他们买了米面油，还邀请初老板去家里吃饭。正在扫羊圈、还一头雾水的初老板一问才知道，原来老班长转头就用这钱买了20多份生活物资，挨家挨户分给了乡里几户家里孩子多的巡护员，还说是协会的小初托他送来的。

"你说气人不气人，你看他自己可怜巴巴的，自己都没管好还管别人，他自己生活都那么困难！"小初丫头愤愤不平。我看着这俩人乐了："这还不简单，你再直接给老班长买双鞋呗。""喂！我也是个月光族啊，工资都还'花呗'了，哪里还有钱再给他买鞋？又得等下个月，真烦人！"初老板把头扭到一边。

最后我出钱给老班长重新买了一双新皮鞋，初老板亲眼盯着他穿上以后确认了合脚，这件事才算过去。

返回县城前，我坐在皮卡车里看着远处大门口不舍告别的初老板和老班长，听不清他们在聊什么。恍恍惚惚中，只见这位令人尊敬的瘦小老人忽然挺直了身子，身上多了一种说不清的气场，这股气息上冲云霄，下接大地，扩散开来与身后的阿尔泰山融为一体。我不知道年轻时的老班长是如何骑在马背上手握钢枪保卫祖国的，但今天我亲眼看见了年迈的他用军人的铮铮铁骨保护下了这片绿水青山的未来。

纯粹的自然保护者是什么样子呢？我想，这些人也许不一定力大无穷，不一定家有千金，但每一个人都有相同的眼神，都有相似的决心，这种气息支撑着每一个人向对的方向勇往直前，披荆斩棘。

河狸宝宝死了，必须联合更多人的力量

初雯雯

河狸居然也会打嗝，我和同事岩蜥蹲在他好朋友晓凯家地下室的墙角，看着这只叫"宝宝"的河狸。5分钟之前，它以光速吃完了面前堆着的一垛杨树枝，狼吞虎咽的，吃得很急，还没把最后一根吞进肚子，就开始打嗝了，声音奶乎乎的，跟小婴儿一样："嗯，咯噔儿……唰唰唰（啃树枝的声音），咯噔儿……唰唰唰，咯噔儿……"吃完树枝，宝宝打着嗝一瘸一拐地走到水盆旁边，还边打嗝边喝水，声音又变成了："咯噔儿，咚咚咚，咯，咚咚，咯。"我小声跟岩蜥说："你看这个小家伙多可爱啊，还这么贪吃，打着嗝都要狂吃饭、狂喝水，它一定会好的吧。"岩蜥脸上也挂着宠溺的笑，蹲着挪到宝宝跟前，趁着它喝水的工夫，拿出药膏往它胳膊上的伤口涂着。宝宝一盆水还没喝完，就又走到它习惯的角落里，头一歪睡着了，肚皮朝天，一动不动。

这个小家伙是我救助的第一只河狸。我接到老班长电话后，直接从阿勒泰开了300多公里，接到了浑身是伤的它，又一脚油门开了500多公里，赶到乌鲁木齐，把正在库房盘货的岩蜥拽出来。见到岩蜥的第一秒，我的心疼和难过直接涌了出来，号啕大哭诉说着这个小家伙的可怜。岩蜥带着哭哭啼啼的我找到一家愿意接收它的动物医院，赶紧准备清创手术。那些医生都没见过河狸，更不敢做手术了，岩蜥安慰我："没事，有我呢，我来清创，你帮忙管好它的麻醉，不怕，你可以的。来，这样，把你的食指戳在它胳肢窝里，能感觉到心跳吗？如果跳快了，你就加点麻醉；如果跳慢了，就降低点麻醉。"那是我第一次进手术室，也是第一次见识到呼吸麻醉是什么。看着河狸静静地躺在手术台上，我抽噎着想，这东西好神奇啊，如果有一天我们也能拥有就好了。

岩蜥问医生要了推子，把河狸身上的毛剃掉，不得不说，河狸的绒毛又厚又密，推子不断嗡嗡响着似乎要罢工，刀头都换了好几个，这才把所有的伤口附近的毛发都清理干净。这下，我清晰地看见了它身上所有的伤。足足有17处伤口啊！最大的那块有手掌大小。岩蜥拿双氧水冲洗，随着双氧水接触脓创的瞬间，泡沫涌起，冲出来好多死了的蛆，活着的蛆在泡沫里扭动着。我一下子就受不了了，哭得更凶了，戴口罩哭真的好憋，感觉眼泪都被兜住了，还不能摘下来擦，只能是拿手不断按压鼻梁那里，希望无纺布能吸走我的泪水。看着它浑身的伤，我觉得它跟我的孩子一样，每一处伤都好像是疼在我身上，我小声地说："宝宝，我的宝宝啊，你太受罪了，太受罪了……"

岩蜥手上动作不停，想要安慰我，但耿直的他并不太擅长，说出来的话成了："哭哭哭，就知道哭，别哭了，看看你宝宝的伤，你也得学着处理啊！看，这里的伤口，止血钳都能伸进去，这都到骨髓了；左前臂肘关节囊性肿大，右前掌骨洞穿伤，腰部洞穿伤，右后足囊肿……"听他说这个，我哭得更凶了，眼泪把视线全都糊掉了，啥都看不见，我也啥都不想看见。

后半段我已经彻底不敢扭头看岩蜥的动作了，只是低着头盯着河狸宝宝戴着面罩的小脑袋，心里默默数着它的心跳，努力地在脑海里放大着它心跳的声音，试图盖过岩蜥描述清创过程的言语。

等到完成清理，麻醉劲儿过去了，看着正在吸氧的河狸宝宝，我抽着鼻子说："岩蜥，你……你说，叫它宝宝好不好？呜呜呜，宝宝，可怜的宝宝……"岩蜥扶着宝宝，避免它清醒了从手术台上掉下来。他比宝宝和我都要清醒不少："好好好，你想叫啥都好，但是你现在想想，要把它放在哪里养伤？动物医院不行，这里狗太多了，会吓死它的。你们家和我们家也不行，这小家伙三口就能啃破一个门，放哪里呢？唉，算了，你哭你的，我想办法吧。"

我们带着宝宝到晓凯家门口的时候，已经是夜里两点半了，晓凯穿着拖鞋给我俩开门，我刚想哭着对他表达感谢，他拿了钥匙就出来了，说："不谢，走，下楼，先安顿河狸。"晓凯是岩蜥的好朋友，也很喜欢野生动物，所以在听到我们想借他的地下室给宝宝当病房的时候，他欣然同意，还催着我们快点来。地下室已经被收拾了，专门空出来一个区域给宝宝用，四周用板子拦着。我们把宝宝抱进去，它走向角落，身子一歪，肚皮朝天了。这可给我吓一跳，差点喊出声来，刚要过去看，岩蜥拉住我说："好着呢，没死，你看它肚子，在起伏的。小家伙被折腾这一趟，好不容易睡着了，你别去打扰了。"我仔细看，它肉乎乎的小肚子的确在一高一低地动着，这才放心。

第二天，我们去买了地垫，让宝宝的粪便能流下去，避免污染毛发和感染伤口，也是为了它能躺得舒服些。它就此开始了借住在晓凯地下室的康复生活，我和岩蜥每天都去乌鲁木齐周边找新鲜的杨树，抱回来给它啃。宝宝每天都很贪吃，也就有了开头那一幕，宁肯打着嗝也不停嘴，吃饱了就往地上一躺，还一定要脊背贴着地。

只是当时的我们光顾着慨叹它的可爱，并没有细想这些动作代表着什么。

后来我要出差去趟蒙古国，考察河狸救护繁育中心，千叮咛万嘱咐地把宝宝托付给岩蜥，一步三回头地上了飞机。岩蜥他每天给我发宝宝的视频和照片，它胳膊上那个深不见底的洞在天天上药的治疗之下，也慢慢变浅了，快要好起来了。我俩还开始畅想着宝宝的未来，等它康复之后，就给它找个合适的区域，送它回家。有岩蜥照顾宝宝，我很放心。

出差回来之后，阿勒泰那边又有些工作需要处理，我就先回了那边，等忙完了手头工作，想着去乌鲁木齐看看宝宝。深夜两点，正准备收拾行李呢，接到了岩蜥的电话。

宝宝死了。

"我晚上12点去给宝宝送饭，它还好好地吃了几口，突然就开始抽搐了，我怕它咬着舌头，就赶紧抱起来，把指头塞进它嘴里顶住上颌，跟晓凯就赶紧去医院抢救，可是……已经来不及了……"岩蜥的声音听起来很疲惫，而我彻底崩溃了。

岩蜥听着我哭，这次没有凶我，很温柔地说："我想跟你商量，能给宝宝剖检吗？它好好的，怎么会突然就这样？你……愿意剖吗？"

抽泣声填满话筒好久之后，我努力吸一口气，试着冷静下来："剖，咱们来视频吧，我看着剖，咱们一起找原因，我可以面对的。"

手术刀划开宝宝腹腔的一瞬间，白色和粉色相间的脓血跟火山喷发一样，从刀口里喷涌出来，淌得满手术台都是。视频那头的岩蜥也慌乱了，一时之间竟然忘了旁边的尿垫，居然试着用手去堵住那个洞口。我已经哭哑了嗓子，提醒他："尿垫，尿垫，用尿垫。"

腹腔里的脓血，足足有好几公斤。在都清理掉之后，岩蜥长叹一声，示意晓凯把手机伸进肚子里让我看："脓液是集中在脊柱和腰椎的位置，你仔细看，这腰椎被咬穿了，这里不只有这一次咱们给它清理的创口，还有之前的陈旧伤。你看表皮的伤口，已经愈合了，所以在医院做检查时没有发现。但这个外表愈合了的伤口贯穿脊髓，里面在一直感染着，导致脊髓炎，这可能是它的主要死因。"

手机从我手中缓缓落下，原来宝宝每次吃不了一会儿就会走到角落躺倒，是因为真的太疼了，只有把脊背压在地上才能减缓伤痛。原来它每次都很努力地吃饭喝水，是真的想要活下去。带着一身这么严重的伤，它该有多疼啊！

视频那头岩蜥还在说："还有陈旧伤，尤其是骨盆处后腰部有两个愈合伤，应该是前一次打架受伤的，伤口已经完全愈合……左肋处有愈合伤口……这么看来的话，在野外至少有三次被咬的伤口：最老的伤口在尾部，尾部被咬贯穿，已完全愈合形成一处孔洞和一处撕裂；第二次受伤集中在腰部和左肩部，腰部腰椎贯穿伤，第四、五腰椎骨折，左肩表皮洞穿，表皮均已愈合，骨盆内有脓性炎症；第三次伤口集中在右后腿股骨至右侧肩胛后部，右后足跖骨，左前腿肘关节，右前掌掌骨洞穿……应该是被多只河狸围攻撕咬造成的咬伤。"

我听清了最后一句，是，其实从看到宝宝的第一眼我就看出来了，它身上的伤都是被同类咬的。河狸是领地意识很强的动物，它们一夫一妻带着宝宝营造自己的小家园，不允许任何外来者打扰。宝宝的体型看起来就是刚成年，从家里被赶出来的，可能在找寻安家立业之处的时候，找了许久找不到，却碰到了另一个河狸家族，于是就……

我的宝宝啊，还没来得及找到另一半组建自己的家庭，还没看够乌伦古河的日升月落，就这样走了。

越想我越往牛角尖里钻，哭也哭不出声了，眼泪只是一行行往下淌，岩蜥听不见我的动静，喊我："雯雯，雯雯！"

我从地上捡起手机，岩蜥的脸出现在屏幕上，想逗逗我："哎呀，你现在好丑，再哭就更丑了。"看我表情松下来点儿，他正了正神色继续说："你与其这样，不如想想怎么样能给更多河狸提供家园。它们有了栖息地，才能避免争斗，这叫从根本上解决问题。还有，咱们是不是也可以有一个救助中心呢？你要想，如果咱们有救助中心的话，是不是检查就能做得更全面，宝宝腹腔里的感染就会被更早发现呢？宝宝已经无法挽回了，但是还有更多的河狸在等着你啊。"

岩蜥这番话，还真的转移了我的一部分伤悲，我使劲儿点点头，像是要让宝宝知道，我以后一定会努力，争取不让其他河狸再有和它一样的结局。

可是我要怎么办呢？栖息地修复和救助中心的建设并不是那么容易的事情，乌伦古河那么大，栖息地修复可不是说说而已，而且救助中心也要花好多好多钱……要怎么办呢？我想起了河狸守护者的思路，如果我们还以公益的方式呢？如果我把宝宝的故事讲给这个世界听呢？如果大家真的愿意和我们一起来帮助河狸呢？

经历了一宿的剖检，挂断电话时天已经亮了。我看着窗外，默默下定决心，一定要有我们自己的救助中心，一定要为河狸创造更多的栖息地！这两件事也会跟这天一样，只要找对方向，只要能够联合更多人的力量，一定会有天亮的时候的！

参观蒙古国河狸救助中心大受震撼

初雯雯

心里种下那颗一定要有救助中心的种子之后，我就想要到各个救助中心去看看。2019 年，刚好受到新浪微博的邀请，我去了一趟蒙古国。当时我想都没想就答应了新浪微博的邀请，能去看河狸救护繁育中心，这多好啊！在去之前我就做好了功课，蒙古国一共有两个河狸的救护繁育中心，一个在乌兰巴托，一个在科布多，和我们路线重叠且离得最近的，是乌兰巴托的那个。蒙新河狸之所以叫这个名字，一是因为它所在的地理区系属于古北界中亚亚界的蒙新区，另一个就是因为它分布于蒙古国和我国新疆。

于大哥是我们此行的向导，飞机落地的第一秒，我就冲过去一把拉住他，十分谄媚地说："大哥，帮我个忙呗。"表明了我的意图之后，于大哥说，好，我在这边有点路子，给你联系一下。就这样，在离开蒙古国的前三天，我们在乌兰巴托市的边儿上，看到了我的心头肉河狸宝宝。

最先看到的，不是在水里游弋的河狸，而是在救助中心的铁艺围栏和大门上的。"原来救助中心还可以用这么艺术的形式把河狸的样子放在各个地方啊，真好。"我一边想着，一边跟饲养员大哥打招呼。沟通是有点费劲的，他说蒙古语，我也不会，还好蒙古国的林业科学研究院来了个科研小哥，专门保护河狸的，听说我来他很激动，主动要求陪着一起来。也还好小哥来了，他会说英语，就成了我的翻译，我说一句，他翻一句，再把饲养员大哥的回答翻译给我。

我们也别饲养员大哥和科研小哥这样叫了，就用大哥和小哥来区分一下两位吧。大哥面色红润，颇有传统蒙古人的样貌，大方脸，声音洪亮，眼睛有点儿像河狸，里头露着智慧。小哥就文绉绉的，一看就是科研选手，户外速干衣下露出被晒得黝黑的皮肤，瘦削的身子配着看起来在野外饿久了天天啃馕才能啃出来的脸庞，认真讲一个问题的时候，总喜欢半眯着眼。听说我们是从中国过来专门看河狸的，大哥羞涩地笑着，局促地搓了搓手，连着说了好长一段话。我问小哥，他说啥？小哥说："他说他很高兴，也很荣幸，你们能来真好。"我说，啊？他不是说了半天吗？小哥笑了，他说："车轱辘话，车轱辘话，懂不懂？来回说了好几遍。"好的。

这份热情我感受到了，而且持续时间很长，几乎没有中断过，还有几次爆发，且听我慢慢讲。大哥扯着我们就往救助中心里面走，虽然他是养河狸的，可一点不像河狸慢悠悠的，腿倒腾得那叫一个快，我都得小跑着才能跟上，他大气不喘，还沿途介绍："左边这个，是我们的办公室，还有一个小的介绍展厅，也是我们住的地方；右边大厂房一样的，是河狸住的地方，我先带你去我住的地方看看。"我心想：带我去看河狸啊大哥！河狸啊！河狸！下一秒我内心的呐喊就换了。打开了门，整洁又简单的展厅中间摆着一只河狸的标本，四周的墙壁上挂满了河狸、繁育中心和河狸科研相关的介绍展板，下面柜子里面陈列着各种与河狸有关的东西，工作日记、照片、河狸啃过的树枝……这一下子让我有了一种回家的感觉。饲养员大哥很自然地走到河狸标本旁边，胳膊往台子上一撑，手上动作熟练，摸了摸它的小脑袋说："这是我们中心初代的英雄河狸爸爸，它养育了好几代的崽，还把自己的孩子教得很好。"他顿了顿，脸上的表情落寞起来，叹了口气："唉，可惜后来生病了，我陪着它打了好几天点滴，还是走了，我抱着它哭得可伤心，请来的标本师都笑话我。不过现在，它就像是守护神，守着这里其他的河狸。"他的难过我真的很能感同身受，又想起了失去宝宝的那个夜晚，我甚至都没能抱着它，那种无助感再次袭来。为了转移大哥和我的共同哀伤，我赶忙走到河狸标本的身边，掏出手机，给大哥看我拍的河狸："大哥，你看，这是新疆的河狸，它们长得可真像啊，你说是吧。"大哥笑了起来："那肯定是啊，咱们两边的河狸都是一家啊！"小哥站在墙边，听到我们的对话，他也笑："一条河养不出两种狸，那必须是一模一样。你看看这个，这是我们繁育的河狸。"我顺着他手指的方向，看到了河狸崽崽！它们趴在妈妈的肚子上，小脸圆乎乎的，是四只！大哥和我一起走到墙边，他说这个河狸家族他全程负责了从接回来到繁育成功，再到放归自然的过程。它们现在就在科布多的某个河湾里，开枝散叶，好好生活着。

河狸崽崽的可爱程度和成年河狸根本就不在一个量级上，要真比的话，那成年河狸的可爱程度相当于炸裂在天空中的烟花，河狸崽崽的可爱程度嘛，相当于在平地上撂了一枚大炸弹。我这样想着，忍不住伸手去摸那张图片上的河狸宝宝，大哥看我这没见过世面的样子，推了推我："你想看小河狸吗？哥有，走，带你看去。"

我简直要开心得飞起来了，迫不及待想往外冲，大哥说，哎，你等一下，不一会儿抱了几件防护服来，一边教我穿，一边说："你要看小河狸的话，就要把防护服穿上，不要把细菌啊什么的传给它了……"都这个时候了，这不是防护服，这简直就是我通往幸福之路的铠甲。

河狸住的地方外观看起来像是一个大厂房，从消毒喷淋间进入大门之后，里面是一大排水泥做的池子，中间用不到一米高的水泥墙隔开，左边是河狸的窝和活动平台，右边是水池。河狸窝是水泥和砖砌成的像方盒子一样的形状，上面是盖板，模仿它们在洞穴里的感觉，同时又方便工作人员进行打扫和观察。大哥走到第三个窝那里，打开盖板，河狸妈妈和河狸爸爸都在窝里，两只小小的河狸崽崽就依偎在妈妈身边，奶乎乎地哼唧着。大哥从旁边抓起一把准备喂给它们的灌木柳，拍了拍爸爸和妈妈的屁股，还小声念叨着。译者小哥翻译说，今天刚好也到了该给小河狸体检的时候了，配合一点，一会儿给你们俩一只加一根胡萝卜。河狸爸爸和妈妈好像听懂了，一个打滚就从侧躺变成了站立，慢吞吞往巢穴外面走，大哥又很快给它们俩一只丢了一根胡萝卜，这对爹妈就干饭去了。

爸妈不在，只剩下了两个小家伙，大哥俯下身子，再站起身的时候，宽大的手掌小心翼翼地托着一坨棕色的小毛球举到我面前。这真的是我第一次亲眼见到小河狸，那小鼻子和小眼睛，还有软绵绵的小尾巴，还有柔软的绒毛。小河狸好软糯，把它抱在怀里，温暖的感觉直升至天灵盖。它在我手里好奇地左右张望，还发出跟小婴儿一样萌萌的声响。哎哟，我的妈呀，大自然的神奇好像就都在我的两只手里了！它的小手手，抱着我的手指头，拿小小的牙齿轻轻啃了一下，又退缩到我手掌心，我好像感受到它软软的小舌头了！再咬一口，再咬一口！在我写下这段文字的时候，已经距离那个时候有着四年零三个月了，但激动的感觉还是能百分之百一分不差地在我脑子里蹦蹦跳跳。

"我的人生圆满了！我可真幸运啊，选择了河狸，它的美好，值得我奉献一切。看看这个小家伙，有谁会不爱它呢？这是我的孩子，是我的孩子啊！"这是我抱着小河狸短短两分钟里翻来覆去想的唯一念头。

大哥是咋样把小河狸从我手里接走又放回窝里的，这个过程我已经记得不太清楚了，因为当时的我在拼尽全力压制住自己脑子里的炸弹余波，捶着脑子恢复理智：醒醒啊，初雯雯同志！别忘了你是来干啥的了！我拍了拍激动到发烫的脸。大哥真是见过世面的人："你咋了，是不是我们小河狸太可爱了？哈哈哈哈，我第一次看到小河狸的时候和你一样。"这次换我有点不好意思了："是是是！小河狸太可爱了，但是大哥，我这次来，其实是有一件很重要的事情，想请你们帮帮忙。"大哥看我有点严肃，也严肃了起来说："什么忙？小河狸可不能给你哦。"好吧，感觉也没那么严肃。我整理了一下思路，又看了一眼小河狸，为我加油吧，小家伙，我默默地想，然后开口："大哥，是这样的，我们是一个公益机构，一直在做河狸保护工作，我们那边的河狸经常会遇到一些问题而受伤，所以我很想为它们建一所救助中心。这次来，其实是来取经，所以您看我能不能……拍点照，把经验学习一下？"说实话，我心里也不是很有底，在展厅的时候，我看到了这个繁育中心的历程，也是经历过很多失败，而且用了很多年，才达到现在的状态。包括河狸繁殖，这个在国内一直没有突破的关卡，他们也许不一定愿意告诉我。也许这次是白跑一趟，但看到了他们的设计，还抱到了小河狸，这也算是收获了吧，所以就算大哥不愿意告诉我，也值了！就在我这么想的时候，大哥声如洪钟地笑了起来："这点事儿你紧张啥，随便拍，我帮你拍，都是为了河狸好啊！我们也希望河狸在中国的日子能过得越来越好，能有人来帮助这些可爱的小家伙！你不光可以拍，想了解什么经验，我都告诉你。这样，你先拍着，我去给你找个尺子，给你把河狸的池子测量一遍，回去就能直接用了。而且我跟你说，你在中国盖应该比我们方便多了，你看这个救助中心，所有的建材还都是从中国进口的呢！"听到大哥这么说，我当时感动得眼泪都掉下来了，只要能共同做这件有意义的事情，没有什么是不能分享的。

我举着手机和相机把救助中心的每一个细节都拍摄下来了。大哥则是和小哥一同给我讲解在使用这个圈舍的时候有哪些有意思的创意会有利于工作，比如每个河狸舍都有一截短水管，在需要换水的时候就接一截长的过来，这样既不会被河狸啃，还好操作；还很耐心地跟我讲有哪些是可以改进的地方。大哥还拉着我说："你把相机打开，录着，我把养河狸需要注意的事情都给你讲一遍，这样最全，本子嘛，有的漏掉了，你还得再回来听。"我赶紧开始录制，大哥给我讲了不同季节它们需要的温度、水位情况、空气湿度，还有河狸不同季节的食物偏好、繁殖时候的注意事项。足足讲了两个小时，我全程都忍着抹眼泪的冲动，强压下心里的那份激动，认真记住每一条。大哥和我是能够理解彼此的，也是为了河狸才能够如此不保留。我暗暗下定决心：一定要建好救助中心！

跟大哥告别的时候，想要留个联系方式，但大哥连智能手机都没有，更别提微信或者邮箱了，我着急地看向小哥，小哥说："行了，我继续给你俩当翻译，我有微信，你找我，我每周都过来，给你转达。"我这才放下心，又转过身使劲儿地握了握大哥的手："大哥，你相信我，中国一定会有专门属于河狸的救助中心。到时候，我要请你过去看！就像你带我参观这里一样，我要带你参观我们的救助中心！"大哥也使劲儿回握了一下："好，我等着，等你们建好了，我去看你们的小河狸！"

在离开救助中心的车上，大哥一直站在门口挥手送别，他站了很久，直到身影变成了一个小点，最后都看不见。大哥，相信我，再见一定会是在我们的救助中心，一定会是站在中国的土地上！

回来之后，既然脑子里已经有了数，我就开始自己拿纸写写画画起来，实在不行就和蒙古国的一样，先盖个大厂房！先从"有"开始，再一步一步做！于是，一个空荡的长方形，里面有一排排河狸圈舍，这就是我初步的想法了。我还拽着老方拿CAD（计算机辅助设计软件）出了个图，里面加上了我和大哥共同商量出来的很多巧思，没想到，就在拿着这张图作为我们的奋斗目标去找富蕴县有关部门沟通的时候，我们迎来了一个新的契机。也许这个救助中心承载了太多人对它的期待和爱，承载了野生动物们未来的命运，这份沉重带来了巨大的好运，富蕴县决定修建一个"鸟枪换炮"级别的救助中心。县上安排设计院来开会的时候，我有了底气："河狸舍，我在蒙古国见过是水池的样子，咱们把它做成单间，面积扩大一倍，再来添加一个外舍，内舍和外舍之间的门打开，形成一个通道，让河狸每天出去晒晒太阳，再在外舍做一些模仿自然的设计……"说完我的想法，看着设计院的老师和专家们与同事们讨论着细节，我却在想，大哥和小哥，我们再见的日子不远了，这次，我要邀请你们来看看属于中国的自然力量。

第二章

走，带你干件大事去！

搬家，去富蕴

初雯雯

富蕴县，以"天富蕴藏"得名，这里也是我们协会的驻地。很多人知道它都是因为可可托海，其实可可托海不足以形容它的美好。从第一次认真了解它开始，我就觉得这里是个温暖的县城。富蕴县地方不大，春天有野花遍地，夏天有满眼的绿色，秋天是黄绿红三个颜色的，冬天又是白雪沉沉。它好像是被老天爷偏爱着的，每一天都有着不同的万丈霞光，每一次落日的景色都不一样，每一个夜晚都有着数不完的星星挂在天上。而且因为这里的环境很好，生物多样性嘛，那可真是太丰富了。有稳稳待在我心尖儿上的河狸，还有雪豹、盘羊、北山羊、秃鹫、猞猁、兔狲等等。这里也是数万居民的家，人和野生动物在一起和谐相处着。

但其实经常会有人问起，你们明明叫阿勒泰地区自然保护协会，为什么办公室要设置在富蕴县呢？

每次被问的时候，我都会默默想：这是个好问题啊！我总不能实话实说吧？因为要照实说的话，我就是被家里人催婚催得受不了了，在阿勒泰的家里铺开地图，打开电脑日思夜想，综合各方面原因，决定搬家来了富蕴。这么私人的原因，哪好意思说出口？还是说说客观原因吧！

我的每次回答都基本类似于："因为富蕴县人杰地灵，野生动物真的很多啊！我们又很希望做一些在保护区范围之外的、能够协调人与自然和谐关系的工作嘛。你看，富蕴县境内的阿尔泰山、乌伦古河、额尔齐斯河、准噶尔盆地，这些地方不光是野生动物生存的区域，更是当地农牧民世世代代生活的家园。他们在这里种地、放牧，一代又一代。所以在这里，野生动物和人类的共存，是一种客观事实。并不存在野生动物侵占人类的领地，抑或是人类抢占野生动物地盘的情况。这里是他们共同生长的家园。那么在这个前提下，就会出现一些问题。我们的公益项目，试着帮忙去协调一下人类与动物的关系，也许就能探索出一条不一样的道路呢？"

其实在这样官方回答的背后，还有一个冥冥之中自有天意的故事。

当时的我，刚经历了失去河狸宝宝的痛苦，每天就把自己关在房子里一动不动地坐着流眼泪，饭也吃不下去几口。我妈见状就把我往外赶，叨叨说："哎呀，你别哭了，实在不行就出去溜达一下。在家里看着你哭，姥姥也心疼你，全家人都跟着你伤心。"我想了想，对啊，与其在家难过，不如去野外转转呢！或许大自然会给我个答案吧。这么想着，我一个人开着车，就到了富蕴县，想沿着河道去看看河谷林，看看河狸的家。平时，我都是从乌伦古河北边的国道216，插一条县道直接就到了河狸食堂那里；但那天，我开得很慢，还去恰库尔图转悠了一圈，看了看当年0号家族的故地，接着走上了省道，到乌伦古河的南面去了。这一路我的悲伤达到了顶点，不知道未来的路应该在哪里，也不知道河狸的未来在哪里。救助中心和河狸的栖息地修复，要怎么落实呢？心里只有满满的难过和对于未知的恐惧，它们都快要溢出来了。

就在快要拐进喀拉布勒根乡的路口那里，我突然看见了一个小广场，中间立着孤零零的一个雕塑，下面好像还写着几个字。平时我对于这种人造建筑都没啥兴趣，也不知道那天抽了啥风，一打轮就开到了小广场上，定睛一看，那个雕塑下面的四个字居然是"河狸之乡"。我一下子就来了精神，河狸之乡？我怎么不知道还有个河狸之乡？字上面的雕塑，是一只河狸宝宝，坐在自己的大尾巴上，两个小手就像真的河狸一样，举在胸前。它端正地坐着，背后就是富蕴县特有的雅丹地貌，还依稀可见乌伦古河的河谷林在阳光的照耀下反射着绿油油的光。7月的中午，太阳有些毒辣，雕塑烫到有些发白，远处似乎有一些蒸气在袅袅上升。远远看去，这个青灰色石头的河狸宝宝像是在微弱地呼吸着一样。我就像是刚拿到新玩具的小朋友，绕着河狸雕塑转着圈，看看它拱起的后背，再转到前面摸摸它的小手，又戳戳它扁平的、坐在屁股下面的尾巴，然后伸出手臂像长臂猿一样环抱着河狸宝宝，整个人都挂在它身上，感受着石头被太阳晒热了的温度，好像一下子又充满了能量。

就这样爱不释手地来回摸了十几分钟，真想大喊一句：啊，富蕴县是什么神仙地方，居然还藏着河狸之乡！喀拉布勒根在哈萨克语里，说的好像是黑色的河狸？那一定是形容河狸在水里游动的样子吧。河狸的毛发干燥的时候看起来是棕色的，可沾了水，远远看去就像是黑色的。这还是一幅图景呢。大概是临近傍晚，河狸在河谷林中饱餐一顿，拖着柳树枝走水路回家，被岸上的人们看见，于是这里就有了这个诗意的名字吧！

想到这里，我豁然开朗了。一个愿意以河狸来命名的乡，那得藏着多少对河狸深深的爱，又积蓄着多少善良的能量啊！也许在冥冥之中，命运向我指了这条路，而且河狸直播，也是机缘巧合地出现在这个乡里。这不是命中注定是什么？顺着命我又往下想，干脆搬到喀拉布勒根乡来？这样就省了每回从阿勒泰到这儿几百公里的折返跑。但住在乡里，肯定不够方便。不如，搬到富蕴县来？富蕴县还是我第一次用红外相机拍到雪豹的地方，这儿还有那么多的北山羊，我年年都来拍。富蕴县旁边就是阿尔泰山，每天能看着山工作，还有啥烦恼？而且富蕴县还有那么多的河狸宝宝，在这里工作，肯定方便不少。这不就是河狸宝宝和协会的未来吗？我本来是坐在河狸雕塑下面躲太阳，也还好旁边没有人，否则就会看到一个傻子一样的顶着鸡窝头的姑娘，突然一蹦三尺高，喊着："富蕴！富蕴！对啊！我怎么没想到？搬家，去富蕴！"

我哭着从家里出来，又吹着口哨回到家里，开始收拾行李，当天晚上就拉着满满一车的东西到了富蕴。看着夜色下金色灯光闪烁的县城，突然觉得内心安稳了不少，但……我要住在哪里呢？一切要从哪里开始呢？于是乎，脑子转了转，我给老方打电话："老方啊，我跟你说，我找到了个好去处，你啥时候来看看啊？"

栖息地修复才是方向，林学博士的学以致用

初雯雯

　　我在乌伦古河边走着，看到了一个河狸家族，河狸爸妈正在河岸边修窝，小河狸在水里游来游去。往前走，不到一百米，又看到了一个河狸家族，它们在河水中逆流而上，嘴里叼着树枝。这是在给过冬做准备，在修"冰箱"呢。我又继续前进，不到五十米，居然又是两只河狸妈妈。妈妈带着宝宝，竟然一路走到我身边，妈妈拿鼻子拱了拱小河狸，小家伙居然跑到我跟前，两个小爪子搭在我腿上，好像要让我抱一样。我赶忙伸手，小心翼翼地……咦，怎么有闹钟的声音？

　　原来是个梦，我就说河狸怎么可能有这么多嘛。

　　唉，从床上坐起来，我还在回味。要是能多梦两秒就好了，我就能把河狸崽崽抱在怀里了。现实里不能抱，梦里还不让抱一抱吗？

　　真是日有所思，夜有所梦，做梦都想让河狸的数量提升啊！

　　但光想有啥用？我坐在床上，突然想到：哎，我是北京林业大学在读的博士啊！用科研先找到努力的方向，才能有个头绪。

　　说干就干。我赶紧打电话给我的博士生导师李凯老师，商量了起来。

　　"小初啊，你这个想法是对的，用科研的路径，先找到河狸生存需要的生境因子，然后补足这个因子，就能为它们创造更多栖息地，提高河狸在乌伦古河的环境容纳量。它们每年繁殖，有了足够的栖息地，亚成体才能活下来，这样数量自然就提升了。"

听到李凯老师这样说，我豁然开朗。对呀！只有先知道河狸喜欢在什么样的地方做窝，找到关键节点，确定生境因子，这样给河狸建家园才有方向啊！

我们一起设计了一份蒙新河狸生境因子调查的表格，就跟陈叔开始了对乌伦古河流域每一个河狸家族的探访。这个表格可复杂了，里面包括好多项不同的内容：经纬度、海拔、距离人类活动的距离、周围植被情况、水深、河宽、河岸高……一共有四十多个因子，足足七页表格，详尽丰富。

调查的时间是秋天，刚好是蒙新河狸开始储存食物的时候。春夏时节，河狸属于打游击的状态，东跑跑、西逛逛，哪里都能找到吃的，也就不定居。但到了秋天的尾巴，河狸家族就要开始为过冬做准备了，也就会回到它们最稳定的巢穴，将树枝从采食场运回来，囤在河水里，造个"冰箱"过冬。所以秋季调查，是去调查河狸的定居点，数据要更为准确一点。

整个调查的过程漫长且辛苦，秋天的露水沾湿衣服，赶上阴天真是冻得我头皮发麻。等到调查结束的时候，乌伦古河已经下了第一场雪。我捧着珍贵的数据调查本，回到了富蕴县。

分析的过程也好复杂，要用到很多个不同的软件来测算，要代入不同公式进行验证，才能得到生境因子的具体数据，我就不在这里赘述了。最后的结果，算是在意料之中，又在意料之外。

河狸最需要的，居然是水位和周围的植物密度，其中，树的影响因子奇高。

水位足够高，才能够盖住河狸巢穴的洞口，帮助洞穴保温，也能防止天敌进入。它重要，但我没想到有这么重要。可是，水位这件事儿，是我们无力改变的。自然有自己的循环，乌伦古河也是重要的农牧母亲河，所以水位暂时不在我们考虑的第一梯队。

那……我把目光放在了树上。

这是我之前就预料到的，河狸的食物大部分是树，它们修筑水坝、建造"别墅"也都需要树。但猜想并不能作为凭证，现在有了科研的验证，我心里有了底气。

"也就是说，只要挑选乌伦古河流域中水位足够的地方，在那里种下足够多的树，那就能够为河狸提供更多的栖息地啦！"我将调查和分析结果给李凯老师汇报着。

李老师也很开心，但是问了我一直也在思考的问题："种什么树呢？你心里有打算了吗？我的建议是种河狸较为喜欢采食的、成活率比较高的、最好是能保证它吃了还长的那种植物，先解决燃眉之急嘛。"

本来我对种什么树有点头疼，但是听李老师这样一说，我一下子明朗了。从事野外科考三十余年的陈叔也在旁边，他抢了我的话："李老师说的就是灌木柳嘛！咱们种灌木柳！"

李老师对这个土名不太了解，有点蒙："灌木柳？是在一个植株上有很多枝干的灌木型柳树吗？是当地土生土长的吧，那就很适合。"

"吐兰柳，是吐兰柳，它叫吐兰柳！但是我觉得灌木柳这个名字就很好，能让大家都知道，多形象啊！"我跟着解释。

在这个基础上，我继续延伸着："我想想，要怎么搞成个公益项目。不如，就叫'河狸食堂'怎么样？'栖息地修复'这个名字太复杂，大家听不懂。其实这就是河狸的食堂，能给河狸提供食物。河狸把灌木柳的表皮吃掉之后，枝干还能拿去修筑水坝、搭窝，这样就能定居下来了。网友们肯定喜欢这个项目，我们一定能种下好多的树，给河狸建造好多个家！"

陈叔拽了拽我："哎，这些树让谁种呢？"

说起这个我来了精神，我早就想好了："咱有牧民守护者啊，叫大家来一起种树。这样的话，大家就能增加收益了，种树赚得工资。而且牧民兄弟种了树，就会愿意把自己家的马、牛、羊、骆驼等都管好，它们不去啃咱的小树苗，这巡护费都省啦。"

李老师听着我胸有成竹的话语，叮嘱道："小初，还是要把乌伦古河好好再跑一跑，看看生境，找到适合的区域，统计好每个地块要种多少，还有怎么种。要有个规划，要把目标跟大家讲清楚。"

这句话我听清楚了大半个，光顾着在脑子里盘算要搞多少块地方、种多少棵树、怎么把目标清晰明确地告诉大家，以及预算怎么分配比较合适，完全忽略了李老师说的那一句"怎么种"。后来这个怎么种的问题，的确差点搞掉我半条命，不过那是后话了。

我拿出地图，铺在地上，和陈叔蹲在旁边仔细研究着，算出来了个大概的数字："陈叔，这样看来，我们的河狸食堂一期，差不多要种下 41 万棵灌木柳。"说实话，这个数字说出来我都有点吓到了，这么多吗？

陈叔也拿出了预算：所有的成本算下来，基本上要到七八块钱一棵。我说，这也太贵了啊！压缩成本！把里面咱们协会的人员工资都扣掉，管理费还有预备金也去掉，只留下树苗、铁丝网、浇水人工、车辆油耗等费用。对了，再加个第三方验收。这么多树，要让大家放心呢。然后在这个基础上，再往下减个10%，看能合到多少？

陈叔又算了一遍，说："再低再低，5.5 块，这是将将够用的钱。"我说："不行不行，再低点，5 块，咱们就按 5 块算。不够了的，我到时候去要饭。"

也就是那时候老方不在，不然他真的要捶死我。后来他加入的时候，拿着河狸食堂的预算朝我脸上挥："哎！员工工资一分都没有啊。你喝西北风，协会其他兄弟们也喝西北风吗？！"

但当时他不在，也就定下了五块钱一棵树这事儿。

河狸食堂公益项目上线了，喜欢河狸的网友们纷纷冲过来了，想要为河狸保护做点什么。我在直播的时候，又拿出了厚厚的那本调查记录，想跟大家仔细讲讲，是如何得出种灌木柳的结论的；没想到大家打断了我："不要！不听！我们知道协会靠谱，我们知道协会是科研先行来辅助公益项目的！节省时间给我们看看河狸！我们不要听这么复杂的！"而且大家甚至还替河狸宝宝都换算好了：五块钱一棵树的话，那就相当于一瓶可乐一棵树，一杯咖啡六棵树，一顿炸鸡十棵树！"我们要减肥！要给河狸宝宝种树！"

我只好收起调查记录本，打开河狸直播，跟大家一起看着河狸扭着屁股向岸上走去，看着它瞄准一棵灌木柳下口，再看着大家嘻嘻哈哈的弹幕，以及捐赠页面上不断增长的数额。我想，为河狸创造更多栖息地的那片未来，好像越来越能看得见了。

河狸食堂凑钱种树

方通简

在我来富蕴之前，确实没有想到某一天我会站在一条蜿蜒大河面前，被惊讶得说不出话来。在那之前，乌伦古河其实对于我来说只是一个偶尔听说过的河流名而已。尽管我一直知道那是一条沿着阿尔泰山、从很远处蜿蜒而来的当地农牧业的母亲河，可当你身处其中才发现完全不止于此。

直到今天，我还清晰地记得自己第一次面对它的场景：一只雄壮的白尾海雕盯着几只看不清模样的水鸟，从我面前疾速掠过，水声潺潺，旋风从它们背后升腾而起。在远处阿尔泰山的衬托下，头顶巨大的云层流动着，缠绕着湿润的河谷，裹着巨大的绿意席卷而来。

初老板从旁边一块大石头上噌一声蹦下来，落到我面前，摘掉了墨镜。"怎么样？看到咱们的河狸食堂了吗？"彼时我的意识已经飞到了几公里外的高空，敬畏地打量着这里，忽然被她强行拽回，还在错愕。"嗯？在哪里？"

跟着她沿河道往前走，我这才来得及仔细观察周围的情况。原来天然林都分布在离河数百米外，河道边竟有很多地方都是光秃秃的，我弯腰想握一把脚下的土，手指立刻穿过了沙面，戳到了下面隐藏着的石子上。看来因为常年的流水冲刷，河边的土壤已经所剩无几了，土质沙化情况很严重。"其实这些地方原来不是这样的，有灌木丛，有河狸，还有小型动物活动。土壤可以被留下来，动物们也会带来菌群和有机物。"初老板蹲在我旁边也捏起一把沙子。"这里不是一直在植树造林吗？怎么还是秃了呢？"我有些不理解。

"这里是一直在植树造林，可是种的多是城市周边能起到一定绿化作用的杨树、榆树一类的乔木。灌木柳不是经济植物，对人类来说没啥用。新疆又是水资源分布不均匀的地区，宝贵的水资源必须用在刀刃上。你看，在河谷种植大树的养护成本非常高，成活难度又大，毕竟每天跑几百公里来浇水是不现实的。"初老板从沙子里挖出一株死去的枝条，掰断看了一眼干枯的断面，"从专业的角度来说，在沙化严重的河谷里种大树也并不适合。因为人类不可能完成这么大面积的土壤改良，我们必须学会借助自然的力量。"

"天然灌木林有生命周期，在自然因素的影响下就会自然衰退。同时，水力、风力和冻融等外力侵蚀又会使土壤受到破坏，所以这些地方就秃了，曾经适宜野生动物生存的栖息地就这样变成了一片沙地。"初老板站起来拍拍手上的土。必须承认的是，在那一刻说不清是阳光，还是认真工作的态度给小初博士的轮廓镀上了一层金边。"事实上，这里最需要的不是大树，而是灌木丛。有了灌木丛，一来很多素食性的动物就有了吃的，二来茂密的灌木丛是动物躲避天敌最好的工具，所以它们就会来到这里筑巢。如果河狸、獾、刺猬、野兔还有鼠类能搬来这里安家，那么随之而来的就会有兔狲、赤狐、水獭、艾鼬等小型捕猎者。再然后，水鸟、猛禽都会出现在这个区域，它们的活动和粪便会带来很多对土壤有益的细菌、有机物和其他植物的种子，这里就会活起来了。"还好当时初老板没有用像短视频里那么快的语速来说这些话，以至于我今天还可以清晰地记下这一切。

初老板的这个观点说服了我——"借助自然的力量"。如此复杂的环境因素确实不是人类可以通过简单地种树或者别的某种人工行为来轻易实现的。自然生境因子需要一层层叠加，适合的野生动物栖息地是"生长"，而非"建造"出来的。人类能做的仅仅是完成其必需的一两项，然后给予时间和空间，静待花开。

穿过这片沙化的河滩继续前行了十来分钟，我们忽然就进入了一片绿意盎然的热闹所在。一只警惕的野兔不知道从哪里蹿出来，在原地停留了一个瞬间，不等我们看清它的样子就嗖地消失在前方的一大片灌木丛里了。河里的水鸟被兔子吓了一跳，纷纷抬头朝我们看来，然后扭捏地摆摆尾巴游向了河中央。我们竟不知不觉陷入了一人多高的灌木丛包围圈！

"欢迎来到河狸食堂第18号地！"初老板昂着头，骄傲地向我展示，"这是最早成功的一片地，当年都是一截截压条进沙子里的灌木柳短枝，不仔细看都看不清，现在怎么样？比人都高了。"随着她的显摆，微风袭来，周围茂密的灌木柳条齐刷刷抖动，可以听到有动物在四散穿行，这片小天地竟像是在回应她一样。

五年前，协会刚刚成立。初老板和小伙伴们扛着帐篷，拎着水桶和铁锹，带着网友们凑钱买的灌木柳枝条和一腔热血来到了这片河滩。"当时扎营在河边，白天干活，晚上伴着星星发微博给网友们看我们种的树。满头满身的土，每个人都被蚊子叮得满头大包。那会儿我们干活再苦再累，只要看到树苗发芽了，就激动得比发了财还高兴！现在想想怪对不住大家的，他们几个跟着我回新疆干活，不仅没工资，连生活费都是一起凑的。"初老板边说边扯过手边的灌木柳枝条查看长势，也不知道是不是在掩饰自己的不好意思，"万万没想到，即便费了这么大力气，第一年仍然惨败，死掉的小树苗比活下来的要多得多。"其实这段经历她之前跟我说过一次，只是每次谈起都意难平。

"真的太难了，这片沙子下面都是石子，完全不涵水，水下去一小时就干透了。当时我们没有水泵，也没有经验，只是单纯地想着拼了命种下的树苗不要死，最焦虑的时候甚至每人都提着水桶不停地浇，种半天树再浇半天水，大家都晒得脸上和胳膊暴皮，黑得像从非洲来的似的。"看来那段经历确实给她造成了难以抹平的记忆，现在说起来依然心有余悸。"当时别说蚊子叮几个包了，只要树能活，它吃我的肉都没问题。那可是大伙凑的钱啊！可惜，现实是很残酷的，没有活就是没有活，我们再拼命也没能改变这一切。"

第一年的失利让初出茅庐的小初博士遭遇了当头一棒。怎么办？我猜当时的她满心都是这三个字吧。灌木柳不是经济作物，国内具备繁育技术和经验的单位极少，更不要提同时了解北疆气候和种植条件的人了。所以当时协会找来找去都找不到懂得种灌木柳的技术员，种树大业一度陷入停滞，危在旦夕。

幸运的是，初老板最后还是找到了正确的路。就像孙猴子在外面打不过了搬救兵一样，她痛定思痛，连滚带爬地跑回了北京林业大学。林学老师、环境学老师、土壤学老师、微生物学老师们挺身而出。"哪有我们北林种不活的树？别哭了，丢人！"老师们一边摇头，一边组织起"乌伦古河流域灌木柳种植问题专家会诊"，每个环节逐个推敲，种植时间、压条深度、截面角度、人工水利设施、浇水频率、土壤涵水性改良、微生物培养、营养剂搭配等等难题被一一攻破，老师们又带着她走访了好几个大型苗圃，参考其他种类的灌木植物种植技术和其他地区的沙地改良技术，最终制订了协会沿用至今的灌木柳种植方案。

第二年，在新疆乌伦古河，一声声"活了，活了！"的喊声响彻种树工地。

我可以想象当年的种树工地上，那一群黝黑的年轻人在顶着巨大的压力下，吃尽了苦头，连续奋战了整整两年。面对着快速抽条发枝的小树苗，他们迎来了迟到的成功。不知道初老板当时有没有高兴得翻跟头。

那年，河狸食堂灌木柳种植成活率达到了 70%。

在种树工地上学开拖拉机和安装水泵

初雯雯

在马驰刚发来的视频里，在浇树的水泵某部位的上面，有个小小的鸟窝，看起来像是白鹡鸰的，里面有几颗鸟蛋。我还没看完，他电话打过来了："初老板，白鹡鸰在咱的水泵上做窝啦。我想跟你说说，现在正好是乌河的洪水期，水位也够，暂时可以不用浇树，可以让它先孵蛋吗？鸟妈妈蹲在旁边看我半天啦。"

我赶紧说："可以可以，你自己评估，不用浇的话就速速撤离，别给小家伙吓着了！"

这个水泵，还是我安装的呢，所以小鸟才这么喜欢吧！一定是这样的，哼。（叉腰炫耀脸。）

时间回到2023年的春天，马驰同志已经是河狸食堂的熟练选手了，我开着皮卡拉着水泵到河边的时候，他已带着牧民兄弟们种下十几排小树苗了。

"初老板你来得正好，小树苗嗷嗷待哺，我跟兄弟们说了，今年有了新水泵，可厉害了。接下来就你来展示啊。"

虽然现在河狸食堂不会再出现种不活树的情况，我也很久没在河道里放声大哭了，但协会抠门的原则从来没变过。本来老板说，你加点钱，我给你把水泵装好，你直接拉过去。我一听，啥？要加钱？我说，算了吧老板，我能学得会，你教教我。于是我和老板蹲在门口，他拿着说明书给我讲了一遍。我是个博士啊，就这我还学不会吗？我说，老板你这就是看不起我，因为看不起我，水泵你再给我便宜点，便宜二十吧。老板怕我堵在门口影响他生意，只能同意了。耶！又省二十。于是情况就成了我拉着水泵来河狸食堂现场，给大家表演安装水泵。

"水泵这种机械，其实了解了它的构造之后，安装过程跟拼积木没啥太大区别，只是零件不那么规整罢了。"我强压住内心的骄傲，对着身边围了一圈的牧民兄弟们说着，手上也没停，把套成两个圈的引水管拆开，把特制的卡子扣在管子上，把管子接在引水口。但我手劲儿不够，拧到动不了的地方还是喊马驰帮忙，他又紧了两圈。接下来就是给发动机里注入机油，给油箱里倒进早上刚打来的柴油。这柴油的壶老沉了，得靠着马驰帮忙一起扶着，才能稳住。"每次要往里加 10 升的柴油，这个抽水泵就能连续工作 10 个小时，这 10 个小时里，咱的树就能一直通过滴灌有水喝。而且发动着就不用管它了，省得很，还靠谱。"马驰一边帮忙加油，一边给身旁的牧民兄弟科普着。加完油，水泵的部分就装好了，该装水管了。给它的尾巴捆上个网子，可以避免小石头和水草被吸进来堵塞水泵，再捡两块大石头绑在水管的屁股上，让它能消停地沉下河底，不至于飘在水面上进的都是空气。搞好这一切，我使劲儿地把水管往河里一扔，看着它慢悠悠地沉下去。我爬上河岸，走到水泵旁边。这不就好了？我摁下按钮，轰隆隆的水泵启动了，透明的水挤开空气，沿着管子爬上来，进入了黑色的管道里，瘪瘪的黑管子一下子就鼓起来，变成了圆柱体。水就这样输送给网状铺在地上的滴灌带里，一滴一滴，浇灌着刚种下的小树苗。沙土地吸饱了水，从灰白色变成了黑色。小树苗要好好长呀！

安好水泵，我盘腿坐在河边的土地上，看着马驰跑来跑去。他一会儿检查牧民姐姐们剁条子的情况，一会儿去看看种树那边的进度，一会儿又被在远处铺滴灌带的牧民兄弟叫走，还让我去瞅一眼距离合不合适。我心里那叫一个欣慰啊。想想过去……开沟的拖拉机都得是我开！

对！我是不是还没给你们讲过开拖拉机的故事？现在讲讲吧。

那是 2020 年在喀拉布勒根乡建河狸食堂的时候，扦插种灌木柳是要开一条沟，再把枝条放进去的。春天是种树的季节，也是种地的季节，所以很难找到合适的机械。太大的机械，开的沟太大，我们用不上，也雇不起；太小的呢，又不好在石头和沙土混合的河岸上开展作业。就得是不大不小的那种。好不容易委托喀拉布勒根乡林管站的赵站长联系了一个大爷，他开着拖拉机轰隆轰隆地就来了，还各种不耐烦："哎呀，我自己家里的地还等着翻呢！我来给你们翻地赚不了多少钱的……我家里还有大机子等着我回去呢……"我一听，这是要提价啊，心里的红灯嗷地亮了起来。多花钱？那不可能，这钱可都是我们省吃俭用攒下来的，一毛都不可能多花。

我走到沾满土的拖拉机旁边，仔细瞅着它的结构：挡杆子在这儿，离合器、刹车、油门和手动挡的车一样，那不出意外的话，在弹簧都崩出来的座位旁那个杆杆就该是用来操控它屁股后面那个钢铁巨犁的……看到这儿，我突然想起来，我妈是做农机工作的，她就会开拖拉机。我赶忙走到一边给她打电话："拖拉机咋开，几个挡？"我妈说："哎呀，三个前进挡一个倒挡，简单得跟写个一一样，我教你，你就……"好，我掌握了，跑过去跟大爷说："大爷，您信不信这车我能开，您回去忙您的，这车我帮您开，就是看看这个租金……能不能便宜点儿？"

大爷一脸不屑："就你？开这个？我才不放心呢！你别给我开坏了！"

我说："这样，您在旁边看着，我开一圈，犁一条沟，您要是觉得还行的话，就我来开。反正赵站长在这儿呢，种树的地儿也在这儿，我们跑不了。"

大爷将信将疑地看了看我，拉起只剩一根铁杆的手刹，松开脚下的刹车，下了车说："那你试试，不行我可不让你开啊，我这个车贵着呢。"种树争分夺秒的，他磨磨叽叽，我当时恨不得把旁边停着的皮卡押给他。

看大爷下了车，我跳到车上，踩下离合器，挂到了一挡上，慢抬刹车、轻踩油门……小红拖拉机动起来了，稳步前进着，突突突地冒着黑烟，我扯着嗓子越过发动机的轰鸣声："大爷，看好了，我从这儿掉个头，就犁你眼前这条沟。"大爷眼睛亮亮的，颇有一种看热闹的感觉，也扯着嗓子回答："好嘞！"看那么轻松，我想皮一下，脚下油门加重了点，发动机的转速轰轰往上拱。我直接切到二挡，又继续提速，换到三挡，在空荡荡的河谷里飘了起来。当然，拖拉机的时速嘛，用"飙"不合适，但大爷肯定比看别人飙车还紧张，他在我身后边跑边喊："哎！哎！是不是刹不住了？哎！踩刹车！"我回头笑着说："大爷别急啊，我就是看看你的小车配不配得上我的速度。"然后我又慢慢地把速度降低，降回一挡，稳稳地掉了个头。在快到该犁的地旁边，我算准距离，左手控制着犁头，缓缓将犁降下，脚下的刹车一点点踩下，犁入土了。随着拖拉机的前进，土从犁的两侧翻转开来，一条平直的沟就这样开好了。到头，我将犁从地里抬起，掉头，对着大爷喊："大爷，看好了。"然后就在大家好奇的目光中，操纵着犁升到空中，翻了个面，降下去开第二条沟。我一边回头确保开出来的沟直并且平行于上一条沟，一边对着大爷喊："这下放心了吧！给你搞不坏！"

两条沟犁完，我停在大爷面前，笑眯眯地看着他："咋样，大爷，交给我吧，租金再给我便宜 100 块，行不行？"大爷抹了把汗："你刚才那个加速可把我吓坏了。小丫头，你可以！你好好犁，我给你便宜 150 块。我走了，中午再过来开车。"这下我可高兴坏了，开着拖拉机把整片河狸食堂的地都犁完了，甚至比我预期的时间还要早些。我下了车，和一起来种树的牧民兄弟姐妹们一起坐在地上，一位哈萨克族的姐姐给我倒了碗奶茶，还竖了竖大拇指。歇了没一会儿，我又和他们一起去给沟里放树苗和种树。忙活了一天，晚上回去腰都快断了……

从协会成立到现在，爬过的山、趴过的冰、卧过的雪、蹚过的河、流过的汗、熬过的夜、出过的力，其实这些都在消耗着我的身体，现在的我年纪轻轻，还不到 30 岁，却已经落得一身毛病了，什么腰椎间盘突出、颈椎错位、膝关节软骨损伤，就没啥好用的地儿了。几年前，我爬山的时候那叫一个健步如飞，能早上 8 点上山，晚上 1 点下山；现在爬山，要不了几百米就会气喘吁吁，摆摆手放弃。几年前，我能在河狸食堂从第一天开始，和牧民兄弟们一起干活干到最后一天，每天我都是最后一个放下铁锹的；现在种树，连一铁锹土端起来都费劲。总结下来就一句话，感觉我老了。但是看着马驰和协会的同事们，一个接一个扛起了协会的事业，大家各自用身上的那份冲劲儿，带着每一个公益项目走得更扎实，走得更远，我就觉得，有同事们真棒。现在的河狸食堂，已经不用我腰酸腿疼了。春天马驰带着牧民兄弟们一头扎进河谷；到了秋天，整片林子就茂盛地生长，成了许多野生动物的家园，他还会带我去看："初老板，你看啊，河狸啃咱的树了，它们一定很喜欢。""初老板，给你个惊喜，你看啊，咱们的河狸食堂里新搬来了狐狸一家，这是妈妈，那是两个狐狸崽崽，看它们抓了好多老鼠和兔子。"每一个这样的瞬间，都让我对"河狸军团"的感激又增添一分，也对协会的自豪感增添一分。

2023年，河狸食堂还有了新进展，德力西集团的加入，让河狸食堂拥有了新装备：简易监控。这也是马驰新想出来的招儿，他说想让更多人看看河狸食堂的样子，见证自己省下来的零用钱给小动物们创造了多么好的环境。这个新监控不需要网线也不需要电缆，只靠太阳能电池板和手机卡就能实时传输画面，我们坐在办公室里，就能看见河狸食堂里出现的每一只小家伙了，真好。

又到一年的秋天，也到了河狸该修"冰箱"准备过冬的季节了，我拿着手机看着屏幕里河狸宝宝们从河岸上上下下、在河狸食堂自由采食的样子，浮想联翩。也许河狸的心思很简单："呀，这里有树，我要啃点树枝回去带给老婆孩子，这样才能安稳过冬。"它们永远不会知道，这些树来自全国各地，大家的爱意汇聚在一起，又由一群不怕苦不怕累的小伙伴"落地"，它们是大家共同在乌伦古河上创造的奇迹。大家为它们建造了一个又一个的大食堂。我也在心里默默期盼着，也许明年，河狸食堂还会创造更多奇迹，有更多新鲜好玩儿的事情发生呢？

被迫学会了剪视频

方通简

　　我总觉得初老板有种超能力。因为我发现她至少能记住上千个网友的姓名、所在城市、职业、年龄、爱好等等，甚至还能记住很多人的生日，这对于脸盲的我来说简直不可思议。当时我加入协会的网友群还不是很久，搞不清楚谁是谁。某天，群里一位网友发图告诉大家，自己家小区里有一只幼鸟从巢里掉了下来，他询问其他人要怎么处理。

　　大家纷纷出主意，有的支招让带回家养，有的建议打 110 求助。初老板快速回应，给出了自己的意见："1. 观察它掉下来的位置是否有大树，是否有鸟巢；2. 它的妈妈应该就在附近守着它，不要惊扰母鸟；3. 最好把它放回巢里，不要带回家，如果鸟巢位置实在太高，就尽量放高一点，避免暴晒。"网友们好奇地问，如果不能放回巢里，为啥要放高一点呀？科普达人小初开始耐心解答："放高些，方便母鸟找到它，然后来喂它。因为幼鸟长得很快，妈妈连续喂它几天，这个小毛球就有可能可以跟着母鸟飞走了。与此同时，高一点也能降低被流浪猫叼去的概率。"

　　科普完，初老板又叮嘱发问的那位网友："你的腰椎不好，如果爬高有困难，看看能不能报警求助或者找别人帮帮你，要注意安全呀。"当时我很好奇地问她："我发现你好像认识几个群里的每一个人，你是怎么做到的？"因为我曾听说过人类的社交圈人数上限是两百多人，但协会有好几个聊天群，加起来怎么也有上千人了吧。

"哈哈，你是嫉妒我记性好，还是嫉妒我朋友多？"我似乎能看到手机那头的初老板得意地摇头晃脑。"我是觉得你可以把你和粉丝的日常写出来，没准能出本书。凭你的记忆力，一定能有不少好故事。"我认真地说。

她却有不同的观点："你这个说法首先就不对：第一，我又不觉得自己是明星，哪有什么粉丝；第二，我之所以能做到，根本原因是这么多年来，我们这些人凑在一起，一起研究种树，一起琢磨怎么救动物，大家参与了我们的劳动，了解我们救助的每一只动物，工作之外我们还会一起"吃瓜"聊八卦、聊学习、聊电影，他们了解我是谁、我在干啥，我也知道他们都是谁，所以大家是我的朋友。"她也认真地回答我。"我们虽然大多都没见过面，但已经是很多年的朋友了。我觉得'粉丝'是一个略微带有陌生感的词，所以不适合我们。"

"你可能感觉我每天上传工作进展是在汇报工作，可我不这么认为。因为我完全忍不住想和朋友们分享，想把成就感分享给大家，所以才会这么努力地拍照片、拍视频。"她生怕我没听懂。

我好像懂了，这是这群年轻人独有的相处模式，大家来自天南海北，分布在不同的省份，但是又都被某种共同的意愿感召着，聚拢在这些群里。这种凝聚力击穿了物理距离，通过各个社交平台走到了一起。大家互相鼓舞，彼此珍惜，而和网友们的日常，其实是不爱交际的初老板唯一的社交途径。

"老方，你啥时候有时间？能不能来富蕴帮我拍点视频？这几天要在短视频平台更新项目进展，可我们还要干活，人手实在不够。"她在微信上问我。

"可是我只会拍照片，没有拍过视频啊，也没有设备。"我有点不确定自己能否胜任。"别有那么大压力，我们的视频就一个目的，给大伙看更多的工作细节，所以不用拍得多高级，用手机就能干。"我琢磨了一下，这个任务要求倒是不难，暗暗寻思看来我多年拍照的水平还是得到了朋友们广泛认可的，心里隐约有些开心，于是回复了个"好"。万万没想到我刚发过去还不到一秒钟，她又跟着补充了一句："真别紧张，这活是个人就能干。"我感觉又被扎心了，可恨话都放了出去，导致我反悔无门。

最后我还是宽宏大量地去帮忙了。在接下来的时间里，我跟着协会的同事们一起劳动，记录了不少大家走访牧民巡护员家、种树、为河狸清理淤泥、擦亮河狸直播摄像头等等珍贵镜头，这些素材后来为协会坚持拍摄短视频的工作方法奠定了基础。

素材拍回来了，怎么剪辑成了大问题。返回驻地那天已经有点晚了，大家下了点面条围坐一桌。"你们谁会剪视频？"我问协会的伙伴们，大家低头扒面。我又扭头看累得有点蔫的初老板："你会剪视频吗？"她低头扒面。这咋整，拍的时候高兴，居然忘了谁来剪辑的问题。"不会就得学啊，我听说这个也不是很难，我把素材导给谁？"没人理我，大家深入低头扒面。

我心中浮起一种不祥的预感，不会得我来剪辑吧？可我也不会啊。"不会就得学啊，我听说这个也不是很难。"初老板真诚地对我说。其他人也放下碗真诚地看着我，附和、点头。

饭后，大伙不知道从哪儿翻出一台旧电脑，透过陈年老灰可以隐约感觉到原本白色的机身。"你们确定这个电脑还能用？""咋不能用，去给方老师找块抹布，擦干净又是一台好电脑。"初老板再次真诚地说。

接通电源，随着不知道为什么会被设计到机箱上去的土味小紫灯亮起，电脑伴随着嘎嘎的响声启动了，还真能用。我打开网页，开始搜索"剪辑视频常用软件有哪些"，选中了某款入门软件开始下载，速度显示 120kb/s，预计还有 4 小时下载完毕。我几乎吐血，都什么年代了，贵协会的网速怎么这么慢？"不好意思，协会所处的位置太偏僻了，装宽带的说咱们这儿没有光纤布设，所以只能装一个 3G 的无线网卡。"初老板拍拍我的肩膀，"辛苦你了，我们去照顾动物了，你加油。"

那天我在那台旧电脑小紫灯的闪烁下几乎弄了一个通宵。前半夜看视频教程学习软件怎么用，后半夜开始尝试实践操作。教程上老师教的看着很简单，实际用时发现自己手比脚都笨。短短几分钟的片子，时间轴、转场切换、背景音乐，还得设计一个封面。我这个全屋年纪最大的拿出了刚工作时的学习热情鏖战，在天蒙蒙亮时，终于做出了一个如今再看无比稚嫩、当时却很满意的短片。上传，发布，倒头就睡。

"嘭嘭嘭！"不知睡了多久，敲门声把我吵醒，我浑身酸痛，感觉有块大石压在头上，昏昏沉沉。"老方！快醒醒，你的视频火了！"门口传来初老板的喊声。"什么视频？"我还没有清醒。"你昨晚剪的视频啊，快起来看。"初老板在门口持续闹腾。我一骨碌爬起来，想起了自己为啥熬夜。

几个小时内视频居然获得了好几千点赞，账号粉丝数量增加了好几万，网友们热情留言。"这就是新疆吗？""咱们国家居然也有河狸呀？""加油！了不起的年轻人。""你们还缺人吗？我想加入你们！"我翻看着短视频平台上网友们的评论，一时有点恍惚。

"开会，开会！"初老板的声音又传了过来。协会的伙伴们凑到一起，有的头发爆炸，有的因为着凉了吸溜着鼻涕，有的穿着大拖鞋、端着刚泡的方便面、好奇地围观着这条视频。这件事当时给精神和身体都疲乏不堪的协会同事们注入了一针强心剂。"老方，咱们再多发几条吧，看来大家喜欢看咱们的工作。"一脸欣喜的初老板激动地说。"方老师，你辛苦了，你吃面。"端着泡面的那位兄弟大方地把手里刚吃了几口的方便面递给我。"呃，兄弟，视频我可以做，但你的面，我就不夺人所爱了。"我有些窘地推了回去。

就这样，协会的短视频开始规律地产出，小伙伴们全员上阵学习拍摄，学习剪辑，初老板负责创意，我负责脚本，大家一起负责拍和剪。加上两部连看视频都卡的旧手机和一台不时有死机风险的电脑，制作出了一条条展示河狸食堂美丽风景、展示牧民大哥热忱工作、展示野生动物救助过程中成就与辛酸的短视频。这些视频不仅向所有的捐赠人汇报了协会的工作进展，还展示出了一群从千里之外来到祖国西北角的青年志愿者投身自然保护一线工作时的精神面貌。协会短视频账号的粉丝数量也从开始的几百、几千涨到了近百万。

现在，网友们都评价协会的同事们"一个顶好几个""什么活都会干""精通十八般武艺"。事实上，作为亲历者，我清楚地知道这个局面的形成，绝不是协会有人"智商超高"或"能力超强"。恰恰相反，协会的伙伴们都是平凡到丢进人堆里也绝不会被发现的那类人，我们不会的事情远远多于拿手的事。

支撑大家披荆斩棘、遇强则强的源动力其实来自大家对捐赠人的善意的格外珍惜。大家格外珍惜这个集所有人之力、一砖一瓦建成的小协会。最忙碌时，每个人连做梦都在思考怎么解决问题、怎么把事情做好。林林总总的这些形成了协会特有的气质，一股不怕困难、不讲条件、不会就学的内驱力。

协会发不下来工资了

方通简

初老板的电话又来了，可这次求助的事情有些严重。"今年种树的地方石头很多，以前几铁锹就能挖出来的沟，这次得挖好久，用工比预想的要多得多，我把工资都发给牧民大哥们了，可这样一来同事们的工资就没有了，怎么办啊？"初老板在电话那头低沉、沮丧。

这是这个小小的协会长期以来存在的难题，成员专业多是野生动物保护、环境学、动物医学、植物学等，为了做好工作，大家吃苦耐劳，再累都没问题。可是缺乏运营人才，直接导致协会的收入来源非常有限。没有钱就很难留下人才，没有人才就更发展不起来，从而陷入僵局。

初老板的压力很大，毕竟她也只是一个刚毕业没多久的年轻人，很多方面有心无力。协会自创办以来已经三年了，小伙伴们也陆续快30岁了。这个年纪的人其实已经必须面对是"回家挣钱为买房子结婚做准备"，还是"顶着家人压力留下来继续追梦"。如果再没有稳定的收入来源，确实会对团队造成很大的影响。

那天，当我赶到协会时，大家都在，办公室里却很安静。同事小杨坐在两个行李箱旁不说话。大家默默干着手里的活，见我进门纷纷停下手里的事看向我。"小杨要走了。"有人小声说。

"小杨，怎么回事？"我有些吃惊。小杨是野生动物观测工作的主力成员，他离开恐怕会对协会造成不小的打击。"方老师，我也不想走，可家里催得厉害。原本咱们工资虽然不高，对家里总还算有个交代。可前几天家里听说我们已经两个月没发工资了，让我必须回去，我妈都急病了。"我拍拍小杨的肩膀，叹了口气，不知道说什么好。我完全能理解他，人在年轻时可以用爱发电，做想做的事，但大多数人毕竟还是要面临职业的选择和很多现实问题。

其余的同事也站了起来，让我劝劝初老板。"方老师，我们几个没问题的，家里没催。""没有工资就先不发呗，反正咱们也能在富蕴县蹭到饭。""是啊，让她压力别太大了。""方老师，你跟她好好聊聊。"小伙伴们小声对我说。

初老板把自己关在屋子里已经好久了，我轻轻敲敲门。"你们让我自己待一会儿吧。"里面传来声音。"是我，有时间吗？咱们研究研究怎么办。"我隔着门说。门开了，初老板像霜打的茄子一样，低着头打开门。"大家都是奔着把事做好来的，都怪我没本事，让大家吃不好，住不好。"她呜咽着叹了口气。

屋里拉着窗帘，有些昏暗，她走到墙角坐在一块小地毯上，用手抱着膝盖蜷缩成很小的一团，眼睛红肿，脸颊上有眼泪干掉的痕迹。"真的太难了！我以为没日没夜地把活干好就可以了，我以为咱们会越来越好，可是为什么哪儿都有困难啊？"她的声音再次颤抖了起来，"我不想让协会的同事们跟着我还没做出成绩来，就不得不回家去，我不想让大家输！"

我拉开窗帘，打开窗户，让外面清新的自然气息涌了进来。"你看，'小毛球'当妈妈了。"窗外的大树上有一个协会去年春天安装的人工鸟窝，那时是我第一次来协会，当时大家正忙着为一只掉下了窝的红隼宝宝制作人工鸟巢，这只红隼幼鸟被大家称为小毛球。在协会的照顾下，小毛球活了下来，并成功野放回了大自然，后来协会把它住过的鸟巢挂在了窗外的大树上。没想到，第二年它居然又回来了，还在人工鸟巢安了家，曾经的小毛球现在也拥有了自己的小毛球。

"怎么会输呢？你们做的工作，阿尔泰山记得，河狸记得，水獭记得，赤狐记得，白肩雕记得，金雕和小毛球它们都记得。"那一刻，我的心里浮现出了所有因为协会的工作而活下来的可爱动物，"它们都不会让你输的。"

那天，我们一起沿着协会工作的观测线路查看了很多红外相机，收获了上百份精彩的野生动物画面。从河谷到峡谷，从荒漠到丛林，都留下了协会工作的影子。

哪个河狸家族诞生了新的宝宝，哪里的水獭群落留下了脚印，哪里是北山羊和雪豹的家，哪里是鹅喉羚和盘羊的栖息地，哪里有"平头哥"的老表狼獾出没，哪里有紫貂和棕熊的痕迹，初老板如风穿行在山林间，对这一切如数家珍。

趁天光还在，我们赶到了牧区过夜。草原苍茫，毡房零星点缀。晚上，我们借住在一户牧民巡护员大叔家里。大叔的邻居见到协会同事们到来，送来了驼奶、熏马肠、风干肉等好吃的。大叔为我们煮的羊肉也一起摆在桌上。协会的年轻人们也像回到了家似的，雀跃着奔向熟悉的朋友，握手、拥抱。大家摸摸牛，看看马，蹲在挤牛奶的哈萨克族大婶身旁好奇围观。牧人家的小儿子则躲在牛圈的栏杆后面探着头，欣喜好奇地瞅着我们。一只黝黑的牧羊犬摇着尾巴朝我们吠了几声，惊起毡房后一群野鸭子。

夕阳西下，微风徐徐，带着奶茶的芬芳和酥油的香醇，温柔地催促大家开饭。夜幕初降，草原上月华如水。牧民大叔从墙上摘下一把漂亮的"冬不拉"（哈萨克族传统乐器），他的大儿子则用两柄铁勺打起了节奏，琴声如诉，透过毡房传向无尽的草原，诉说着一段段关于友谊的故事。受到主人的热情感召，协会的年轻人们各显神通，载歌载舞，参与到了草原上简单的欢乐中来。

饭后，我打开毡房的门，想看看草原的夜色。刚踏出门，一股炊烟混合着青草味道的湿润气息扑面而来，远处阿尔泰山拥着漫山苍翠，在夜色中影影绰绰，身旁乌伦古河载着璀璨星光在大地上缓缓流淌。只一瞬间，这个天地便轻易打开了我心里有关草原情结的那扇窗，我不由羡慕起这里的人们，游牧于山水之间是何等逍遥自在。

毡房附近有几棵杨树在轻轻摇曳，初老板站在树下看着远方。那一瞬间，不知是不是接收到了阿尔泰山传来的启示，我心中好像有种灵感忽然降临，豁然开朗。"也许我们并不是一无所有，和网友们一路走来，攻坚克难，欢笑热泪，回忆珍贵。事实上，与阿尔泰山朝夕相伴，对乌伦古河的细致调查，全体牧民大哥对我们如同亲人般的支持和信任，都可能是我们渡过难关的契机。"初老板点点头。

那天的我们放下思想包袱向自然问道，找到了一条属于协会的路。

离奇失踪的同事们

方通简

那天之后，我和初老板开始分头行动，张罗解决问题的办法，时间很快又过去了一周。周末清晨，前一天推演方案到深夜的我正睡得香甜，电话响了。"老方，我觉得他们几个不太对头，大家不会真的都要走了吧？"初老板焦急地说。

"啊？"我一骨碌爬起来，"怎么回事？你慢慢说。""昨天下午我实在焦虑得不想工作，就去宿舍和大家聊了会儿天。最后我说请大家放心，我和方老师就算咬碎了牙也一定让协会渡过难关。"她回忆着昨天的谈话，"大家也没说什么，就是让我别太有压力了。可是晚上我路过宿舍时却发现里面没有人。早晨我从窗户看到他们天一亮又跑出去了。你说，大伙会不会去买离开富蕴的火车票了？"初老板越说声音越小，到最后几乎发不出声音来。

那天本就计划去富蕴再和大伙商量商量，所以我赶紧洗漱完，开上车向富蕴县出发。抵达协会时倒是感觉一切如常，大家在忙活着自己手头的事，见到我来，纷纷冲我打招呼。顾不上那么多，我把一周以来的调研结果和找到的文件拿出来和初老板推敲着各个细节。当时国家已经开始大力提倡生态旅游，阿勒泰地区又是全国驰名的旅游胜地，也许我们可以组建一支自然保护科考队，邀请在网络上关注我们的朋友们来到阿尔泰山体验我们的工作，在地学一些生态保护知识。这样既满足了网友们亲近自然的愿望，同时又可以有组织、有秩序地进入大自然，让大家的体验活动不影响生态环境，顺便解决协会工资的问题。

我们展开地图，一个一个工作点分析，大到哪些环节可以邀请网友们共同加入，哪些路线可以照顾到非专业人士的体能和安全性，哪些易学易记的自然保护知识可以供大家学习；小到如何加固皮卡车的陷车脱困设施，睡袋还差几套，露营点位怎么选，聘请哪几户牧民当牧区向导，等等。不知不觉，当方案基本确定时，已经过去了好几个小时。

"同事们都可以出力，把自己的经验和野外知识拿出来分享，当自然保护教育的老师。"心头大定的初老板站起来伸了个懒腰，转身出门想去喊大家一起参加接下来的讨论。但很快她闷闷不乐地走了回来。"他们又不见了。"初老板耷拉下了脑袋。"唉，用发展来解决问题吧，咱们再把细节过一过，困难会过去的。"我也不知道该怎么安慰。

"开始这一切之前还有个问题，你看买睡袋要钱，加固皮卡要钱，聘请牧民也要钱，望远镜恐怕也不够，协会还有这么多钱吗？"我看着初老板。"望远镜我可以想办法找朋友借，修车的钱也可以先欠着，但睡袋和其他野外用品要从网上买，咱们没这部分预算。"她打开小账本仔细算了一会儿说。

大概还需要一万块钱，这部分难住了我们。之前想着协会的同事们也许可以像种树初期时那样，缺钱了就凑一凑。但现在这种情况大家如果都想离开了，那这个法子自然也行不通了吧。我俩思来想去，始终没有找到太好的办法，气氛一时很沉重。"走，先不想了，山下不是新开了一家凉皮店吗？我请你去尝尝。"我决定出去换换脑子，今天有些用脑过度，整个人都昏昏沉沉。

我们走出协会办公室。富蕴县独特的日落又开始了，整个天空一片惊艳的粉红色，不时有猛禽在天际划过，于暮色中透出一股生机。我们两人顺着协会门口的小路往县城走，初老板心事重重，显得心不在焉。

"咦，今天这外面怎么这么干净？"她忽然有些奇怪地说。我扭头看了看周围，附近有几个正在施工的建筑工地，平时这片空地上经常有人堆放建筑材料，大风吹起时，常有些包装、纸壳之类散落在四周，显得有些凌乱。但今天一切都被归纳得整整齐齐，实在奇怪。

协会与县城之间有一个小山坡，进城需要经历一段上坡再下坡的路。就在此时，一个在后来让我铭记了很久的画面出现了。逆着夕阳的余晖，几个依稀的身影出现在山坡顶上，近了一看，原来是协会的同事们胳膊上套着绳索，肩上扛着铁锹、钢钎，大家搂着脖子，互相搀扶着，有点摇摇晃晃地迎面走来。

"你们这是？"我俩愣住了，大家也愣住了。"没啥没啥，我们出去转了一圈。"看到我们，大家低着头匆匆走过，小跑回了宿舍。"不行，我要问问他们搞什么鬼。"初老板跟着跑了回去，现场只剩我和夕阳大眼瞪小眼。

我推开协会的门，大家被初老板堵在办公室里。"你们都不说是吧，那咱们今天都别睡觉了。"初老板的声音传了出来。同事们有的揉着腰，有的捏着腿，但就是不说话。"我来吧。"我拍了拍初老板，她盘起胳膊赌气地扭头看向墙壁。

"都还没吃饭吧？"我看大家蔫蔫的样子，"正好我们也没吃。协会有挂面吗？我下面条的水平还是挺好的。"我试图打破这种尴尬的局面。"有有有。"大家互相看看，纷纷跑到厨房帮我找面条。"你们到底是在搞什么鬼啊？这段日子协会很艰难，可不敢出岔子啊。"我边起锅烧水边说着。

"哎，其实也没啥。""要不咱们还是跟方老师说了吧。""就是，给方老师说吧。"大家把挂面放在厨房的案台上。"嗯？"我很感兴趣地看着大家。同事小李上前两步说："方老师，其实前几天你和雯雯说的我们都听到了。前面雯雯说工资晚点发，我们也没太在意。直到那天我们才知道原来协会已经这么穷了。""我们也想尽一份力，不让雯雯有这么大压力。"另一名同事说着。"对啊，但我们也不知道怎样能挣来钱，所以就跑去工地上干了点活。今天挣了六百块钱呢，够协会买好多肉了吧！""我们帮工地把建材都收拾好了，卫生也打扫了，甚至还把他们不要的纸壳纸板收起来卖掉了呢！""可累死我们了，今天才知道工地上的活比咱们的累多了。"大家纷纷对我说。

"方老师，我卡里还有五百块钱，已经取出来了，你拿给雯雯。"

"方老师，我也出五百。"

"这是我的。"

"我的。"

我看着堆在手里的红彤彤的一沓钱当场愣住，一时不知道该说什么好。

"都怪我没本事！"泪流满面的初老板不知何时出现在了厨房门口，大家不好意思地看向她，"跟着我就没过过一天好日子，现在还害得你们要去工地上干活。"她哭得几乎无法继续说下去。大家围了过去，有些手足无措地给她递纸。

"哎呀，你别哭了。""协会是我们的家呀。""以后再遇到困难别自己扛着，我们都想多为协会做些事的。"说着，几名女同事也跟着哭了起来，紧紧抱住她。

最后，缺的那一万块钱我们终于凑齐了。大伙一人出了一些，我们又集体出动去捡纸板，捡工地不要的旧钢筋，还在建筑工地打了几天零工。那几天大家早出晚归，每个人都腰酸背痛，累得说不出话来，但始终没有一个人抱怨，也没有一个人退出。钱够了的那天晚上天气不错，屋里有些闷热，我出来靠坐在协会门前的大树下乘凉，低头看着自己满身的灰尘和手上的水疱，五味杂陈。不知道是因为这几天自己流的汗，还是因为目睹了这些年轻人的执着而感动。

记得那天的星空很美，我仰头期待看到一颗流星，心里羡慕着这些年轻人的洒脱和自己生活的平淡，有些欣慰能够帮到他们。不知什么时候，大家搬了几个小马扎坐在我周围，一起抬头看浩瀚的宇宙。"老方，要不来和大家一起奋斗吧？"耳旁忽然传来初老板的声音。

"是啊，方老师，来协会和我们一起吧。""你下的面条挺好吃的，哈哈。""方老师，我们给你专门匀一间宿舍。""来吧！我们需要你！"

我这才发现所有眼睛都期待地盯着我。那个瞬间，我确定自己看到了很多亮闪闪的星星。

有困难找警察，真香！

方通简

　　我来协会正式报到那天，全体同事都来接我了，让人甚是感动。那天，我开着自己的车，带着和往常完全不同的心情驶入富蕴县。刚进城便感受到了大家的热情，离大老远就看到协会的白色皮卡停在路边停车场，大家则分别坐在不远处的路沿石上，初老板背着双肩包坐在皮卡顶上。我发现甚至连协会的防护犬"拉姆"也被带来了，就拴在路边的大树下。

　　嘀！我冲大家打了声喇叭，停下了车。大家纷纷站了起来，我打开车门走到大家中间。"你们这阵势也太大了吧，怎么连拉姆都带来了？"我有些受宠若惊。大家互相看看，没人说话，表情有些一言难尽。我顿时有种不好的预感，这是怎么了？初老板走上前指着皮卡对我说："你看斗子里。"我顺着手指的方向看过去，车后面居然还拉了好几套卷起来的铺盖行李。

　　"你们来接我，我是理解的，但是你们为啥还带着行李？"我一头雾水地看着大家。"方老师，今天早晨我们被房东赶出来了，没办法，只能把所有家当都拉出来了。"大家苦笑着告诉我。"唉，咱们确实也没交房租，不怪人家房东。"初老板不好意思地说。

　　这个惊喜来得太大了，不出所料的话，今天晚上大伙在哪儿过夜都成了问题。我挠了挠头，扭头看看来路，暗中寻思有没有可能把车倒出去赶紧撤，不知道现在后悔还来不来得及。这时候不知道哪个杀千刀的，居然把拉姆牵过来堵在我后方不远的地方，它龇牙看着我，不知道是在笑还是想尝尝我的味道。当时我进不知道该怎么给这么多人变出住的地方来，退不确定自己能不能跑赢拉姆。

那一刻我的表情一定很尴尬，万万没想到，这个凝固住的表情后来竟然被初老板理解成了：方会长来的第一时间就开始深思如何帮大伙解决住宿问题。她还挺感动，搞得我很不好意思。

怎么办呢？关键时刻我心里响起了中国人的老话：来都来了。想想办法吧。于是，我们几个蹲在马路牙子上，认真地讨论起了今晚住在哪里的问题。这时，一辆警车停在了我们旁边。"遇到什么困难了？有困难找警察！"一位皮肤黝黑的中年警察走下车来，看到我们大包小包的，还以为我们是游客。

富蕴县的警察对待游客是很热情的，服务无微不至。坐在马路牙子上的我们抬起头组织了半天语言，只憋出一句："没地方住了。"他愣了一愣说："现在宾馆这么紧张了吗？没事，不要急，我帮你们找找宾馆。"我心情复杂，有点不忍心地看着这位单纯的人民警察,他显然没意识到自己马上也要陷入"没有地方住，但也没有钱"的世纪难题的讨论中了。

"大哥，那个什么，县上的宾馆倒是没满，只是我们没钱。"初老板怯生生地说。"嗯？"警察同志明显没遇到过这种奇特的局面，"你们不是游客吗？"他疑惑地审视着我们。"我们是自然保护协会的，大家都是从全国各地来富蕴做公益的，今天早晨因为没钱交房租被赶出来了。"一位同事小声说。

"自然保护协会？"他想了想，"你们是不是还拍短视频，前几天救助过一只老鹰？""对对对，还有河狸，还有白肩雕，还有赤狐，还有雕鸮。"发现救命稻草的同事们赶紧帮他回忆。"啊，我说看你们怎么有点眼熟，我还给你们的视频点过赞呢！哎，最后那只老鹰后来回来过没有？河狸咬不咬人啊？你们这个皮卡在乌伦古河边开得动吗？得走路吧？"警察叔叔一下打开了话匣子，同事们附和着一一解答。

"哎呀，真是太巧了，居然在这里见到你们，我还挺喜欢你们的。"他也蹲下来，和我们一起连在马路牙子上，凑成了一排。

那天万里无云，反正工作暂时也没法开动了，我们索性在耸立的阿尔泰山下聊了很多未来想做和之前没能做成的事情，皮卡和警车一前一后，为我们提供了遮挡阳光的小空间。

"你们下一期啥时候更新？我们同事都很喜欢看你们的视频呢。"这位警察同志显然也是资深自然爱好者，聊得有些意犹未尽。"大哥，我想问问有没有可能，我的意思是如果我们协会没有钱，能不能给我们找个落脚的地方？"我不好意思地打断他，提出了一个很不确定属不属于警察同志工作范围的要求。

他一愣。"哦对对，你们没地方住，说说怎么回事？"他问。同事们又从种树的历程开始讲，给他描述事情经过。当讲到因为种树开支太大、工资和房租都没有了时，他站了起来。"你们稍等，我给单位汇报一下。"他拿出电话走开了几步。

"对对，都是搞公益的年轻人，确实遇到困难了。"他说着挂断了电话向我们走来，"走，拿上行李，跟我走。"同事们激动地站了起来。"谢谢警察叔叔，谢谢！"他哈哈一笑："叫大哥就行了，我有那么老吗？"

于是，警车开道，我们跟在后面，十几分钟后来到了一处大门口挂着警徽的小院。"这是我们民警的宿舍，你们先住在这里，这段时间吃饭就在食堂和我们一起。"他停下车，开始带着我们熟悉环境。这是一个干净整洁的小院子，停了好几辆警车，不时有身着警服的民警进进出出和他打招呼，院里还有一小块菜地，墙边两米见方的鸡圈里养了几只老母鸡。

"喏，你们男生住这间房，有上下铺。初雯雯，你住这边的女生宿舍，和我们的女同事挤一挤。"警察大哥快速给我们分配好了宿舍。"大哥，谢谢！帮了我们大忙了，我们一定尽快找房子。"看到最重要的事情解决了，我和初老板心头大定，忙向警察大哥表示感谢。他摆摆手。"不用急，你们如果困难就多住几天，刚才我给单位说了，大家都没意见。我们公安局不能让你们这样做公益的年轻人流落街头啊，有困难找警察嘛。"他笑着说。

"大哥，还没问你贵姓？我刚听他们喊你李哥。"人家帮了我们大忙，我还没顾上问人家的姓名呢。"嗯，我姓李，你们也叫我李哥就行。"他自我介绍。巧的是，就在我们站在宿舍门口说话时，屋里又走出一位警察叔叔，冲他点点头打招呼："'小飞机'，巡逻回来了？"

初老板一下来了精神："小飞机？哈哈哈，你为啥叫这个外号呀？"她好奇地凑了过来。"不许乱叫，叫李哥。"他佯装生气，所有人都笑了起来。

就这样，在协会刚刚来到富蕴的艰难时刻，富蕴公安局收留了我们，让我们留了下来。

你们是我的弟弟妹妹

方通简

安顿下来之后，紧张的科考队筹备工作正式开始了。我们要先把每个路线都走一遍，模拟一次。过去，同事们在自己的工作中会尽量做到轻装上阵，走到哪里就住到哪里，但未来参加科考队的网友们体力和经验都不足，在生活保障方面的细节容不得半点马虎。于是我们从需要出野外的事情中选取了一些难度相对低、但自然体验相对好的工作，制订出了一个九天的野外行程。

工作方案确定了，意味着在接下来的日子里，我们全体都要离开富蕴县，像一名陌生网友一样去观察阿尔泰山。问题来了，拉姆怎么办？它是协会的防护犬，生活在荒山上，拥有着彪悍的体格和桀骜不驯的脾气，曾在无数个深夜里镇守在大门口，为同事们提供了强大的安全感。这次我们进山了，谁来照顾它呢？

"要不送它去别克大哥家吧？"有人建议。别克是离富蕴县城最近的一户哈萨克族牧民巡护员，他的家就在距离协会30分钟车程的山脚下，我们出野外路过他家时，经常能看到他赶着自己家的羊群在草原上策马奔驰，他总会搭配着手指吹出一声嘹亮的口哨来和我们打招呼。有几次同事们的车陷了，还是别克大哥用马车帮忙拉出来的呢。

"别克大哥的媳妇做饭很好吃！""别克大哥冬不拉弹得非常好。""别克大哥一个人就能把一只小牛犊抱上卡车！"大家说起他的佳话都佩服不已，津津有味。于是，我们带上拉姆吃饭的小盆和牵引绳，把拉姆放在皮卡车斗上，拉着它向大哥家出发。

微风吹过苍茫的泰加林，阿尔泰山扛着朝阳像个巨人般屹立在草原的另一边。天高云淡，雄鹰翱翔，一辆后斗上载着狗的白色的皮卡摇摇晃晃地沿着土路向大山前进，车尾拖出一道长长的烟。

呜汪！汪！随着主人家的狗叫声响起，别克大哥家到了。当时他正光着膀子站在房顶上干活，用一柄近两米长的大铁叉把扎成捆、摞成了小山的草料堆到屋顶上。院子旁的羊圈里，好大一群羊正在牧羊犬的监督下排成队，有序地往外走着，一位面相和气的大嫂抱着不会走路的孩子站在院中看孩子爸爸劳动。

汪！汪！汪！看到我们到来，他家的三只牧羊犬暂时丢下了心爱的工作，警惕地跑到我们附近，分三路封锁住了我们前进的路线。"别克大哥、嫂子，是我们。"初老板冲房顶上那个铁塔似的壮汉喊了一声，又使劲冲大嫂和好奇的小朋友挥了挥手。大哥咧嘴一笑，随手把铁叉戳进草堆里，竟从房顶一步就跨到了院墙上，下一个瞬间就蹦了下来，出现在我们面前。

大哥用哈萨克语向我们问好，说话中又夹着汉语。"快，房子里面坐。"他一边接过媳妇递来的毛巾擦着汗，一边向我们伸出手来。我第一次近距离端详这位大哥，他的个头很高，目测至少有一米九，古铜色的皮肤在阳光下镀上了一层光泽。"大哥好，给你们带了些方块糖和盐。"我和大哥握手。

"谢谢，你们先进房子，喝茶，我换个衣服。"大哥热情地招呼我们，扭头冲三只牧羊犬发出几声弹舌的声音，三只狗竟然乖巧地转头就走，回到了羊圈门口继续工作。

"嫂子，我们这几天要进山，拉姆能不能在你们家放几天？"初老板摸了摸小朋友的脸蛋，对大嫂说。大嫂的声音很温柔，用不是很熟练的汉语回答："你们放，它，我们都很喜欢，家里院子大。"初老板挠挠头："它嘛，脾气不好，我们从小在山上养大的，凶，别咬着人了。"嫂子笑道："牧羊人还怕狗吗？"说着把孩子往院中的摇篮里一放，就快速朝皮卡走去。

这一下子可把我们吓坏了，因为拉姆可是真正的防护犬，嗓门非常大，过去协会来访的客人们无不躲着它走路，嫂子就这么走过去，可别被咬了。"嫂子，别过去。"初老板忙冲过去要拉住嫂子，没想到还是晚了一步。嫂子一把解开了拉姆的牵引绳，拉姆从皮卡车上一跃而下，前腿下压，对她龇牙低吼。

"拉姆！你敢！"初老板大喊想喝止拉姆。

就在这时，嫂子速度不减，也不知道从哪儿抽出一根马鞭。啪！鞭子抽在空中，发出清脆的破空声。"坐下！"嫂子喝道。拉姆傻眼了，我们也傻眼了，只见一向威风凛凛的防护犬瞬间耳朵贴着头皮，尾巴夹了起来，竟然乖乖地坐在了地上。

嫂子走上前去，摸摸它的脑袋。"这不是挺乖的嘛。"我们看了看摇着尾巴冲嫂子撒娇的拉姆，互相看了看，不知道怎么评价这件奇事。"怎么还没进房子？"这时别克大哥走了出来，看我们还站在院子里，朗声说道。嫂子把拉姆拴在羊圈门口，一手抱起孩子，一手拉着初老板进了屋。

大家盘腿坐在大哥家的地毯上，嫂子在桌上摆满了好吃的，酸奶、果酱、小点心、糖、蜂蜜、酥油，又给我们每人倒了一碗热气腾腾的奶茶。"我的牧草打下来了，过两天给你们拿一些去，你们救黄羊的时候用。"别克大哥笑着说。

大家不说话，初老板看了看别克大哥："先别拿了，我们原来的那个场地现在用不成了，草没地方放。"大哥好奇地问："那个院子不是挺好的吗？怎么不用了。""好是好，可是太贵了，我们交不起房租，所以就用不成了。"初老板无奈相告。

大哥沉默了一会儿，端起奶茶喝了一口："你们接下来怎么办，我能不能帮上忙？"我们忙摇头："不用不用，已经想到办法了。"于是我们把要搞科考队的事给大哥说了一遍。大哥问："客人来了，哪里吃饭？"我们答不上来。"带到我的房子来，我给客人煮肉。"他说。"不行不行，不能给你添麻烦，你已经帮了很多忙了，再说我们最近可能也买不了羊了。"初老板拒绝道。

"你们，就像我的弟弟妹妹一样！种树的时候，我也在，还拿了工资。

现在你们做好事的人有困难了，我来帮忙。羊，家里就有，再客气的话不说，难道我不是协会的人吗？"大哥瞪起了眼睛，嫂子轻轻拍拍初老板的手，点点头。"别克大哥……"初老板的眼泪又要掉下来了。

就这样，此行不仅给拉姆找到了临时的家，还意外地让科考队有了一顿大餐。告别别克大哥一家后，我们正式开启了科考队的筹备之旅。初老板开着皮卡车熟练地切换着挡位，我坐在副驾驶扭头看了看她，又回头看了看坐在后排的同事们。说不清为何，虽然明知道这是一个如此贫穷的单位，可我心中对于协会的未来却又多了一份信心。

抓熟人参加科考队

方通简

林大哥和一只地松鼠铆上了！

科考队某天扎营时，我们寻了一块依山傍水的好地方。大家分头干活儿：拆帐篷的，捡干柴的，打水的，做饭的，还有清理牛粪的。肚子圆滚滚的林大哥走一会儿路就喘，所以分到了给帐篷打地钉的活儿。

"咦，什么东西在往外刨土？"坐在小马扎上干活的林大哥蹑手蹑脚地凑到旁边一个小洞穴，从上往下看。"这是小鼹鼠吗？"他压低嗓音问。"不是的，北疆没有鼹鼠。这个叫地松鼠，胆子很小的。"小同事没有停下手里的活儿，远远瞟去，"林大哥，你躲远一点，别吓到它。"

"噢，好的好的。"他忙坐了回去。没想到他刚坐下，地松鼠就从洞里钻出来看他；他好笑地站起来，地松鼠连忙藏进洞里；他坐下，地松鼠又爬出洞来好奇地瞄他；他再站起来，地松鼠连忙再次躲回去。"哈哈哈，看来它也很想看看我长什么样。"仿佛捉迷藏，奔五的林大哥笑得像个小孩。

"我们回来啦。"负责做饭的吴姐怀里抱满了干柴，干练地快步走向营地，她的先生老杨则用铁钩拾了好几个已经晒干了的牛粪饼跟在后面。"姐姐，你也太厉害了吧！抱这么多，我来帮你。"初老板小跑着迎上去。"可累死我了，我捡的都是干透的柴火，不错吧。"吴姐开心地向我们展示她的劳动成果。"看，我这个才是好宝贝，"老杨凑过来提起铁钩，得意地显摆了一下他的收获，"在这山里，牛粪可是很好的燃料。"吴姐白他一眼："有那时间，你还不如多捡点柴火，活儿全让我干了。"老杨被老婆批评，吃瘪地缩了缩脖子，大家看到都笑了起来。

在送拉姆去放羊后不久，科考队工作终于正式开始了，我们招募到了三位新队员参加我们的野外工作。林大哥是我的朋友，广东人，自己办工厂创业了很多年。老杨和太太吴姐是北京人，他们夫妇是最早一批和协会商量着给河狸种树的网友。老杨是北京一家知名企业的高管，他的太太吴姐则是位全职妈妈。在听说了协会遇到的困境后，他们三位第一时间站出来报名了科考队。

那天我们收获挺大，大家搀扶着合力爬上了山顶，一起检查了我们在野生动物栖息地安放的十几台红外相机，拍到了雪豹和"平头哥"的亲戚狼獾活动的画面，亲眼看到了北山羊群落的迁徙，看到了跳跃穿行的鹅喉羚，还见证了猎隼的捕猎瞬间。新加入的队员们坚持着完成了自己负责的野外工作任务，林大哥和老杨还承担了很多背物资的苦活儿，吴姐则在做好了工作之余还展示了自己惊艳的厨艺，获得了所有人的一致好评。

晚饭结束后，天擦黑了，我们围坐在篝火旁恢复体力，大家有的整理着相机储存卡，查看白天的收获，有的翻看着手机里拍到的照片。担心吹了山风着凉，贴心的吴姐还给大家煲了锅胡椒汤，铁锅吊在架子上，热汤咕咚作响。"姐姐，你的手艺真的是绝了，这个汤好暖啊。"协会的小同事说道，"再给我来一碗。"吴姐微笑着接过碗说："喜欢就多喝一点。"

"今天姐姐烧的羊肉也超级棒，我吃了好多。""吃撑了，吃撑了。""你当全职太太可惜了，开家餐厅的话，生意肯定好。""老杨也太幸福了吧，这是我吃过的最赞的味道！"协会的同事们一脸享受，满足地吹着汤里的热气。吴姐淡淡一笑，看了看老杨说："他可不幸福，前几天人家还说娶了我是他的人生失误呢。"

"啥？"大家闻言坐直身子，齐齐地看向她和老杨。"为啥啊，姐姐这么优秀，我今天还在想谁娶到你简直就是世界上最幸福的人！"初老板瞪圆了眼睛，我们也不解地看向老杨。老杨有些尴尬地挠了挠头，往篝火里添了些柴，没有说话。他身旁的林大哥暗笑着轻轻拍了拍老杨的肩膀："兄弟，祝你好运。"我们忙又低下头，假装继续忙活手里的事。

"其实这次来新疆，我一路都在想这个问题。"老杨用铁钩挑着篝火，语速很慢，"不怕大伙笑话，我自己都不知道有多久了，每一天我都很焦虑。工作，贷款，股票，孩子，老人，每一件事都搞得我烦，所有人都在看着我，而我觉得肩膀上好像有好几座大山似的，压得我透不过气来。"我看到吴姐也有些惊讶地抬头看向了老杨。"我知道这是一个男人必须承担的，我也知道不该在家放纵自己的坏脾气，可是我真的很累，总是控制不住自己的情绪，说着伤人的话，把最坏的一面都给了家人。

"这些年，我俩的共同话题越来越少，一说话就要吵架，当初那种两个人互相心疼的感觉都不知道到哪里去了。"老杨叹了口气。"老杨……"吴姐轻轻摸了摸他的胳膊。

"其实，这几天看到我老婆的研究日志写得那么好，我才想起来，当年她在职场也很优秀，要不是辞职照顾家，不见得会比我混得差。"老杨轻轻一笑，"晚上看到我和孩子们习以为常的饭菜让大家这么开心，我才反应过来，这么多年来，她其实为了这个家任劳任怨做了好多事。她这个人，其实每件事都会尽力做到最好，这也是她最开始吸引我的优点。有了矛盾，我总觉得是她有问题，可是想想当初她刚辞职在家时，整天研究做菜，每次让我尝，我都提一堆意见，很少夸她，可能我这样的人也很消耗家人吧。"老杨一脸落寞。

吴姐的眼泪落了下来，想说的话停在了嘴边。"今天当着大家的面我表个态，我那话说得不对，没过脑子。以后咱们各自改正，我嘛，多改一点，咱们互相体谅一下！"老杨把手缩进袖子里，想给太太擦眼泪，不想吴姐往后一躲。"体谅不体谅，回家再商量！可你这袖子也太脏兮兮了吧……"大家鼓起掌，笑了起来。

"林大哥，你呢？企业做这么大，怎么有时间来参加科考队？"老杨吸了吸鼻子，转头问道。大伙的目光集中在林大哥身上，他有点不好意思，伸出手来烤了烤火，又搓了几下。"其实我的厂子可能很快就要关张了，来这里是因为压力太大，散散心。"他平静地说着，好像在说别人的事。

"啊？怎么回事，有没有我们能帮忙的？"老杨眉头一蹙，关心地问。"对啊，林大哥，遇到什么困难了？"大家纷纷关心。经过几天的相处，工作生活都在一起，不知不觉中我们有了一种家人般的亲切感。

"其实昨天咱们和牧民巡护员一起看雪豹视频时，我特别触动。"他没有接话，自顾自地说着。前一天，我们的红外相机拍到了一只卧在岩洞下的雪豹，在它的面前跳动着一只小鸟，而雪豹却始终没有出手去逮来吃。"当时我问巡护员，雪豹为什么不去抓那只鸟呢？明明看起来伸爪就能够到的。那位兄弟却告诉我，雪豹从不会为了填不饱肚子的一点点肉而出手，保存体力是它最重要的生存本能。"林大哥抬头看了看星空，"过去，我为了吃不饱肚子的肉，出手次数太多了，论智慧我不如那只雪豹。"

我们听着林大哥的话，好像听懂了，又好像没有听懂，不知道该如何安慰他。"哈哈，大家不要担心，摔一跤就摔一跤喽，下次站稳就好了。"他爽朗地挥挥手，见我们担心，反过来安慰我们。"大哥，回去后如果有我能帮上忙的，一定打电话，你们这个领域我也有些资源。"老杨认真地对他说，林大哥伸手拍了拍他的肩膀。

夜渐沉，黏稠的山风开始在山谷中缓缓流动。科考队员们熄了火，钻进睡袋里，拉好帐篷的拉链，一一睡去。远处森林里不时传来赤狐和雕鸮的叫声。那段时间，科考队帮助协会走过了最艰难的时光，我们与不同的朋友相识相知，听到了不曾听过的、大家各自的传奇，见证了不曾见过的、大家有趣的人生。

直到今天，我和初老板依然很感恩遇见了当初那几位参加科考队的朋友，也许他们并不知道自己的雪中送炭对于这个小小的协会来说意味着什么，可是我们把这份温暖记在了心里。我们用好了这些阳光，让协会活了下来，在那之后的几年里，萌芽一点点生长、发枝，长出了很多鲜嫩的叶片。

我们期待，也许未来的协会能继续生长，成为阿尔泰山的一棵树吧。

帮牧民大叔卖羊肉

方通简

当我们送走最后一批科考队员时，阿尔泰山的深秋已经来了。山中的雪花先头部队争先恐后地螺旋着空降，霸占了几座山头，命令没有更换雪地轮胎的我们迅速离开。

返回协会驻地的路上，阿尔泰山的泰加林呈现出了不可描述的多彩的样子，我用有限的色彩短语小声数着："特别红的红色，差不多红的红色，有点橙的红色，有点红的橙色……"开车的初老板可能是第一次听到这么多高端的"红"的名字，扭头瞟了我一眼，我感觉她好像想说点崇拜的话，但忍住了。唉，这个吝啬夸奖的人。

几小时后，越走雪越大，10月的阿尔泰山已经挺冷了，变天是常有的事。随着山路变得狭窄起来，路上的积雪也越来越厚，渐渐有些看不到路基。"咱们得找个地方住下来，明天太阳出来了再继续走。"同事们商量后，初老板说。

"我看看附近是哪一户巡护员家啊。"她翻出一台带有卫星定位功能的国产平板电脑来，锁定了我们所在的位置，放大地形图仔细研究，找到了最近一户的巡护员家的位置。"大家扶稳坐好！"研究完，初老板取下墨镜，环视一圈车外路况，给皮卡挂上了四驱模式，猛打一把方向盘，油门轰鸣，车子顺着路边一处平坦些的土坡驶下路基，向完全没有道路的山地开了出去。

坦率地讲，刚开始我是觉得新奇的，这种粗犷的驾驶模式刺激极了。但很快我就知道为啥要扶稳坐好了，我在车里尽管有安全带的保护，依然被颠到飞起，脑袋和车顶亲密接触了好几次，还被撞了一个大包。

"嘶，你开慢点！"我不满地冲身边的女司机喊了一声。女司机则完全不理我，眼睛平静地扫视着前方，车子左右穿行，避开了一个又一个大坑。在四轮爆发的突击冲刺中，我们又挣脱了好几摊企图留下我们的积雪，终于来到一条牧民们的车道上。"咋样？我是不是协会最厉害的驾驶员？"初老板停车，摘掉四驱，得意地问大家。"呕！"而我们纷纷跳下车趴在路边想把胃里的东西全吐出来。"哈哈哈，你们不行嘛。"女司机又得意起来了，"刚才那种路况，速度慢会陷车，大半夜要是被撂在山上，那可就惨了。"

休息完，我们继续前进。日头一点一点消失在了山的边缘，雪花从零星点点变成了呼啸着的漫天大雪。夜幕降临，漆黑而庞大的阿尔泰山阴影中，皮卡的灯光迎着风雪显得微弱又顽强。我悄悄研究了半天，寻思在这种完全不能视物的小路上，初老板是怎么找到方向的，然而终于不得其解并放弃。我本想着开车很辛苦，自己应该陪司机聊聊天，却没想到在摇摇晃晃中不争气地进入了梦乡。

再次醒来时，车子已经停在了一户牧民的毡房前，同事们正从车上往下搬行李，寒风呼呼地冲进车里，让人不禁打了个哆嗦。"方会长，快进去烤烤火，别冻感冒了。"一位小同事招呼我。

初老板盘腿坐在毡房里，面前摆着一碗热气腾腾的奶茶，一位裹着头巾、皱纹很深的牧民大妈正坐在火炉旁拉着手帮她搓热，两人热热闹闹地说着什么。看到我进屋，初老板挥手说："方会长快来，努尔大妈家的奶茶可绝了。"说着，大家也搬完了东西，陆续围坐进来。背有些驼的木沙大叔端着"包尔萨克"（一种哈萨克族传统食物，类似油饼）和手抓肉也进了屋。"孩子们，吃点东西暖暖。"

"木沙大叔，你们家今年不是要盖房子吗？怎么没盖呀？"初老板美滋滋地喝了一大口茶问。"唉，今年忙得很，明年再说。"木沙大叔搓了搓手，有些不好意思似的。"啊？我还给你们买了新房子用的茶壶和茶碗呢，不过这次来得太突然了，下次带来。"初老板疑惑地说。"谢谢，谢谢，喝茶，吃肉。"

大叔话不多，开始帮我们削肉，屋内沉默了下来。

"发生了什么事，你们不是准备了很久吗？"初老板回头看大妈。

努尔大妈小声说："今年雪下得早，收羊的人没有来，木沙腿不好，我们去县城看病没赶上和别人拼车，我们家自己雇大车拉羊的话，太贵了，最后耽误了时间，羊没有卖掉。"

在阿勒泰，牧人们从春天开始赶着各家羊群进入阿尔泰山逐水草而居。寒来暑往，羊群一路长途跋涉练出浑身的腱子肉，一路吃着自然馈赠的野生植物长大。到秋天时，卖掉一部分羊是牧民们维持全家生计最重要的收入来源。努尔大妈说的"收羊的人"其实就是在这一带做牲畜生意的小经纪人，他们带着大货车上门收羊，然后再卖给贸易商们以赚取差价。

这个模式的好处是牧民们省去了自己拉羊、卖羊环节的麻烦，但牧民们一旦没能成交，往往就要自找买家了，其中的成本还是挺高的。就像木沙大叔和努尔大妈，羊卖不出去就相当于一年没有收入，而且这么多羊越冬的草料都成了问题，万一再赶上严寒天气，羊可能还会死一些，损失可就大了。

"木沙大叔一家是老巡护员了，他们草场里的两窝河狸都被照顾得很好，咱们能不能帮帮他们？"初老板着急地问我，木沙大叔和努尔大妈也看了过来，然后所有人都看了过来。我假装风轻云淡地微笑着喝了口茶，心里暗恨初老板。我们自己才刚刚出苦力续了命，哪里有钱买人家这么多羊。但此情此景，气氛都烘托到这了，拒绝也太煞风景了吧……

"这个事嘛，问题也不算太大，只是嘛……"我又喝了口茶，朝着初老板看了一眼，希望她能有点悟性听明白我的意思。万万没想到，我话还没说完，初老板就嚷嚷了起来："太好了！木沙大叔，方会长来帮你卖羊。放心吧，他很厉害的！"好吧，看来她并没有什么悟性。

"谢谢！谢谢！"木沙大叔兴奋地握住了我的手。我记得当时应该是瞪了初老板一眼，但她事后居然对别人说："我就知道这事能行，因为当时方会长眼神坚定地暗示我，这羊一定能卖掉！"

下山后，每个人都为科考队的成功而雀跃，庆祝协会获得了宝贵的生存经费。可我却闷闷不乐，高兴不起来，24小时惦记着那些羊，还有木沙大叔一家的期待。可是谁要羊呢？我给几乎所有的朋友打电话，问他们要不要羊。他们说可以要，有多少？我说大概一百来只吧，他们说不要了，再见。

于是，我抱着手机一筹莫展，满脑子都是羊。数着羊睡觉，想着羊醒来。转机发生在某一天中央电视台来拍摄我们和牧民巡护员一起工作的故事之时。深秋的晚上，我们和牧民巡护员一起守着羊群，冻得直冒鼻涕泡。没想到视频发给"河狸军团"汇报工作时，大家看到漫山的羊群激动了：

"这些羊每天游山玩水，心情多好。"

"这羊每年徒步这么久，都是健身高手。"

"我去过新疆，现在还对羊肉念念不忘。"

"我想给爸妈买点，有链接吗？"

"对啊，有链接吗？我要买点过年吃。"

"这可是保真的游牧羊呀。"

"你们去跟牧民大叔说说，卖给我们一点。"

好的！我有办法了，接下来我们注册了网店，办理了相关的手续，又委托有加工资质的食品厂帮忙把羊肉包装好。就这样，"牧民大叔的羊肉"作为农特产品从阿尔泰山的视频里飞到了很多网友的餐桌上，不仅解决了木沙大叔一家的困难，后来还帮更多牧民巡护员打开了销路。牧民巡护员们挣到了更多的钱，"河狸军团"的网友们吃到了正宗的阿勒泰羊肉。春节前，群里的新疆菜烹饪交流会几乎是天天开，大家一边晒厨艺，一边表扬我们这事办得靠谱。

话说我们阿勒泰的牧民兄弟们都是真正的放牧高手！最棒的是，经常会有巡护队外的其他牧民兄弟来问自然巡护队还要不要人呢。只可惜我们负责网店的同事只有一个，还没有太多力量去帮助巡护员们解决更多问题，所以每年其实能上架到网店的羊肉相比他们的羊群来说，只能是很少的一点。不过我们很满足，毕竟我们又找到了一条让更多人参与自然保护的路，也让巡护队的兄弟们得到了福利。

第三章

哎，太阳好像快升起来啦！

新家哪儿都好，就是房顶会掉土

方通简

借住在富蕴县民警宿舍的那段日子，什么时候想起来都是回忆满满。协会里小伙子多，出野外又基本都是体力活，每天饿得快。大家脸皮确实也厚，很快我们就撕掉了娇羞，彻底放飞自我，完全不把公安局的大哥们当外人了，吃饭都不用他们提醒，一改最初的矜持。

"小马，今天这排骨不错吧？多吃点肉。"警察同志说。

"好的好的，我再整几块。"协会小马随手夹了一大块肉。

"小董，看你没吃饱，再来碗饭吧？"警察同志说。

"好的好的，您坐，我自己来。"协会小董随手盛了一大碗饭。

在食堂的大冰柜即将被我们吃空之前，即使我们再不把自己当外人，也意识到总赖在警察同志的宿舍里蹭吃蹭住不是长久之计了，于是一群人开始找房子。

我们对新办公室的要求不低：首先，要有足够大的场地可以放下我们堆成小山的干活工具和动物笼；其次，要有足够多的房间能住下至少十个人；再次，要离市区远一点，因为救助站的动物经常半夜赏月，高兴了就引吭高歌，我们被吵醒后能忍，但估计邻居们会有意见；最后，也是最重要的，要便宜！

唉，也不知道符合这些条件的房子好不好找，我甚至开始在网上搜索"常年住帐篷是什么样的体验？""帐篷加睡袋扛得住零下40摄氏度吗？""露营时别人的呼噜声太大，怎么办？"之类的问题了。毕竟科考队留下来的帐篷还都在，我们总不至于半夜在星空下醒来吧，我安慰自己。

果然，在接下来的一个月里，我和初老板围着富蕴县这座仅有数万人的小城周郊转了数不清多少圈，翻找所有可能租用的平房小院，希望找到协会新的落脚地。可惜，看一个不行，又看十个也还是不行。

"什么破院子，水电都没有，就敢租五万块一年！"初老板嘟囔着，愤愤地又看完一个院子走出来。那天下着小雨，我坐在车里仿佛老僧入定，心如止水，已经不抱有期待了。

"走，不看了，回去住帐篷！"我逗她。

她不理我，拉开车门跳上车，待了几秒钟，用力拽出安全带系上，掏出车钥匙却没有发动，随后又打开了安全带的扣。"要不我再去求求房东？"初老板扭头看我。"也行啊，你再试试？"我笑。

"我砍价时，你没见他态度有多差！"她气得捶了一把皮卡，趴在方向盘上不说话。

当时，这位年仅 26 岁，刚刚毕业不久，还没有太多社会经验的姑娘因为自己的梦想离开了北京有空调的写字楼，放弃了大多数人期待的美好前程，把自己狠狠丢进了几千公里外的阿尔泰山，然后陷入了举步维艰的境地。

"说真的，咱们做了这么多努力还是这么难，你难道没有考虑过这件事情万一做不成，怎么办？"远处雨停了，巨大的云朵慢慢离去，阳光下升腾起丝丝水汽，折射出一道巨大的彩虹，我掏出手机，边拍照片边问她。

初老板顺着我的镜头向前看去，不知道是不是看美景看痴了，很久没有说话。直到我拍完，收起了手机，拿胳膊肘撞撞她，这才悠悠开口。"这云好美呀，是吧？"

"嗯？"我没搞明白她的意思。

"那云的下面是山，山的旁边是河，河的周围是树。在云层中穿行的有金雕、草原雕、白尾海雕；山上有雪豹、棕熊、盘羊、狼獾；河边有河狸、水獭、鹅喉羚、赤狐和数不清的鸟；森林中有猞猁、马鹿、兔狲……它们自由自在地生活着，大自然的美好，难道不值得我试一试吗？"初老板喃喃自语。

"这是我选的路，我要拼尽一切守护它们，让这些美好再多一些，再久一些。从我做出选择的那一刻起，就注定了要一直往前冲，眼前的这点小事，又算什么呢？"说着，她像是获得了某种力量般地坐直了，眼神中又恢复了那种必胜的光芒。

"所以呀，方会长，这件事其实不存在做成或做不成，我们每恢复一块栖息地，这事就算成了；我们每救助一只野生动物，这事就算成得更多。你看过《西西弗神话》吗？不求永生，唯尽所能。"初老板认真地说。

回想那个瞬间，在这场不大不小的困难里，我更深地理解了协会存在的意义，这不是一场世俗意义上的"创业"，因为在这里没有人去思考如何把工作做到某种高度，好换取精神或者物质所得。协会其实是由一股气支撑着，一群人坚定地在为了某种美好的事物尽心尽力，能做多少便做多少。大家要的不是某种成果，而是真正让这个世界变得更好，哪怕山高路远，哪怕一点一滴。

那天，那个没水没电的院子还是没谈拢。尽管我们又返回去动之以情，甚至提出了送给房东一年的"野生动物病号命名权"；尽管房东看在我俩诚恳的分上又让了一步，愿意再便宜 5 000 元，但还是超出了我们的预算。

离开时，刚刚想明白道理、意气风发的我俩迅速又被这现实泼了一盆冷水，垂头丧气地躲在路边发愁，不知回去要怎么和同事们交代。阿尔泰山的冬天马上就要来了，如果再找不到落脚的地方，我们这么多辛辛苦苦攒来的救助笼、医疗设备都有可能因为长期堆在墙角而生锈、损坏。

深秋的富蕴县天气变化莫测，中午还凉爽怡人，到了傍晚就刮起了小风。皮卡旁卷起了一股小气旋，地上红色、黄色的落叶被带到半空中又晃晃悠悠，四处散落。我们心里的无力感也被失望的情绪席卷着飞升、旋转。

"走吧，先吃饭。如果阿尔泰山庇佑，一定会有办法的。"我降下车窗，手伸出车外捉住了一片飞起来的叶子，红彤彤的，还挺好看。"今天也不是没收获，这个带回去做成书签，归你吧。"我想说点什么好缓解车里充斥着的低气压，可想了半天也只憋出这么一个蹩脚的由头，还好初老板没有拆穿我，不知道是她确实想要一个新书签，还是已经没有心情说话了。

路边有一家在当地开了很多年的老牌快餐店，早就听说这家的拌面和肉夹馍名气很大，慕名而来的客人总是络绎不绝，到了周末，还会排起长队。

"走，我请你考察一下知名肉夹馍。"我跳下车，冲女司机招招手。

"哪还有胃口吃东西！"她沮丧地下车跟了过来。

一进门，果然食客很多，人们高高兴兴地排着队，叽叽喳喳，互相和同伴聊着自己的开心。我俩挤进门，左右看看，居然没有位置了，看来需要排会儿队。

"走吧，不想吃了。"初老板无精打采，扭头要走。

"咦，雯雯！"忽然店里有人喊她，是富蕴县人民医院的一位老大哥，年初他还给我们送过一台医院淘汰下来不用的手术台呢。"来来来，坐下一起吃，我也刚排上队，还没开动。"他热情招呼我们。

"咋啦？怎么耷拉个脸？"他见初老板蔫蔫的，好奇地看向我。我简单讲了一下协会找房子不顺利的事，他哈哈一笑说："这不巧了吗？我和这家餐厅的老板挺熟，他正好有个大房子要租，那个地方肯定适合你们协会，稍等啊。"

大哥站起来冲餐厅柜台里的老板挥挥手："强哥，来一下。"

我仔细端详着眼前这位后来真的成了我们房东的老板大哥，他四十来岁的年纪，中等个头，笑眯眯的，一看就是和气生财的样子。医院大哥帮我们介绍："强哥，这两位是自然保护协会的初雯雯和方会长。"

"呀！我看过你们的视频，你们是搞野生动物保护的对吧。"老板强哥和我们握手，挺开心。"你那个房子不是想找个租户吗？他们正好要找个大场地，你给便宜一点，他们是公益组织，没啥钱。"医院大哥帮我们说话。

"哦！我那儿确实适合你们，来给你们看看房子照片。"强哥说着摸出手机，打开相册给我们看房子的视频。这是一栋距离县城几公里、建在山脚下的独立三层小楼，有七个房间和两个大阳台。门口虽然不是院子，但有很大的空地可以使用。

我越看越觉得合适，位置、面积简直像是为我们定制的一样。初老板激动得甚至都开始规划怎么使用了："一楼当女生宿舍，二楼当男生宿舍，三楼的大阳台可以放两个笼子……"

"怎么样？水电暖都有，就是毛坯房没有装修。你们可能需要自己拾掇拾掇。"强哥笑着说。

"好棒啊！强哥，啥时候能带我们去看看？"垂头丧气的初老板一秒钟变成了欢呼雀跃的初老板。我悄悄碰碰她："价钱还没说呢，矜持一点。"

"噢，对对对。"她忙点头。

"咳，那什么，强哥，你这房子嘛，还可以，但是连大门和窗户都没有，我们看看房子再考虑考虑吧。"初老板努力装出了一副谈判高手的架势，可惜效果不咋地，我们三个人都笑了起来。

因为强哥店里还有生意要忙，我们约定第二天一早看房。

意外的是，天还没亮，我们就接到了中央电视台导演的电话，他们那天大清早的航班抵达了富蕴县！

"啊？"我们赶紧看手机备忘录，果然早就约好了——今天开始拍摄纪录片，只是最近忙着找房子，把迎接摄制组的事完全抛在了脑后。"不要紧，我们要的就是这些真实镜头，你们忙自己的事，就当摄像机不存在。"导演在电话里部署工作。

于是，我们亲爱的房东强哥经历了据他后来自述是人生中最难忘的事情之一：拿着半根油条和一杯豆浆在央视的摄像头面前和我们谈房租。

"强哥，你看这房租怎么说？"我说。

"已经开始录了吗？"强哥说。

"强哥，我们都是做公益的年轻人，确实没啥钱，挺困难。"初老板说。

"哎，我这是要上央视了吗？"强哥说。

"强哥，咱们这谈价钱呢，你正式一点……"我说。

"哦哦。导演，这个节目啥时候播？我这样拍出来不胖吧？"强哥说。

……

那天，在央视的镜头下，我们可爱的房东"自砍"好多刀，把房租从开始的5万一年主动降到了3万一年，最后又降到了2万一年。"行了吧，虽然这个房子，我们家几年内也不打算住，但再低我回家就要跪搓衣板了。"强哥小心翼翼地问我们。

"行了吗？还要不要再降降价？"初老板扭过头小声问我。

"行……了吧，一年两万，咱们能住十来个人，平均下来每人每月还不到两百块钱。"我目瞪口呆地看着房东大哥的反向谈判，实在不好意思再多言了。

就这样，我们终于有了新的驻地。新办公室只是毛坯房，没有门窗，没有入户水电，楼梯也没有扶手，空空荡荡，一切都要靠我们自己。接下来，我们全员行动，自力更生，接水管、拉电线、做防水、贴瓷砖，还从废品站捡来很多废弃的钢管焊成了楼梯扶手，再用黑色油漆刷好。

搬家那天，公安局的警察大哥一起来给我们帮忙，零零碎碎的家当搬了一整天。晚上收拾到很晚，大家都很开心，因为黑色的油漆、白色的电线盒、灰色的水泥墙面搭配起来还蛮酷的呢，就是如果毛坯房顶不会时不时往下掉土，那就更完美了。

当晚，窗外下起了小雪，我躺在新房间里数着屋顶预制板上的洞洞酣然入梦。

大雪中的欢呼

方通简

阿尔泰山的冬天终于来了。天气越来越冷，大雪乘风而来，浩浩荡荡铺满了天地，县城里气温很快到了零下 30 摄氏度，野外就要再冷一些，基本保持在零下 40 摄氏度至零下 35 摄氏度之间。

一夜过后，协会的皮卡开始打不着火，需要凌晨定好闹钟，爬起来烧一堆炭放在车子下面烤几个小时，早晨发动时心里要默念"一、二、三"，然后一把拧动钥匙来拼概率。如果不幸失败了，就要再烤一会儿火，再赌一次。

某天早晨，天刚蒙蒙亮，我打开办公室的门，想看看昨晚雪下了多少，评估今天还能不能出门了。只见同事小马蹲在门口的皮卡边，哈气暖着手，胳肢窝下面夹了一卷透明胶带，雪地上摆了一把手电钻，脑袋上冒着丝丝的白烟。

"哟，你这是练的什么神功？"我好奇地问他。

他不好意思地挠挠头："我想试试自己能不能修好。"

原来，昨天出野外时，车子陷进了雪里，挖了半天才得以脱困。等回到协会已经天黑了，正赶上乡里牛羊穿行，一头不给面子的牛大哥路过时照着皮卡前的保险杠顶了一角。大清早，小马勤快地起床扫雪，干完活后，才发现保险杠的塑料壳昨晚被撞裂了。

我赶忙跑回宿舍，穿好军大衣，又回到车前饶有兴趣地看他修车。

他先把裂掉的塑料壳拼对齐，接着用电钻在缝隙两边分别钻了几个对称的眼儿，又从口袋里摸出几个白色的一次性扎带扣，像缝衣服似的穿过缝隙，最后用力一拉，裂掉的保险杠被严丝合缝地绷到了一起。仍不太满意的他又拿来一小罐神秘的胶水均匀涂抹在裂缝上，再贴上透明胶带，咔咔一拍，搞定。

"方会长，省了 500 元！"他咧着嘴，满意地检阅着自己的成果。

随着天气越来越冷，野外积雪越来越深，一出门就被冻个透心凉，协会的工作推进都变得艰难起来了。可是我们还有一项重要任务没有完成——第三次蒙新河狸全种群调查的冬季调查部分。

冬季调查的好处在于河水结冰后，一些夏天被乌伦古河深水区阻碍、人员不能到达的地方，现在人踩着上冻的河面走路就可以过去。这样一来，河狸调查才能真正做到全种群、全覆盖。当然，要是在冰面行走时，能不打滑摔个屁股蹲儿就更好了。

眼看春节要到了，室外温度也到了一年中最冷的时刻。我看着每天给乡里的牧民巡护员打一次电话、但迟迟没有下令出发的初老板，心里暗暗寻思，难道今年不用冬季调查了？况且同事们应该不会让我这个新手跟去吧……说实话，我可不想在这个时节杀到野外去待一个月。

可该来的总会来。某天刚扫完羊圈，裤子上还沾了几根草棍的初老板急急慌慌地嚷嚷着，跑来我的桌前找我。"方会长，方会长，牧民报告说河水最深的地方都已经冻结实了，河狸调查可以出发了！"

呃……看着眼前这条脏兮兮的裤子靠坐在我的桌子上，我默默地叹了口气，快速拿手机查了一下未来一周的天气预报，又扭头看了看窗外的大雪，心想这么冷的天，要是跟着去我就是大傻子！于是赶紧想了说辞："那你们明天就快出发吧，我来坐镇单位，给你们搞后勤保障和做协调工作。"

"河狸调查，咱们不是自己带吃的或在老乡家吃饭吗，需要搞什么后勤保障呀？"实在的小马哥在一旁好奇问道。我转头瞪了他一眼说："年轻人，社会上的事你最好少打听。""哦。"他这才反应过来，哈哈一笑缩了缩脖子跑掉了。

"你想想，那么大的雪，拍出来的风景照片该有多好看呀。虽然刚入行，但经过这次，你也参加过技术含量最高的工作了，体验过后不就正式成为专业人士了？"某人赖在我的位置上不走，绞尽脑汁忽悠我就范，可智慧的我却依然不为所动，坚决不理她。

"河狸调查可是要载入咱们协会历史的一项工作呢，最有挑战的关头，怎么能缺了你压阵呢？"她说。

"不去！"我专心致志地看电脑屏幕。

"哎，看来去牧民大哥家吃风干肉你也没兴趣了哦，那肉煮得油亮油亮的，吃一口想两口，啧啧。"她说得自己都咽起了口水。

"咦，我的键盘怎么落灰了，你坐着啊，我去找块抹布擦擦。"我起身要走。

她下狠心拉住我："行吧行吧，你要是去的话，我的鹰哨归你了！"

嗯？初老板有个珍藏的、不知道哪国造的老式手工黄铜鹰哨，吹起来好像真的有一只雄鹰掠过，每次她站在山顶吹响，都能招来几只猛禽在我们头顶盘旋，太飒了。之前我打了好久主意都没能得逞，没想到这次竟能有如此意外的收获。

"呃，看你说的，好像我贪图你的宝贝似的。鹰哨不鹰哨倒无所谓，主要是这么冷的天让你们自己出去，我不放心呀。"我诚恳地看着她，"鹰哨啥时候给我，咱啥时候出发。"随即收到了一个超级大白眼。

说起冬天出野外，可真不是一件好受的事。夏天在河谷里虽然蚊子很多，但好歹可以穿上厚厚的迷彩服，戴上防虫帽，再用花露水"洗个澡"，也不是完全不可抵挡；但冬天的阿尔泰山动辄迎来极寒天气，这就不太好对付了。零下40摄氏度是种什么样的体验呢？躲不开的冷劲就像小刀一样总能精准找到你身上的"破绽"，再从缝隙挤进去，如果没穿厚实，几秒钟就能体验到寒风刺骨。

所以，我们要在厚厚的保暖内衣外加棉背心、棉护膝，然后穿短的羽绒服和羽绒裤，裹上一件到脚的长款羽绒服，最外面套一件绿色的军大衣，还要戴那种老式的能拉下来系在下巴上护脸的棉帽子，以及戴双皮质或棉质手套。当这一身披挂装备搞齐以后，同事们已经变成了一个个大写的"A"字，鼓鼓囊囊，像圆规一样左右挪着走路。

对于我这样戴眼镜的人来说，最麻烦的是究竟要不要再戴个护脸的围脖。

戴上是暖和，可哈出的热气会糊住眼镜，白茫茫的一片，如果不赶紧擦掉就会迅速结成霜。最让人想不到的是我第一次被冻伤居然是伤了耳朵与太阳穴接壤的最上沿。因为当时我戴了一副金属镜框的眼镜，暴露在外面的眼镜腿不知不觉变成了两根速冻的"冰棍"。冻伤当天在野外倒没什么感觉，直到一进屋暖和起来，耳朵上沿忽然传来火辣辣的感觉。取下眼镜，两边耳朵上面的皮肤一直延续到眼角，多出两条黑红色的"文身"。

另一个麻烦就是在这种温度里，我们卫星导航用的平板电脑也要时刻揣在怀里，并且塞进衣服里暖着，否则就会突然断电黑屏。相机电池则更严重，它的工作时间只能有几分钟，然后相机就会断电罢工。可为了多拍一些调查影像，我们必须背着很重的相机和镜头出门，如何给电池保温成了一个棘手的问题。

当然，还是被我们找到了破解的办法：带两块备用相机电池，由男同事们塞进胸口的衣服里，用医用胶布固定着贴着身体取暖，用的时候取出来赶紧拍，拍完再收回去继续捂着。这样一来难题是解决了，可参加调查的男同事们冬天胸前一直有个"八"字，刚开始是被冻伤的"红八"，等调查进行一段时间后，那两个位置就变成了痂印，转变成隐约的"黑八"，脸又被冻得又红又黑，实在是越来越像从某个神秘丛林部落出来的勇士了。

第三次河狸调查的冬季部分开始前，我们把全套装备试穿上，拍了很多照片发给网友们看，雄赳赳地宣布我们要下河道了，未来一个月可能都不能经常在群里发视频，希望大家多担待。没想到大家看到我们的样子，又查了富蕴县的气温，特别担心，给我们寄了很多暖宝宝，不停地叮嘱我们注意保暖，注意安全。我人生中第一次见到成箱包装的暖宝宝。其实光从外包装看和降温贴还挺像的呢，心想用的时候可千万别拿错了，万一大冬天把暖宝宝带成了降温贴，岂不是要完蛋？

出发那天，由协会同事、林草局干部、牧民巡护员组成的调查小队在皮卡前列队合影，初老板裹得严严实实，小鹿发卡上都被冻出了一层霜。网友们看到清一色的军大衣，都觉得这个造型还挺炫酷，有的在群里刷屏为我们打气："'河狸军团'加油！""'河狸军团'攻坚克难必胜！"有的则在好奇："大鹏看起来白白嫩嫩的，到底能坚持几天？""这么冷的天，你们在野外怎么上厕所啊？""从气质上看，小马哥小脸红扑扑，陈叔又黑又瘦，他俩应该是主力队员吧？"

于是，白白的同事和红红的同事以及黑黑的同事纷纷带着证明自己实力的决心出发了，我们一脚踏进了乌伦古河的冰天雪地，河狸冬季调查正式开始。同事们一边开展工作，一边统计数字，新增的河狸家族也被一一发现。

"这几年新增的河狸有点多呀，怕不是要突破600只了吧？"鹅毛大雪，鞋里不慎进雪的初老板坐在一块大石头上，边哆嗦边脱了鞋往外倒雪，又把鞋跟在地面上磕几下，确保鞋内已清理干净，继续前行。

就这样，一个多月的时间，我们沿着乌伦古河流域，走遍了阿勒泰地区的青河县、富蕴县、福海县所有河狸栖息地，还看到了新生的小河狸在爸妈监督下扎进它们秋天就储存好、冬天被冻在冰层下的食物堆里取食，看到了不听话的小家伙们背着爸妈跑出家门遛弯，在雪地上留下一排排小脚印。这些新诞生的小精灵毛茸茸、胖乎乎、探头探脑，治愈极了。调查的最后一天，当时气温已经降到了零下38摄氏度，天上落下的雪花和地下被风吹起的雪花在空中击掌，旷野间整个视野范围内全是苍茫的白色。十来人的小队在没过大腿深的积雪中艰难挪动着，每走一步都需要先重心前移，再用力拔出一条腿，然后尽可能迈大些步子，好减少下一次"拔腿"的消耗。

纵然都是被大雪覆盖，可河狸窝形成的雪包和石头上落了雪的形状很不一样。河狸窝的地面巢是由很多泥巴、草、树枝做成的"山寨"混凝土搭建成的，外部结实坚固，有时候牛踩上去都能顶住不塌，内部是类似地窝子的中空保暖结构，所以别看外面冰天雪地，它们躲在里面可是暖暖和和的。

那天，当大家来到一处深埋在雪包中的河狸窝时，门口密集的河狸脚印和体积硕大的地面巢显示着这可是一个大家族。大伙熟练分散开，各自开始工作，有人拍摄，有人拿出测距仪测量食物堆，还有人哈着气开始记录数据。时间一分一秒过去，当几人的数据凑在一起时，风雪中爆发出了一阵巨大的欢呼，调查队员们雀跃着拥抱在一起："终于到600只喽!!"

大家先是兴奋欢呼，渐渐地，声音小了下来，同事们开始默默收拾着手里的工具，有几位还悄悄红了眼眶。也许在很多人看来，这只是一次寻常的野外作业，是一个稍微大了一些的数字；可对于协会的同事们来说，却有着非比寻常的意义，大家都明白这个数字来之不易。三年来自己在炎炎烈日下种过树，胳膊被晒暴皮，密林中蚊虫扑面，大家徒步走访牧民家时还要被牧羊犬追着跑……这个数字是这么多人一点一滴、对七百多公里长而蜿蜒的河道如数家珍的心血。

这个调查结果被迅速上报给了林草局，调查数据显示我国现存国家一级重点保护动物蒙新河狸种群数量已达 190 个家族，600 只左右个体，较三年前调查数据增长 19.8%，为我国自有河狸观测数据以来的最高值。这是几年来在各级林草系统、地方政府与"河狸军团"数不清的网友共同努力下做到的一份耀眼成绩。

后来我问初老板："小初博士，做出了成绩，你骄傲不？"

"骄傲，当然骄傲呀！但不是为了自己。"她说。

"嗯？怎么讲？"我问。

"你说，咱们这代人为啥有机会能追求梦想，为自己喜欢的工作努力呢？是不是因为国家对自然保护领域特别重视，特别投入？多少其他国家的人在忙着打仗，忙着填饱肚子，那里的年轻人哪有环境谈梦想啊？

"你再想想，野外研究和自然保护工作是需要积累经验的，为什么咱们这么年轻的队伍能快速做出成绩？那是因为国内自然保护领域的前辈们辛辛苦苦耕耘了那么久，给行业积累了特别多的研究成果和试错经验。

"我的母校北京林业大学和中国农业大学培养了一批又一批的专业人才，一直为自然保护输送新鲜血液，全国的媒体、自然保护基金会等，大家都在奋斗着呀。

"还有咱们可爱的'河狸军团'，有这么多青年都在不同的地方、不同的岗位上，一直为自然保护默默出着力。

"我心里很明白，能有这份来之不易的成绩是因为咱们从一开始就站在巨人的肩膀上！"她认真地说，"这些才是我骄傲的地方！"

让内地有一百多万个兄弟的人加班

方通简

初老板恐怕是全富蕴县第一个几乎收集齐各家快递公司所有快递小哥电话号码的人。

"喂，美女，到货了一箱速冻包子，冰袋已经化了，你在救助站吗？我给你送过去。"一家快递小哥打来电话。

"行行行，我在的，辛苦了。"初老板边拆快递边接电话。

"喂，你好，又到了一个快递，我实在跑不动了，这个货先放在我这儿，攒多一点，我给你一起扛到山上去行不？"另一家的快递小哥给初老板打来电话。

"好的好的，大哥，麻烦了。"初老板边叼着半个包子边口齿不清地说。

"喂，你的快递到了……"

"喂，还是我，你又到了一个快递……"

县城通往山脚下协会驻地的小路平时无人问津，那条路是一大群流浪狗和流浪猫火拼的擂台，猫帮和狗帮经常一言不合便打成一团。那几天却车来车往，硬生生被不考虑角斗士感受的快递小哥们平息了这场江湖纷争。

那段时间，初老板以每天几十个电话的频率接到了这个小县城几乎所有快递员小哥的电话。我们收到了来自全国各地，五花八门的方便面、自热火锅、肉包子、饮料、罐头、辣条、牛肉干等等很多没有见过牌子的美食投喂，食物堆满了单位二楼大厅的空地，好吃的摆在一起像座堡垒，足有近2米长、1米高、1米宽。

全体同事都傻眼了，这足够开间小卖部、能让协会所有人吃一年的食物，究竟是谁寄来的呢？

2021年，河南多地遭遇特大暴雨侵袭，发了大水灾，协会的小伙伴们边干活边守着新闻忧心。当看到地铁被水位比人还高的洪水围困，所有人苦苦期待的救援车终于赶到，整个车厢的人却都在喊"让孩子先走，让女人先走"时；当看到大雨倾盆的晚上，很多人流落街头回不了家，原本供不应求的酒店、宾馆却纷纷主动降价保障更多人能渡过难关，最夸张的甚至降到了六块钱一晚时；当看到可敬可爱的解放军战士们第一时间驰援河南，一个个年轻的身影在洪水里奋不顾身地游动着，前进抢救父老乡亲们的生命和财产，累到实在受不了，在湿漉漉的大街上就地睡着时……同事们集体泪目，纷纷向灾区捐出了自己的爱心。那天正好赶上单位发工资，初老板拿出小本本对着银行发来的短信仔细规划着什么。我见她盘腿坐在地上半天，时而拳头抵着下巴，时而掰着手指头算数，便好奇地凑过去想看看她的计划。悄悄来到身后，探头一看。"嘿，还当你规划了个什么高级方案呢。"我说。原来，她的本本上画了一个大圆圈，中间一条线一分为二，左半边写着"捐给灾区"，右半边写着"买国货！疯狂购物"。

"就这？那你算了半天算什么呢？"我问。

"这个嘛，我算算下个月都有哪些朋友可以蹭饭，方会长我可是把你算上了啊。"第一天就把工资全花完，接下来整个月吃饭全靠混，真行！我摇摇头，实在不知道某人如此厚脸皮的话是怎么说出口的。

于是，那天初老板先是拿出一半工资捐给了灾区，然后又带着同事们分别去了富蕴县的几家国货服装店，她自己买了件T恤，买了双鞋，还给牧民巡护员老班长买了件衣服，给他女儿买了个运动挎包。又去自己受灾但依然支援了灾区的那家冰激凌门店请全体同事每人来了一杯饮料加冰激凌，最后还买了一箱那个自己都快过不下去了、却还给灾区捐款的国产果汁品牌生产的矿泉水。不得不说的是，国产品牌不仅质量好，价钱还不贵，一帮人"疯狂购物"了半天，居然还余下了九百多块钱。

"很好，九百多省着点不就不用找我请客了？"我逗她。

"对啊，初老板。咱们自己有鸡，你每天早晨去鸡窝，求求它们多下两个蛋，然后这些钱能买几百斤大白菜和土豆，咱再去不停赞叹周围种菜的邻居们菜地打理得好，他们肯定会不好意思地送点黄瓜、西红柿啥的。这样蛋白质、维生素和碳水都有了，饿是肯定饿不着的。"憨厚的小马哥认真地盘算起做饭的细节安慰她，却被初老板恶狠狠地瞪了一眼。"方会长明明都答应请客了，你是不是憨？"

"啊？他不是说不用他请客了吗？那这是请还是不请啊……"小马迷糊道。

后来，那天的故事被同事们拍了下来，还发到了短视频上。"河狸军团"的兄弟姐妹们哭笑不得，纷纷批评初老板："明明自己还'要饭'，居然就把工资捐掉了？"大家不知道是担心她的蹭饭能力，还是担心她把其他同事吃破产，不少人就顺手给她买了点吃的。

每个人确实都只买了一点点，但架不住人多，我们的办公室就这样被堆满了。那段时间协会每个人都尽显暴发户的气质。"今天中午吃啥呢，安排大家吃顿海鲜大餐吧！"同事 Kiwi 伸了伸懒腰，然后从"两立方"里面捞出几包海鲜方便面；"有点想吃火锅了！"同事 Yoyo 搬出来几盒自热火锅；"那我就简简单单吃几条鱼吧。"同事小马钻进方便面堆里，不一会儿几个豆豉鱼罐头被掏了出来。

有一天，我从外面回来，一推门看初老板骑在摞起来的方便面箱子堆顶上傻笑。"你爬那么高干啥？"我让她下来。"方会长，你说我是不是朋友最多的人！"她的眼睛笑成了月牙。

"大家担心我饿肚子，千里迢迢给我买好吃的，这些都是好朋友才会做的事吧？"她一副很幸福的样子。

后来，这些关怀物资装备到了协会的野外工作组里去，分到了牧民巡护员大哥们手上，这一度让我们出野外不用买馕了。大哥们都很吃惊，协会这是到哪儿发了笔横财，怎么突然有了这么多琳琅满目的好吃的呢？还有巡护队之外的其他乡亲们看到他们居然拥有如此多没有见过牌子的食物，纷纷好奇地问哪里来的。巡护员大哥们统一自豪地说："我在内地嘛，一百多万个兄弟有，他们给的。"

再后来，初老板也把这句话学会了，一让她加班，她就冲我瞪眼睛，学着牧民大哥发音不太标准的汉语说："你嘛，居然敢让内地有一百多万个兄弟的人加班？"

你们说，气人不？

没想到读到博士也要扫羊圈

初雯雯

头一天晚上熬夜看论文来着，本来是想好好补个觉，结果被一阵拍门声砸醒。我心里一惊，不会是动物出啥事儿了吧？赶紧穿好衣服，听这动静应该是Kiwi，门都快给他砸碎了。他戴着个大草帽，左手扒着我的门，右手抱着扫把，我仔细看了一眼，是扫羊圈的那把，上面还沾着羊屎蛋呢。

我还没问咋了，他就一脸兴奋："我有事儿要跟你说！"

我的心这才放下来了点儿，应该不是啥坏事儿。把他让进门，他气还没喘匀，汗顺着脑门子滴下来。

"咋了？"我问他。

"我妈给我打电话了！她说：'你看，你小时候我就跟你说，不好好学习，长大就要去扫羊圈，现在灵验了吧，你就在扫羊圈！'哈哈哈哈！"他语速很快。

我愣了一下："嗯，然后呢？"

Kiwi推了推帽子，挺直了腰杆，一脸骄傲："然后我跟她说，好好学习有啥用，我老板都读到博士了，还得天天跟我们一起扫羊圈呢。然后我妈就不说话了！我厉害吧！所以我就想赶紧上来给你分享一下！然后今天的羊屎蛋有点多，你既然起来了，就咱俩一起吧，走走走。"

我"满脸黑线"，一时之间竟然分不清他这是在嘲笑我，还是在骗我下去干活，只能是照着他屁股上给一脚："滚蛋！我喝口水就下去。"

那个时候，木子姐、小郭、小花、小高都还没来，并没有专人负责照顾动物。所有的活儿都是大家轮流干，什么本科、硕士、博士，学习好的、学习不好的，都得上得厅堂，下得厨房。工具也不算齐全，扫羊圈的大扫把是从城管大队摸来的，水管是警务站截了一段送给我们的，刷地的刷子更惨，因为每天都要保证圈舍的清洁，使用频率太高，刷头部分已经彻底和刷柄断开了。这就不得不说了，还是硕士厉害，马驰因为有洁癖，拿两个指头捏着刷子看了一眼，默默地去库房搞了两颗钉子来，把刷头铆到了手柄上，缝缝补补又三年。

扫羊圈呢，要先给自己穿上伪装服，因为不能让鹅喉羚或北山羊觉得人类是没有危险的，避免这些小崽回到了自然，一看到两条腿的人类，直接就冲上去："叔叔阿姨贴贴，你们是来给我打扫卫生的吗？来来来，我给你们带路了。"那还野放个啥！所以不管再热的天，为了保证让小羊们不觉得人是好东西，伪装服还是必须得套上。就是……如果没有羊屎蛋的味儿就好了。我们的伪装服上还得喷上特殊香水，因为气味对它们来说也是个重要的判别标准，它们的小鼻子一张一合就可以把空气里的味道都识别出来。习惯人的气味也不可以。为了避免这个，我们还需要把小羊的粪便泡在水里，制成特制的"香水"喷在伪装服上。喷的过程也要仔细，不能是把伪装服摊在那里喷，会落香不均匀，而要把伪装服套在身上，还要慢慢地挪动脚步转着圈，另一个人在旁边帮着喷，确保每一个角落都不会错过，这样"香味"才能盖过人味儿。大热天的，还要披挂着伪装服刷羊圈，"香水"很快就和汗水搅在一起，而且这个味道会被伪装服挡住，无法向外散发。嗯，咋说呢，真挺销魂的。

既然都说到了粪便，那就展开说说。

清理粪便是一件很重要的事情，有干净整洁的环境，才能够让动物们更好地康复。不光这样，粪便还是我们重要的观测指征。所以每天进圈舍的时候，我们往往蹲着或跪或趴在地上，仔细地看看粪便的形态，看看有没有光泽。在每个月的体检当中，还要用显微镜来看粪便里有没有寄生虫、虫卵之类的。比如最近变天了，鹅喉羚有点着凉，那它们中体弱的那一只就有可能会出现粪便黏成一坨的情况，而不是正常状态下一粒粒的羊屎蛋，不是那种有个小尖尖儿的迷你黑桃子形状了。这时候就需要把小羊抱进房子里给它保温，再在喝的水或者吃的草里对症下药。再比如猛禽的粪便绝大多数由黑色的食物残渣和白色的尿酸组成，如果出现了菠菜绿色或者是棕褐色的情况，那就有可能体内出现了炎症或者是寄生虫的问题，这就要进一步具体分析和做检查了。

尤其是刚救助回来的野生动物，还没脱离危险期的时候，木子会仔细检查它们的每一泡粪便。她手机里存得最多的照片，就是各种各样的粪便了。粪便提供的情绪价值很重要，看到崽崽们终于拉了一泡正常粪便的时候，那感觉，真像是在饿了一个月之后终于能吃上馕坑里刚烤出炉五分钟、还冒着热气、外酥里嫩的馕一样美好。木子喜欢跟动物们轻声说话，这些崽崽就像是她的孩子一样。在这样的瞬间，她都是一边手上熟练地换着尿垫，一边一脸宠溺地跟它们说："哎呀，粪便正常了是不是？真棒，会越来越好的噢，再多拉点，拉得更好点噢。"

粪便不光在救助中心很重要，在野外的工作里，粪便的作用也不容小觑。科研组出野外的时候，都要带着采便管，一旦看到野生动物的粪便就得小心翼翼地把粪便装进管子里，带回实验室。在经过一系列科学技术处理之后（这个细节回忆起来味儿太重了，我不想细说），就能够分析出来不同野生动物的食性，毕竟吃啥拉啥嘛。我们再根据它们在野外的食物构成，为每一只野生动物量身定制它们在救助中心的食谱。救助中心的野生动物，尤其是食肉动物的主食都是牛肉和羊肉，纯瘦的切成每块 10 克的份量，给它们补充体力和康复打底，在主食的基础之上，剩下的就参照分析结果。喜欢吃耗子的，那就老鼠来点儿；喜欢吃石鸡的，那就鹌鹑来点儿；喜欢吃原鸽或岩鸽的，那就家养鸽子伺候；喜欢吃虫子的，还得仔细看看是哪几科的虫子，面包虫、大麦虫、蟋蟀、蟑螂这些都买得到，但要是其他的，就得靠同事们勤奋地举起捕虫网，每天照着虫子们上班的时间表出去捞一捞。

野生动物呢，是自然的孩子，在遇到一些问题而流落到我们这里的时候，就是我们的孩子了。自己的娃，有啥嫌弃的。这些娃吧，还不会说话，疼了也不哼唧，哪儿不舒服也不能告诉我们。我们能做的，就是通过它们的各种指征来判断它们的情况。木子老是说，野生动物生命脆弱，照顾它们不可有分毫的松懈。我们用到的科研分析和医学手段只是外部的"术"，是方法，但更要有关注它们细微变化的注意力，每一只动物的情况都不一样，都需要"定制服务"，要对所有的细节上心，才能够真正地帮助每一只动物获得更高的康复概率，并不是制定几个观测指标就完事儿了，还要绷紧那根时时刻刻观察的"弦儿"。

其实我们的"弦儿"还多着呢，得来这些"弦儿"的过程有欢乐也有痛苦，开心的时候是真开心，痛苦的时候那真是钻心剜骨，几乎每一次痛苦的背后都背负着野生动物的命。希望未来有机会，我们能把这些经验整理好，分享给更多有需要的救助机构，让大家的"弦儿"不用再经历痛苦就可以绷住了，少走弯路，让更多的崽能够用不说话的方式就把它们的身体状况展现给关心着它们的人们，让善良的人们少心碎几次吧。

我的长头发保不住了，不洗头的重要保障

初雯雯

在成为自然保护工作者之前，我有一头齐腰长的黑发，看着还挺具备小姑娘的特征的。从小我就喊着闹着要留长头发，因为小时候我太调皮了，上蹿下跳的，经常被身边的叔叔阿姨们打趣着问："雯雯是小姑娘还是小伙子呀？"那时候也并不懂反问一句："都叫雯雯了，你觉得呢？"只是固执地觉得，长头发是唯一能显示自己是女孩子的特征。

但是懒这个事儿从小就有，每天梳头太麻烦了。天天照顾我的姥姥也嫌麻烦，想了个招，编俩麻花辫儿，可以撑住好几天不用重新梳头，顶多就是会看起来松散一点。于是我童年的好长时间里，都是甩着两根麻花辫上蹿下跳的，还经常晃着头拿辫子当武器攻击男同学。

等到再长大点儿，学会了扎马尾。再后来，进了大学，老师不要求发型了，就散着，也觉得很自由。

但自从我入了自然保护这一行，头发反而成了负担。为了找动物，老是要出野外，上山下河的，还长期要坐车、开车什么的，头发就经常跟车座椅的头枕蹭来蹭去，跟鸡窝一样。我的头发还挺多的，乌黑浓密还很厚重，夏天在野外被太阳晒好几个小时，真是又热又闷，恨不得剃光的那种。而且处女座的强迫症在面对工作时会疯狂发作，根本就受不了头发飘来飘去的，扎起来戴帽子算是个解决方案，但在野外跑一整天再加帽子，头发直接就梳不开了，到了晚上摘掉帽子的一瞬间，我是碰都不想碰一下我的头发，连皮筋都摘不下来，

巨疼，巨烦。

那咋办，剪呗。

回过头来看每一年的照片，自从协会成立了，我头发的长度真是在年年递减。

但心里还会有一些些对于长发的不舍，哪怕分叉、毛糙、干枯了也会不舍。所以理发师每次问我剪多少的时候，我都说，剪一丝丝，打薄一点吧。但是理发师好像每次都听不懂我的话语，也有可能他预判了我想要凉快点儿的愿望，不管换了几家理发店，我的头发长度总是每次差不多10厘米地消失着。不管咋样，一直到开始救助野生动物之前，我的头发还是有个差不多30厘米吧。但自从狐萝卜来了，毛脚鵟来了，我每天几乎没啥休息的时间，更别提管我的头发了。脑子里就开始冒出一个想法，我想反正现在留着长发也照顾不好，干脆剪了吧，剪短了就好打理，天天洗起来也方便。说干就干，我从沙发上跳起来就冲到理发店去，理了个短发。在理发的过程中还不断跟发型师掰扯：剪短可以，不能太短，要能扎起来，就工作的时候脸前不要有头发飞来飞去的……最后托尼老师烦了，说："不想要前面的头发，你戴个发卡就行了嘛！"

对啊，戴个发卡！

于是他给我剪头，我举着手机在网上挑发卡。命运就是这么神奇，可能因为我一直很喜欢小鹿，那阵子又很沉迷于《额尔古纳河右岸》的故事，大数据抓取了我的喜好，页面里赫然出现了一个简单大方又很可爱的发卡，黑色的发箍上面有两个小小的鹿角。哎，这个合适啊！想都不想我就买了，毕竟才一块九，还包邮，大手一挥买了十个，这钱咱花得起。

在许多文化里，鹿是连接人类社会和自然世界的桥梁，我们也一直希望能够通过自己的努力，成为这样的桥梁，帮助每一个有意向的人成为自然保护者。那么，我变成一只小鹿，这多合适啊！以后要有人问，我就说这是我自己费了好大劲儿才长出来的。

那个时候，我还不知道这个发卡有多么管用，光顾着开心地跟"河狸军团"的家人们炫耀着：看，剪了！

后来日子越来越忙碌了，野生动物的科研监测要进山，公益项目的实施要天天在"土里滚"，回到办公室还有嗷嗷待哺的小病号们，经常是早上八点起来，忙到半夜两三点才能闲下来。曾经立下要好好对待头发的誓言早被抛到脑后了，别说三天一洗了，两周我都想不起来洗它一下。这时候短头发的好处就体现出来了。前三天，不用管，干活碍事就扎起来；到一周了，有点油，但咱有鹿角啊，往脑袋上就那么一箍，啥都看不出来！等角都遮不住头发的油腻的时候，那就出门戴帽子，还能再撑个几天。而且头发短嘛，也不会打结，更不用梳，碰都不用碰一下，就让它自己独立存在着就行。不过就是不能从后面看，看的话……直接就是个小鸡窝，每一绺头发都有自己的想法，朝各个方向倔强地伸展着。不过还好前面有鹿角撑着，过得去。这皮筋、鹿角、帽子的三合一打法，不知道陪着我撑过了多少个忙碌到飞起的日日夜夜。

直到有一天我发现，哎，这不洗头，发质好像也没啥变化，那是不是洗脸这事儿也可以省略了？都是大人了，既然头发可以照顾好自己，脸也得有点儿自理能力吧？现在想起来也不知道是先有的这个念头才开始不洗脸，还是为了找补自己不洗脸这事儿才找了这个理由。反正就是从成立协会以来，我洗脸的频率越来越少了，只有到了比如央视的拍摄之类的，或者真的要见很重要的人了，才会问木子借个洗面奶往脸上搓一把。

反正既然都说了实际情况，就再说点儿。前几天，要送咱们的河狸宝宝回家，我站在二楼跟木子对野放清单物料，她就一直盯着我的肚子。我说你看啥呢，她指了指，让我自己看。一低头，才发现我的黑短袖肚子那块破个洞，可以直接看到肚子上的肉。我说这不是常态化吗？裤子上也有洞，喏，这儿，这不是还能穿嘛，就穿着。所以"河狸军团"的家人们老是吐槽我录视频、拍纪录片、直播的时候翻来覆去就那么几件衣服，也是真的。这其实也是为了方便，每天早上起来不用腾脑子挑衣服，习惯性地随手抓一件穿上，就可以专心想今天要干啥工作了，反正就那么几件换着穿，都是一个风格也不会看起来奇怪。衣服想起来了就洗一洗，但是经常想不起来，都是干活或者搬动物蹭得脏得看不下去了，它们才能获得进入洗衣机的权限。

但这样的邋遢的确也能起到一些作用，也不是非要给自己找理由，就是吧，有时候野生动物救助就是跟时间抢命，可能洗个头、洗个脸再出门是漂亮了点儿，但那几十分钟可能就会失去一条命。这咋选呢，对吧？而且咱们公益项目都是大家省吃俭用捐赠的，那我不该把时间都花在帮大家把树种好、把救助中心建好这事儿上吗？再说了，工作那么多天，连觉都不够睡，有那个空，我恨不得在沙发上多眯一会儿呢。我很欣慰的是，因为被堆积如山的各种活儿压着，大家每天要熬夜到两三点。协会的同事们越来越统一思想了，也都觉得非必要不洗头、洗脸，我们要是出门，都是整齐划一的鸡窝头。

方会长每次看大家顶着鸡窝头出门都会试图规劝一下，并在我提出各种理由之后一脸无奈，说就我这样谁敢娶呢？还说我不是处女座，洁癖都被狗吃肚子里去了。我每次都嗤之以鼻，智者不入爱河，建设美丽中国，才不是嫁不出去呢，哼。

不服气的木子妈妈把我们培养成了动物们的足疗技师，她创造了很多奇迹

初雯雯

"你把它最长的那个指头掰住，使点劲儿，这不就张开了吗？"木子正在给新来的志愿者小花教捏脚。是的，捏脚，给猛禽捏脚。

救助中心有30多只猛禽，靴隼雕"哦耶"只是其中之一，剩下的，也都需要捏脚服务。"哦耶"这个名字的出处，跟禽掌炎引起的肿瘤有关。

圈养环境里的猛禽因为没有足够的活动空间，爪子持续承受身体的重力，很容易就会得禽掌炎。禽掌炎初期，只会在脚底有一个小小的点，慢慢地会变成鸡眼那样。再恶化下去，就会形成肿瘤或者整个脚丫子开始溃烂，最后造成猛禽失去生命。不只是我们这里，国内外的这类机构也都面临着这个令人焦头烂额的问题。有一个说法是，禽掌炎就是猛禽的癌症。

当时我们救到"哦耶"的时候，它的脚趾上有个巨大的肿瘤，甚至还大过了脚掌的部分，我看到的时候第一感觉就是：这也太吓人了，跟人的手指头上长了个鸡蛋一样。除了肿瘤，其他几个脚趾上也有好几处轻重不一的禽掌炎。我们问了很多专家，大家看了纷纷摇头，带着遗憾告诉我们它活不了。但现在，不光是它的禽掌炎好了，肿瘤也没夺走它的性命。这事儿让行业里的专家们直到现在都啧啧称奇。

救助中心一共有过两位负责人，正是她们前后携手，救了"哦耶"一命，也解决了禽掌炎的问题。

第一位是李佳，她是个好看又倔强的东北姑娘。在她负责野生动物救助

工作的时候，我们连山上救助中心的影子都没见着呢。说到这儿，我还想起来了，山上的救助中心就是她带头设计的。现在鸟儿们都住进了宽敞的康复病房，但当时条件特别差，夏天和秋天室外的大钢筋笼子还能用；到了冬天和春天，这些本来要迁徙去温暖地方的猛禽，根本受不了这个温度，只能挪进屋子里。那也不能让它们散开满天飞啊，它们都很怕人的。当时我们就一起设计了一米笼，也就是长宽高都是一米、由不锈钢做骨架的笼，上面覆盖钢制纱窗网。从外面能看见里面的动物，但它们在里面看不见我们。快要入冬的时候，我们就把所有的猛禽都搬进了一米笼里，想着先将就着过个冬吧。但不到一周，它们的脚丫就纷纷出现了鸡眼和溃烂的情况。问了专家才知道，这是禽掌炎，是很可怕的病，没有啥好的治疗方法，连特效药都没有。解决方案倒是有，给它们大场地，让它们多飞，少站。可是我们根本做不到啊。外面零下三十多摄氏度，我们又没有空着的屋子。一时间，我们就像是陷进了一坑淤泥里，每天不断有猛禽的脚丫子出问题。

李佳是放弃了在长隆野生动物园的工作，不远万里来到新疆的。她想要为更多野生动物带回生命，帮助它们再次回到自然。但那段时间，笼罩着她的只有深深的无力。她经常坐在我屋的沙发上，哭诉着小家伙们一天又一天恶化的现状，眼睛每天都是肿着的。她甚至开始质疑自己的选择，一遍遍地问我："如果我们什么都做不了，那我来这儿的意义是什么呢？"

我想了许久，告诉她："李佳，虽然没有啥可以借鉴的办法，但咱的精神是啥？不服气啊！咱再想想，再想想，没准就有办法了呢？"过了没几天，李佳冲过来找我说："老板，不服气！我一直在想你说的不服气，真对！别人不行，不代表咱也不行！我想了个好办法，没准这次行呢？你说它这个病是因为没有足够的活动导致的，然后圈养环境又有细菌，这两个结合起来就形成了病变。那如果我们能把这两个问题都改善了，是不是就有可能好起来呢？我有一个想法，想试试，你听听靠不靠谱。它脚丫子缺乏运动，那咱就每天给它捏脚，促进血液循环；在捏脚的时候，用生理盐水把它的脚丫子洗干净，用治外伤的德玛药膏来擦拭，这样既起到了润滑的作用，又能抗菌消炎。现在我还不知道捏多长时间合适，但总得做些什么吧，也许就管用了呢？只是德玛又很贵，咱上次买的一管估计用不了几天，你看……"我真是高兴都来不及！就怕束手无策，只要有个尝试的方向，那怎么不行呢？我说："没事，买药的钱我来想办法，我去跟老方说，你先尝试着！"

当时还没有野生动物救助的公益项目，德玛这样价格高昂但管用的外伤药我们买不起，剩的半管还是上次老方的一个家里养狗的朋友送给我们的，说他家狗病好了，这玩意儿用不上了，可能我们会有用。我拿到的时候直接就抱着德玛亲了一口。这快用完了，要再搞来药，还真挺头疼的。这事儿还得感谢二宝杨毅哥，我问他德玛从哪里买比较便宜，估计他听出来了我言语里的贫穷，二话不说就送了我们10管。10管啊！有了药，李佳有了底气，每天从早到晚都在给小病号们揉脚。在不断地尝试之后，确定了捏脚的方法和时长。但又遇见了另一个问题：时间。

捏脚的时候，需要一个人抱着，另一个人揉，可是当时加上李佳只有3个同事，每天光捏脚就得12个小时，3个人实在是倒不开，毕竟还有其他工作呢。大家经常早上8点就在楼下捏脚，等到晚上2点才结束，揉揉站得太久而酸了的腰，把最后一只猛禽放回笼舍里。那几天，李佳天天拿个布娃娃和一条浴巾尝试着，我还挺好奇这是在干啥。直到有一天，她把我们所有人都叫到楼下，说有了新方法。在她面前的桌子上，浴巾裹着一动不动的雕鸮小朋友"咔吧"，整个浴巾卷成一个筒状，把它脑袋和身子都裹着，只有脚丫子露在外面。她说："我尝试了，这样裹着鸟，它眼睛看不见就不会应激和挣扎，咱们就可以单人操作了，也不会吓到它们，大家都来试试看。"顾安和Kiwi过去一试，果然好使。"咔吧"被裹得跟粽子一样，也不挣扎，很快就完成了40分钟的治疗。

在这样不要命的捏脚治疗之下，那18只猛禽的禽掌炎居然一点一点地好了起来，有的伤口慢慢开始愈合了，有的脚底鸡眼状的物质逐渐被软化，竟然还脱落了。这样一个冬天过去，到了夏天能把它们挪到室外笼舍的时候，我们发现它们的脚丫子居然都还是好好的，一个比一个娇嫩。就这样，李佳通过一己之力，创造了"战胜恐怖的禽掌炎"这个奇迹。

后来，李佳因为家里的事情，辞职回东北了。木子接任救助中心负责人，一同交接的，还有捏脚大法。

木子也创造了很多奇迹，开头提到的靴隼雕"哦耶"就是被救好的其中之一。

当时面对着"哦耶"的复杂病情，木子很无助，请教了好多专家，大家都说不太有希望能活下去。还有一家机构的医生委婉地告诉她："这种情况，在我们这里可能就选择安乐死了。"

木子把这段语音播放给我听，又问我，怎么办？我说那还能怎么办，咱想办法治啊！咱们救助中心不可能有安乐死这件事儿，对于来了这儿的动物，要么救到活，要么救到死，不可能有安乐死，不可能。

听我这么一说，木子松了一口气，才说她也是这么想的。她不服气，不能这样给它判了死刑，不管咋样先试试嘛，没准就好了呢？再说了，不就是个瘤子嘛，管它是啥瘤，良性还是恶性的，先切了再说。我点头，她转身就准备下楼做手术，又回过头来问："这次它的名字能不能我起？"我说，行啊，你想起个啥？木子说："就叫'哦耶'吧，我觉得我们这次一定能战胜命运，然后庆祝的时候，咱们就大喊一声'哦耶'。"说着，她还举起手来，比了个"耶"。听到这个名字，我有点想笑，挺好的。哈哈，哦耶，希望我们能早日为它庆祝，早日喊出那声"哦耶"。

手术之后，在毅哥德玛的不断加持之下，"哦耶"的伤口恢复得神速。等拆线之后，缝针的口子都看不见了。木子又拿出李佳传承给她的捏脚大法，治疗着其他的禽掌炎伤口。

"哦耶"的爪子在木子的技巧之下，以一种奇怪的角度张开着，那能捏碎兔子脑袋的利爪完全失去了进攻性，黑色的长指甲看起来也没那么吓人了。木子拿着捏脚用的德玛红管药膏，跟变魔术似的一使劲，那三角柱形的包装居然从中间齐齐断开了。仔细一看，是从中间剪开又扣在一起的。看我好奇地看着，木子嘿嘿笑了笑："咱这个药膏太贵了，都是捐赠人的钱买的，不舍得浪费。我把它从中间剪开了，这样还能抠着用，能用到最后一丝丝，完全不浪费。"

说着，她还举起右手，拇指和中指捏在一起，食指、无名指和小拇指翘到天上，比出了她特有的"掐指一算"手势，来展现她话语里描述的"一丝丝"。

一个月之后，"哦耶"的脚丫子居然光洁如新了。最后一次捏脚的时候，刚好赶上救助中心新来的志愿者小花入职，木子亲自教这个维吾尔族小姑娘怎么样当好捏脚技师。

"小花，你看，每根指头要按够五分钟，每个爪子有四个指头，所以每个二十分钟，两边都要按，你看。"木子一边说，一边给小花演示着。她很使劲儿地用食指从药膏管子里挖了一坨出来，眉头都皱起来了，好像是觉得用力的话，药膏就会不沾在管壁上一点儿一样，然后很仔细地拿她的指头给"哦耶"的脚趾涂开药膏，就开始了足疗。我当年在大学图好玩，学过保健按摩，算是入门级，但就我这个三脚猫的功夫看来，木子这两下子还真挺专业的。她先是拿四个指头托住"哦耶"的脚趾，再用拇指均匀地上下揉着脚趾腹，猛禽的爪爪和人的手一样，也有一节一节的指肚。她先是整个揉几遍，在这个过程中，她的手指施力均匀，速度适中，打着圈从上到下，不漏过任何角落；整个搓一遍之后，再仔细地按压每一节指肚。这个按就是点按了，这还挺讲究，按是要帮助药膏吸收，劲儿小了吸收不进去，劲儿大了动物会不舒服。但我看"哦耶"那个表情还真挺享受的；指肚按完，侧边也不能漏掉，需要用拇指和食指在每个指头的侧面交替着轻轻捏一捏；最后再拿药膏薄薄涂一层，用抹面霜的方式整个涂开，保证每个指节上都有药膏覆盖着。这才算按完了一个指头，可以继续下一个了。

看着小花瞪着眼睛认真学着，木子说："别光看，要记住呢，以后如果去了别的野生动物救助机构，或者你自己救到动物了，要把咱的'捏脚大法'好好传授出去呀。除了捏脚这事儿之外，你还要学咱救助中心的另一个核心精神。"小花是维吾尔族小姑娘，她带着点口音问木子："啊？撒（啥）精神？"

木子笑了笑说："不服气，就是不服气！"

一生要强的中国女人

初雯雯

盼盼雀跃着奔向我，把我抱起来转了好几个圈，转得我头晕目眩的，等好不容易站稳，才看见她手里高高扬起的录取通知书。她在我耳朵旁边大喊着："初老板，我被录取了！北京——林业——大学！我圆梦了！我妈再也不会打断我的腿啦！！"

这让我一下子就想起了两年前，盼盼刚来协会当志愿者的时候，那阵儿她还是个高中生，趁着暑假来帮忙。野生动物救助工作经常是一个电话，兽医和保育员就得使命必达。接到动物回了办公室，凌晨三四点都是常态。所以她妈妈立下的晚上八点回家的门禁制度，她基本上一次都没遵守过。我几乎每天都能听见她在电话里掰扯，就像谈恋爱的小姑娘会因为晚回家而找借口一样，她的理由五花八门的："妈，我同学家里今天有点事儿，需要我陪她。""妈，我在我同学家，女同学、女同学，我俩探讨暑假作业呢。啥？你说我作业在茶几上？我陪她探讨啊，探讨明白了回去写。""妈，我同学带我到北屯去了，可能稍晚点回家。"最后，她理由都找不够了，同学们啥事儿都经历完了，她又想出新理由，怀里抱着刚救过来的黑鸢，一脸平静地跟她妈妈说："妈，我现在心情很不好，想一个人在河边走走，你别逼我。"吓得老太太连忙说："好好好，你自己待会儿。"然后光速挂断了电话。当然这种情况算比较平和的。大多数时候，我们离着好远都能听见她妈妈在电话里吼："你就天天跟动物待着吧，连家都不回，看我打不打断你的腿！"盼盼可能也知道她妈妈就是嘴上说说，我们也知道。毕竟小姑娘每天都是走着进门的，没坐轮椅。

盼盼想为野生动物做点什么，在救助中心当志愿者的时候，就天天学习各种技能，还抽空看完了二楼书架上所有跟野生动物有关的书。在高三的那个暑假，她又回到协会，郑重地向大家宣布：我要考北林，考上了北林，我要去初老板的那个专业，学完了再回协会，我要一辈子一辈子和野生动物在一起。

这个哈萨克族小姑娘很有毅力，向着她的目标努力奋斗着，终于成了林大的学生；而她在救助中心的工作，也为她的大学生涯带来了很大帮助，偶尔还给我发来微信："初老板，我们今天学动物生理学，我跟着木子姐解剖过的那些实践经验现在都变成理论知识了。我会继续好好学，好想大家，大家也要等着我回去呀。"

盼盼已经很要强了，但在我们协会的众多姑娘中，还不算特别明显的。其他姑娘们给自己起了个外号：一生要强的中国女人。

老方就有个逢人必吹嘘的故事，那就是小高单人卸一吨鼠粮。

为了给野生动物们做野放训练，协会养了很多饲料鼠，其实是因为外面买的耗子太贵了。每年光是鼠粮的消耗就很多。20公斤一袋的实验室专用鼠粮，我们一买就是50袋。有一次鼠粮到货，我和小高开着皮卡去拉，在货场倒是方便，叉车不到十分钟就给皮卡装满了。等回到了办公室，我瞅着这满车的鼠粮，跟小高说："你等会儿，我去叫男人们来搬。"小高不以为意，走到皮卡旁边，打开车斗就拽下来一袋，两个手托在怀里，说："哎呀，指望不上。他们也忙着呢，我先卸着。"说罢搬起就走，进了仓库，又转头出来，感觉比我两手空空跑得还快。我说："哎，一吨呢，姐妹，悠着点儿，你是个女人。"她脸上的嫌弃更明显了，撸起袖子，胳膊上的肌肉绷成块，说："我是女人，但我更是一生要强的中国女人，让我的肌肉来回答你。"说完又嗖嗖嗖跑到皮卡旁边，对下一袋子下手了。

我看这劝也劝不住，就准备去喊人来帮忙。上了楼，Kiwi正在开视频会，马驰去山里种树了，小郭在给一只黑鸢上药，老方……算了，这事儿不能指望老方。我又跑到邻居家，结果大门紧闭。嘿，白跑一趟。

没办法，我又准备跑回仓库，脑子里还想着，那就我和小高一起搬吧，再咋样搬个一上午也差不多了。没想到等我走到皮卡跟前，斗子上已经啥都没有了，小高也不见了，这才过去了20分钟吧！这就搬完了？人到哪儿去了？我进了仓库，看见小高正一袋一袋地把鼠粮码放整齐，脸上没有一点我想象的疲惫的样子，连汗都没出。"你——你搬的？"我问。小高又去整理下一堆了，抽空回答我："嗯，我搬的，一生要强的中国女人嘛。皮卡离仓库又不远，小意思小意思。"我已经无法形容我的震惊了，默默走到她旁边，想着那就和她一起整理吧。于是我气沉丹田，也学着她两手抓住袋子的两个角，然后，我一使劲儿……没搬起来。太丢人了，真的太丢人了。还好小高忙着手里的活没看我，我赶紧说了声："行了，你收拾吧，我去看看他们换药的情况了。"然后悄悄溜走了。我当时想的是，哎，肯定不是我不行，这叫老方来，他肯定也搬不动。对，我也就只能跟老方比了，就别跟姑娘们比了。

小花也是体力王者，但她最让我佩服的是那种"只要动物能活下来，要了我的命都行"的劲儿。那阵儿小花刚来救助中心当志愿者，警察叔叔送来一只小斑鹟，这是一种在国内仅分布于新疆的小鸟，成年的都只有十几克，很小很小。这个小家伙被人弄瞎了，真是惨到让在场的每个人都觉得头发竖起来的那种。大家都一边唏嘘，一边叹气，觉得它可能活不下去了。小花看着它就流眼泪，哭着问我："我想试试养活它，可以吗？"我说好，我也是第一次见这种情况，但我可以把小鸟的进食逻辑告诉你，就是它饿了就会叫，还有可能张嘴，你就趁着这个空当，把虫子给它塞进嘴里。讲完这个，我还把亲身经历分享给她："不要抱太大希望啊，小花，要不然等它离开你的时候，你会很难过的。"但小花明显没听进去，只记住了张嘴这俩字儿，不断嘟嘟囔囔："张嘴，张嘴。好，我记住了，张嘴，我可以的，张嘴……"然后抱着装斑鹟的小盒子和面包虫，进了女生宿舍。

晚上我经常睡不着，三点多的时候看着女生宿舍好像朦朦胧胧的，还亮着灯，敲了敲门，听见小花声音小小地说："请进。"我推开门，看见小花开着手电筒跪在地上，斑鹟的盒子在她床上，她拿着个镊子，上面夹着一只面包虫，想要把它塞进斑鸫的嘴里。可斑鸫没有视力辅助，头扭来扭去的，总也吃不上。小花怕吵着别人，声音小小地说："张嘴，乖，张嘴啊。"小家伙好像真的听懂了一样，张开了嘴，左右晃着脑袋，小花眼疾手快，给它送进嘴里，它吞下去了。我也小声问她："你咋这个点不睡啊？"小花说："我把它搬到床上了，就在我枕头边上，这样它一叫，我就能听见，就给它喂。但它看不见，就很难吃到，所以就时间长了点。"她的声音突然兴奋起来："但是，老板，我发现了规律！它基本上一个小时叫一次，然后每次能吃个两三条，这样就能活了吧！我每个小时都会喂它的！"我赶忙说："好好好，你快喂，喂完了你也睡会儿。"她挥了挥手，让我赶紧走，别耽误她喂崽子。

我以为小花熬不了几天就得让其他同事来帮忙，但没想到两个月过去了，她不但撑住了，小斑鸫也撑住了。小花带着斑鸫和喂它的家伙到我屋来了，说要给我看看它。我一看，这个小家伙居然已经度过了雏鸟期，连身上的毛都换掉了，现在完全是成年的样子。小花打开盒子，拿镊子夹起一条面包虫，对斑鸫说："张嘴，张嘴。"小家伙很配合，直接就张开了嘴。小花递到嘴边，斑鸫一口咬住，麻利地吞进嘴里，完全没有之前摇头晃脑和无措的感觉了。我直接愣在原地，看着小花一条接一条的，给它喂了五只虫子。她脸上的笑我太熟悉了，是把野生动物崽崽当成自己孩子的那种老母亲欣慰的笑。她说："我给它起名叫'张嘴'，现在我都知道它什么时候会饿了，所以只要跟它说张嘴，它就会张开嘴等我喂吃的。你看，木子姐教我给它搞几根小木棍，这样它就可以练练抓握，脚丫子也不会变形了。"

"小花。"我叫她，她正把斑鸫的小盒子盖好，抽空抬头看我一眼，说："嗯？老板，怎么啦？"

"张嘴这条命，真是你熬回来的。真棒，真的棒。"我说着，竟然快要哭出来了。

前几天，作为魔鬼训练的队长，把姑娘们都培养成一生要强的中国女人的木子，正在评选这个月的女人担当。看着大家都很热闹，从不让眼前的活儿从手下溜走的小郭凑了过来，他说："我不跟你们抢女人担当，我能不能当协会的'牲口'担当？"

　　大家都笑喷了。木子说过，我们协会都是女人当男人用，男人当牲口用，这现在就用上了。话说大家如果没有这种拼命的劲儿，哪来那么多野生动物的劫后余生呢？

专属"河狸军团"的手办

初雯雯

要不是碍于贫穷，每次我路过泡泡玛特都想把他们家 DIMOO 和 SKULLPANDA 的盲盒全买走。所以在泡泡玛特找到我们，说想要一起为中国的自然保护做些什么的时候，我直接就答应了。

那阵儿我正忙着山上救助中心的事儿，老方负责和他们对接。我正灰头土脸地和同事们一起搬砖呢，老方打来电话："哎呀，你别搬了，快下来！大好事儿！快快快！"我很少见他激动成这样，赶紧撒丫子往山下跑。

"你不是喜欢他们那个脑袋顶上顶着个云的小家伙吗，叫 D……D 啥来着？"老方扶着门看着气喘吁吁的我，他并不熟悉我们年轻人的喜好，也分辨不清我最爱的 DIMOO 和 SKULLPANDA 有啥子区别。"DIMOO！是不是 DIMOO！"我激动地喊。老方瞥了我一眼，无奈地说："对对对，是 DIMOO，你嗓门子小一点。泡泡玛特要带着 DIMOO 来给咱河狸直播点搞一大片河狸食堂，而且以后你直播点的河狸家族的树 DIMOO 都包了，咋样？"这可太好了啊！以后河狸直播点的宝宝们就有树了！我还没来得及继续喊，老方说："他们负责公益的芸姐听说你很喜欢，送你几套盲盒，已经寄出来了，单号在这里。"我当时的感觉就是，啊！不光照顾我的河狸宝宝！还照顾我！简直太棒了！

一收到盲盒我就把它们一个一个拆出来，满满地摆在了我们的荣誉展柜上，每天都下去看好几遍。新鲜劲儿还没过，泡泡玛特给河狸种树的钱就到账了。河狸直播点这个家族附近的树，这些年的确出现了一定程度的退化情况，但是因为整个乌伦古河流域比它家状况更严峻的家族还不少，所以这些年河狸食堂一直都没排上它家的地儿，而且河狸是会评估周围环境来决定生不生孩子的，翻译一下就是只有在河狸爸爸妈妈觉得周围环境够好、有足够的食物能养活一大家子时，它们才会决定生娃。但这一家从我们 2019 年架设了监控开始，这几年都没有生过小河狸，这泡泡玛特来得可太及时了。没准给它们种了足够多的树，环境变好了，这一家就愿意生娃了呢！抱着这样美好但是当时觉得有点像幻想的期待，我们开始搭建直播家族专属的"河狸小食堂"。我们和芸姐一起开视频会，用航拍图分析了环抱河狸家族的 6 片小岛，决定在上面都种满树。芸姐很温暖也很有魄力，她说："雯雯，既然咱们选择了帮助河狸，就一定把这事儿做好。只要是真正地帮助到了河狸，这些树吃完了咱们再种，钱不是问题。"当时我真是一句话都说不出来，只能一直低头重复着："谢谢谢谢，这可太好了，太好了！"然后偷偷抹掉眼泪。

一切都到位了，老方带着马驰和我，还有好多肌肉健硕的牧民兄弟直奔种树现场。原先的河狸食堂为了追求效率，只种下了灌木柳。其实河狸的食谱里还有杨树，但一个是因为贵，另一个是因为它不像灌木柳吃了还长，有可能河狸把主干啃了，整棵小树就枯萎了，所以一直都没种过。这次我们跟泡泡玛特沟通之后，终于敢试一下了。芸姐的原话是："种吧，反正都是给河狸吃的嘛，先不把期待放在杨树会再发一茬上。再说了，不试试怎么知道河狸啃完之后，杨树下面会不会再发芽呢？万一根系也能存活，还长出小杨树呢？"这下大家底气可足了，但也怕辜负了这份好意，我们赶紧又回北林搬救兵，请老师们来现场根据土质和水质定制一套方案来保证杨树的存活。

春天种下了树，秋天芸姐带着同事们一起来了新疆。终于见到了她，我难以抑制心里的激动，一直跟她絮叨个不停，嗓子哑了都没有停下。我们一起到了河狸直播点的现场，她居然还给我带了一块上面画着 DIMOO 的牌子。芸姐说："以后不光河狸直播守护着这一家子，DIMOO 也一起陪伴着它们。"种下的河狸小食堂郁郁葱葱，本来只有一个手掌那么长的灌木柳，长得比我还高，而且因为从旁边的渠里引来了水滴灌，周围植被长得很茂密，要很使劲儿地往前走，才能挤开一条路走到河边上。小杨树也很争气，我把芸姐带到一棵被河狸啃掉了主干的小杨树旁边，蹲下喊她："姐，你快看！春天咱们开会说的成真了！小杨树虽然被河狸啃掉，但是发出了新芽！它活了！还有这棵、这棵、这棵，都活下来了！"芸姐在太阳下看着我围着小树转圈，笑眯了眼。

没过多久，芸姐告诉我泡泡玛特每年都会支持河狸。她说："我们给河狸宝宝和"河狸军团"出一个DIMOO的公仔好不好？"这是什么梦幻联动啊！

在2023年春天，我作为河狸的妈妈，见到了DIMOO的妈妈——Ayan。她也是一个好温暖的姑娘，怪不得能画出那么美好的DIMOO。DIMOO是一个害羞的小家伙，脑袋上顶着的不同形态的云朵是和他共生的，可以以不同的形象出现。我陪着Ayan看了阿尔泰山的夕阳，去救助中心照顾了河狸宝宝，坐在河狸直播点家族的窝边上，陪着她画出了"河狸军团"专属的DIMOO形象。这一次DIMOO脑袋上的云朵变成了河狸圆乎乎的样子，小圆耳朵，黑溜溜的眼睛和两颗大板牙；云朵的背面，还有"河狸军团"四个字。啊，多么贴心啊！是的，"河狸军团"永远会站在河狸身后。DIMOO还有了一条河狸代表性的扁平的大尾巴，从背带裤里露出来，它怀里还抱着一个迷你版的河狸宝宝，叼着树枝，这一定就是那棵活下来的小杨树的树枝吧！不知道为什么，看着这个光着小脚丫的DIMOO的样子，我觉得他的眼神里多了一份坚定，是要一起陪伴着河狸、帮助河狸更好地活在这个世界上的坚定。

在形象定稿的那天，芸姐说："雯雯，这个吊卡售卖的所有收入都会捐给河狸，我们还可以为它们做更多！"这次我终于不用傻乎乎地只知道表达感谢了，我说："我也有好消息告诉你！感谢泡泡玛特种下的树，帮助河狸直播家族改善了生境，让它们有了生孩子的底气，小河狸出生了！"

在那个视频里，河狸妈妈叼着树枝从水中游过来，慢吞吞地上了岸，走到正在玩耍的小河狸身边，用鼻子拱了拱小河狸，又向着树枝的方向点了点头，像是在说："娃，尝尝这个，好吃的。"

大自然的治愈力量

初雯雯

可能是我平时大大咧咧惯了，大家都觉得我是女土匪，是个铜墙铁壁、水泥封心、能半夜带着同事们去工地上单手搬钢筋的选手。

但事实是，我可太脆了！脆到每次面对救不活的动物都会默默流泪到死去活来的那种，我真的无法直面每一条生命的流逝。

咱的救助中心每次接到的野生动物崽崽，基本上都在死亡边缘。野生动物本来就怕人，不光不跑，还能被人救到带来这里的，基本上状态就已经很差了。在对它们施救的过程中，生离死别都会发生。生离是开心的，是送野生动物回归自然的喜悦，是盼着离别之后永不相见；死别是钻心地疼，是拼尽全力却没能留住它们脆弱的生命的那种挫败感。翻手机相册都要唰唰唰地迅速滑过它们活着时候留下的照片和视频，多看一眼就会又哭出来；睡梦里都会看见它们还活着，会舍不得醒来，哪怕醒了都要再躺一会儿，盼着能重新回到梦里。

有人问过："五年了，你都经历了这么多，怎么每一次还都这么撕心裂肺的啊？"

说实话，我也不知道。在我心里，每一只野生动物都像是我的孩子，都是我生命里的一部分。所以每次动物不幸离世，给我留下的后劲儿都是巨大的，就感觉全部的力气都被抽走，整个人就像处于真空了一样，心里也是空的。我会把自己一个人关在屋子里，默默流眼泪，也不是号啕大哭的那种，就是坐在那儿，泪一串一串地往下掉，真跟不要钱似的，就一直淌。同事们最开始还挺着急的，想各种各样的方法来转移我的注意力：动物组的同事们，一会儿一个地跑来我屋，给我看他们记录下来的其他动物的好玩瞬间；科研组的同事们会远程发来红外相机里的视频，和他们在野外的搞笑工作照；宣传组就更疯了，做各种表情包和搞笑图，Kiwi连草裙舞都跳过；连老方这样情绪淡薄的人，都举了俩橘子，砸开我屋的门，站在门口局促地搓着手说："要不你吃个橘子？"我每次都是把他们挨个推出去，说："没事没事，我这就是生理性流眼泪，流一会儿就好了，快走，快去工作吧。"

但这样下去总不是个事儿。有一次，我们救助了一只感染犬瘟热的赤狐，来的时候它就已经到了发病的后期，浑身剧烈抽搐着。木子他们用尽了各种方法，但它还是在一次抽搐之中离开了我们，当时还用的我的洗手间，也就是WCU（重症监护室为"ICU"，此处将厕所"Water Closet"与"ICU"相结合）。木子、小高和小郭收拾完，想要留在我屋里说点啥，我把他们推出去，只想自己待会儿。不到十分钟，估计是木子去找了老方，我就听着他在楼下喊了一声："老这么下去不行，我上去！"然后楼梯咚咚咚响起脚步声，老方进门一把就从沙发上捞起了正在流眼泪的我："走，出去转转。"我挣扎了几下没成功，只好拿餐巾纸捂住眼睛跟他走，还听见他在前面小声嘟囔了一句："我就不信你这点儿毛病，还给你治不好了。"

快到楼下的时候，我看到同事们都挤在楼梯口旁边的墙边，偷偷往楼上张望着，脸上透露出关切和担忧的神情。老方问木子："开水灌好了吗？"木子把壶递给他，我一脸蒙。老方拿了我的车钥匙，坐在车上看着我一点点磨蹭到了副驾驶。我靠着车窗，脑子有点神游，还在想着小狐狸可怜的样子，等到他咳嗽了一声引起我注意的时候，车已经开到了"十八公里"。这里是额尔齐斯河一处僻静的峡谷，这条沟的全长是十八公里，我就给它起了这个名字。这里是雪豹的分布区，是野生动物的乐园，也是老方到富蕴之后，我第一次带他来的地方。

石子路的尽头，是峡谷的最高处，两边山谷静静伫立，停车的地方有小片树林。老方喊我过去，坐在悬崖边上，能看见对面山上的石头五彩斑斓的，还有蔷薇开着大片白色的花儿，脚下河水流淌，河谷林是深绿和浅绿交织。我想起来，我还在那片林子里看见过马鹿呢。

老方拿出开水壶，往两个杯子里放好茶叶，泡上，递给我一杯，然后突然问我："哎，你想不想知道，我为啥要选择跟你一起保护野生动物啊？"

"啊？"我还愣着呢，山谷里的风吹过来，脸上的泪好像凝固住了，像长出了小爪子一样，扒住了我的脸颊。

"每个人活在人世间，都要因为各种各样的现实原因妥协着，没有办法按照自己的想法恣意生长。可野生动物不一样，它们是单纯且美好的，能够以自己的方式活着，想什么就去做什么，饿了就去捕猎，渴了就从悬崖下来到这河边喝口水。它们和自然一体，生生不息，这才是这世间最纯粹的生命力；而这份工作，能帮助它们保全这份单纯，能让这生命力持续下去。想想你的救助，不也是这样吗？它们受了伤，来到救助中心，经过咱们的帮助，拥有第二次活下来的机会，再回到自然，继续承载着我们想要单纯且富有生命力地活着的梦想，在蓝天下翱翔，在旷野里奔跑，在大自然里谱写属于它们自己的生命乐章。"

老方吹了吹冒着热气的茶，嘬了一口，继续说："我想要为这世界保住这份纯粹的美好，让子孙后代也能看到现在这样的场景，也能亲眼见到这旺盛的生命力量。我儿子上次来，我带他去救助中心，他都开心疯了，回去跟他们班同学说了好久，日记都写了满满一本，这就让我觉得这几年我没白干。"

他看了看我，我好像明白了些什么。是啊，好像大自然和野生动物的一切都是顺其自然的，我们不就是为了保住它们的"顺其自然"而奋斗着吗？耳边传来遥远的啸叫，我抬头，有几只黑鸢正展开翅膀，掠过山巅，又转了个方向往山谷的树林带里飞去。

我指着那几只黑鸢，带着重重的鼻音说："你看那几只黑鸢，会不会就是咱们前几天放走的那几个小家伙啊？放归的地方就离这儿不远呢。"

老方也看向它们，直到这几个黑鸢变成小黑点。他继续说："可能是。你要多想想咱们已经取得的成功，毕竟还是活下来的多，回归自然的多，是不是？你别打断我，我还没说完，让我接着说。所以没钱了，我能去想办法；项目不顺利了，我能去沟通；遇见困难了，我能去解决。总会越来越好的。我能想办法解决其他问题，但我治不好你，我相信自然可以。你天天说你是自然的孩子，有事儿还不赶紧去找妈啊？听我的，以后再难过，别困在房子里了，在自然里待会儿，看看这些你曾经放归的野生动物，它们如果没有咱，哪可能这么自由自在地活着呢？再看看这些山，哪座山你没爬过？全富蕴的野外，哪个地方没有科研组放过的红外相机？在这样的努力之下，自然还是自然的样子，多好啊。"

让自然来治愈我，真是个好主意，好像也很管用。一回到自然里，注意力就被转移了，不会被悲伤狂追猛打了。我使劲儿地点头，他又转身，指了指我们身后的一片小树林，说："你看这里，如果不是你去年想着把这里用石头堆一个小水坝，挡住泉水，这里怎么能形成一个小水源地，供那么多野生动物饮用呢？去年你们来捡石头堵坝的时候，这里的柳树稀稀拉拉，就几棵吧？水也存不住，都是泥巴。可现在呢？水这么清澈，树长得也好，茂密得人都过不去了，你自己看看那儿有多少脚印了？红外相机又拍到了多少动物来这儿？你还觉得自己做得不够好吗？只是几块石头，就有这么大的能量，能带来这么大的改变，你做过的工作，能为自然的生命力增添些什么，心里还不清楚吗？"

我回头，看着去年我一时兴起，带着科研组捡石头改造的水源地，仔细想着老方说的话。有道理啊，我还没几块石头厉害了？瞬间就感觉，茫茫人间，知我者能有几何？有老方还有其他和我并肩战斗还能懂我的伙伴，真好！唉，又想哭了。

看我眼眶又红了，老方赶紧制止："停，别哭。道理听明白了就好，现在咱们说解决方案。让自然治疗你，是第一步，别浪费了这份疗愈，也别光难受。晒着太阳、吹着风、看着云，就想想每次失败的原因是什么，要好好总结，别让离去的动物们白死了。然后等你想明白了，不难过了，就回到办公室，跟动物组好好复盘。要直面悲伤，更要直面失败的原因，让大家都说说，找到问题在哪儿，每次都把经验记录下来，下次尽量避免，这样才能以后少一些悲伤，也少给你的大自然妈妈添点麻烦吧。"说到这里，他笑了起来，我也笑了。

虽然后来再面对离别的时候，悲伤并没有减少，但我学会了躲进自然的怀抱里，也像老方一样，泡杯茶，坐在山顶上。只不过，陪伴我的不是眼泪，而是脑子里逐渐清晰的思绪，是手边的病例、笔记本和一支笔。在思考过后，等待着我的，也不是无数次挣扎都爬不出来的"它怎么就没了"的牛角尖，而是动物组的同事们。他们都急不可耐地想要复盘，找到问题所在呢。

零下 40 摄氏度没有暖气是什么体验?

方通简

快过年了,富蕴也进入了每年最冷的时节。每天早晨,门口的树梢和我们前一天晾在院子里的衣服上都会挂满雾凇。树上的雾凇用来拍照发朋友圈很好看,衣服上的雾凇用来早晨打个哆嗦,清醒后干活很实用。

协会的早晨有个盛景,大家每天都是一觉醒来赶紧去排队上厕所,先到的先上,晚到憋着。于是,内卷开始了。假如一个人 7 点起床还没排到第一个,那么第二天他就会选择 6 点 50 分起床,其他人则会提前到 6 点 40 分⋯⋯而新疆的冬天要 9 点天才亮。

正所谓常年搞内卷,哪有不失蹄?有一天我不小心居然睡到了 9 点多,睁眼一看手机,坏了,这还不得跌出厕所优先权争夺战的前 10 名?急慌慌披了件衣服,端起洗脸盆直奔厕所而去。到了地方却发现厕所门口竟空无一人,并没有人排队。

9 点才起床的人居然也配第一个使用厕所?我有些受宠若惊。奇怪,人都去哪了?不过正事要紧,我放下脸盆,刷着牙,打开水龙头。"咦?"本冠军满嘴泡沫,手停在了空中,水龙头居然是开着的,却没有水流出。

不知道哪里刮来一阵小风,吹得我一阵哆嗦。我这才意识到不仅停水了,今天屋里的气温好像也有点不对劲。走了两步来到旁边男生宿舍,推开门摸摸暖气片,发现一片冰凉,暖气也停了!宿舍里,男同事们于半睡半醒间,纷纷从被子里露出戴着棉帽子的脑袋看我。"半夜暖气停了,天亮前水停了⋯⋯"

这可糟了，看来是夜间温度降到了零下 40 摄氏度以下，水管被冻坏了。我打电话给县上的水暖公司，没想到他们正忙着抢修县城里昨夜同样被冻坏的暖气管道，目前已经完全人手不足。而我们又在荒山上，离县城还有些距离，属于暖气管道的最下游，是维修难度最高的区域，所以他们完全不能评估什么时候能来。

怎么办？大家立刻起床，凑在一起双手塞在袖子里吸溜着鼻子，大眼瞪小眼。

"你是博士，你说说怎么办？"我看向初老板，她裹着双层羽绒服，圆滚滚像只熊。该熊闻言大怒："博士就要会修水管吗？"我无奈，又把希望的目光落向其他同事："各位英雄好汉，有什么好办法？今天白天修不好，晚上可就要冻成冰雕了。"

瞬间，现场的男好汉和女好汉纷纷把目光分散到了四面八方，看房顶掉不掉土的，摆弄指甲的，哈着白气玩的，干啥的都有，唯独没有应声的……同事们都是刚刚大学毕业的小年轻，确实不掌握修暖气的技能。

"要不，咱们搬到隔壁房子的河狸舍里去住？那里有咱们自己烧的炉子，冻是冻不死，就是有点河狸香……"Kiwi 提议。"说得很好，但下次别说了！"女同事们异口同声地讨伐他。

"之前水管里是流动的水，所以没问题，但现在已经冻住了，水管里的冰会越结越多，晚一分就多一分化开的难度，咱们必须立刻开始自救。"木子姐严肃地说。

说干就干，大家分头行动。女同事找来我们所有的插线板、小太阳、电暖器，男同事换上军大衣和皮手套，戴起头灯，提起铁锹和铜钎出门寻找暖气和自来水管道井。那天倒没有刮风，空气中是零下 40 摄氏度的纯粹清冷，室外白茫茫一片，路两旁的雪已经有了一米多深，甚至我们种的小杨树也只能露出一个树冠。我们哈着白气，循着下雪前的记忆，在一处雪薄些的地儿成功找到了暖气管道井口的位置，大家合力打开扣在井上的水泥板后，里头露出了黑漆漆的通道。

小马哥一马当先跳了下去，打开头灯，半蹲着在低矮的通道里慢慢前进。紧跟着小郭、Kiwi、小杨也下去了……在这里我必须正面回应一下初老板事后对方会长没有一起跳下去干活的吐槽。方会长这么高大威猛，肯定不是因为怕黑不敢下去嘛，实在是通道太挤，况且地面上也需要有人指挥，是吧？所以我属于用心良苦，从顾全大局的角度出发，把立功的机会让给了同事们。

"果然是冻住了，这十几米都不行了。"通道里传来混着缥缈的回声。不一会儿，Kiwi脑袋探了出来。"方会长，把插线板和小太阳给我。"我赶忙跑过去把东西一股脑塞给他，目送他消失在井下。小伙子们用了整整一上午时间，在暖气管道里排满了电暖器和小太阳，中午前大伙灰头土脸地返回了地面。

接下来就是等待了，我们围坐在井边，希望这些热量能融化管道内的冰，准备等水管修好了就立刻把井口重新封好，防止再次上冻。那天，女同事来回小跑负责运送烧好的茶水，准备热水袋。男同事们则挥起铁锹把夏天垫路剩下的沙土覆盖在较浅的管道壁上方，以加强通道的保温能力。大家每隔20分钟轮换着下井一趟，摸摸管道，听听有没有水重新流动的声音。时间一点点过去，太阳陪着我们在天上画出了一道弧线，温度也由白天的稍感暖和回到了冷风飕飕。

日落前，稍细些的自来水管终于有反应了，有了滴滴答答的迹象，我们连忙打开水龙头让水流动起来。"不行，小太阳放在地上距离水管太远，这样化得太慢。如果天黑前再化不开的话，晚上就又要冻住了。"同事们看着来之不易却很可怜的成果皱起了眉头。

水管距离地面还有一些距离，冬天又太冷，我们放置的小太阳和电暖器微弱的热量还没到达水管就消散了，现在需要想办法缩短烘烤距离来争取时间。可井下的通道地面满是泥土，白天热气烘烤化了冻土，使地面变软，很不平整。如果继续摆放板凳或者支架，很可能使小太阳歪倒，那样不仅水管和暖气管道化不开，恐怕还有着火的危险，所以我们遇到了一个棘手的难题。

"还有那么多动物等着喝水呢，再不来水就麻烦了。"有照顾动物的同事小声提醒。"你们女生先铲些雪，化了喂动物，我下去举着！"同事小李系上军大衣扣子转身往外走。"你一个人去危险，我也去。"小西戴上帽子快步跟了出去。

入夜时分，刮起了小雪，又转为了中雪、大雪。其他女同事照顾动物，木子姐给大家用融化的雪水烧了一锅放了很多胡椒的菜汤，初老板打开皮卡的大灯又举着手电筒为大伙照亮，小马哥、Kiwi、小李、小西、小丁……大家瑟瑟发抖又倔强地轮流下井，蜷缩在只能弯着腰走路的暖气通道里，坐在已经泥泞的地上，用胳膊托举着小太阳，一点点暖着逐渐化开的自来水管。

"快听！"井下有人忽然喊了一声，然后就听见哗啦一声，好像有什么东西被冲开了，跟着潺潺的水声流了出来。水通了！可爱的自来水终于又回到了我们身边。"初老板！木子姐！佳姐！安安！水通了，快喂动物吧！"井下的男同事齐声大喊，把消息传递给地面上的女同事。

水来了，被耽误了一天的工作快速运转起来。动物们喝水，换药，吃上了饭，它们脏了一天的笼舍也被快速冲洗干净，大伙小跑着分工协作。

天更黑了，好容易忙完了所有的工作，大伙搓着已经冻到麻木的手，回办公室围坐在一起。出去查看暖气管的同事进了门摇头叹气说："还是没化开，管道太粗了。"因为电暖器全部被抽调到了井下保障自来水，此刻协会室内的温度已经变得与外面相差无几。看来今夜将是一个难熬的晚上了，大家瑟缩地紧了紧大衣，又从宿舍取来了被子裹在身上，默默等待着天黑后的严寒来袭。

接近凌晨时，窗外的风雪已经变成呼啸着的寒流。黑色的天空像是破了个大洞似的往外漏着冷气，大雪扑面而来，浓密又纷乱，隔着玻璃望出去都快让人窒息了。同事们一个挨着一个挤着取暖，艰难地对抗着无孔不入的寒冷。

"这样下去不行，大家把电暖器都拿回屋子里来。"我无奈地提议。"方会长，撤掉电暖器的话，管道里的冰一晚上可能会再冻几十米，这样一来暖气管道这个冬天可就再也修不好了。"有人担心地说。

那怎么办？协会仅有的几个电暖器不拿进来，大伙可能现在就要冻坏；可真拿回来了，就如同大伙说的，管道一旦被结结实实冻死，这往后的一个冬天可怎么过呢?

"放弃吧!先保证今天晚上大家顺利度过,真要是暖气修不好了,再想办法。"我挥挥手,安排小伙子们下井。小伙子们低着头,向门口走去,谁也不说话。

咚!咚!咚!就在这时,门响了,有人砸门。

随着同事们把门打开,晃眼的车灯伴随着寒风大雪卷了进来,几道壮硕身影鱼贯而入。"你们没事吧?"有个声音问道。

适应了灯光,我们看到几个身着工装的人出现在门口。"我们是水暖公司的,刚抢修完县里的活儿,你们这暖气还不通吗?"领头的大哥声音很洪亮,"本来我们实在干不动了,但听说你们是从全国各地来我们富蕴做动物保护的年轻人,不能让你们冻着,我们就来了。"

同事们几乎是欢呼着弹跳起来,纷纷给大哥们倒上热水,又递上几块馕。"大哥,你们太帅了!我们用电暖器烘了一天,水通了,但暖气还是不行。"大哥们快速喝了口水,一挥手:"带路!"我们小跑着把工人师傅们带到了井口,他们先是钻下去查看了一阵,又站在井口商量了一会儿,四散开,分别从车上卸下了各种工作备用的管子、切割机、电焊机……

随着大哥们钻进井里,通道内陆续传来电机启动的声音,不断闪烁的电焊光,几个人全力使劲的号子声。我们期待地围在井边朝下看,心里暗暗期盼。不知道过了多久,井口露出一个脑袋冲我说:"哎,你去把暖气闸门打开,看看好了没有。"

我忙遵命,跑步前进。

闸门开了。嘶……一阵气浪的声音传来又瞬间消失,管道里咕噜咕噜有了动静。再拧开暖气的排水阀,气体持续排出。几分钟后有微弱的水流淌了出来。那水流以肉眼可见的速度变成了一道水线,最后变成了粗壮的水柱。我伸手一摸,是温水。

"来暖气了!"我一边跑,一边大喊。听到我的声音,工人大哥们陆续从井里钻回了地面。"救命恩人啊!"协会的同事们拉着大哥,非要给他们煮个泡面吃。"主要是多亏你们烤了一天，否则我们还得慢慢找这个冰扩散到哪里去了，切割就得几个小时，天亮都不一定搞得完。"

领队的大哥云淡风轻地拍拍身上的泥土。"小事。饭就不吃了，我们回家了。"

这可不是小事，几位大哥在风雪交加的夜里，给我们送来了救命的温暖。我们雀跃着回办公室搬了一堆自热火锅、火腿肠出来想谢谢他们，谁知道等我们出来时，只看到了他们的尾灯消失在漫天的大雪中，很快化为几个萤火虫似的光点不见了。

其实最后，我们也不知道这些好心又敬业的工人师傅姓甚名谁。但我们知道，他们代表着每一个在危急关头仗义出手、见不得他人被困的新疆人，也代表着每一个热情淳朴、把自然保护放在重要位置的富蕴人。那晚的他们就像一团团的火焰，不仅融化了管道里的冰，更点燃了同事们在新疆做出一番成绩来的决心。

一觉醒来，门口积雪一米高

方通简

　　春节越来越近，雪也越来越大了。那天，暴雪下了一天一夜，把世间的一切都改造成了雪雕。救助站的房子成了房雕，车子成了车雕，笼舍成了笼雕，人倒是没成人雕，只是走在外面，戴帽子的会满头散发出白气，像火云邪神一样壮观；没戴帽子的头发则会被冻成刺猬。我们躲在屋里出不了门，只好排排坐，透过窗户看外面跑来跑去追着雪玩的傻狗拉姆。它昂首挺胸站在雪地里，孜孜不倦地把雪花当成某种假想敌，用鼻子去接，每当接不到时便发出一声怒吼，然后猛地扑进雪里，砸出一个狗形雪坑。

　　我撇撇嘴，鄙视它的没见过世面。"方会长，此情此景有何感想？"身边正啃着一包干脆面的初老板问我。"今天不用遛狗了呗，还能有啥感想？"我看向她，"咋？莫非你想吟诗一首？"她盯着窗外，缓缓说："路已经看不到了，咱们的车怎么下山？如果最近有受伤的动物要送来救助站怎么办？"所有人都愣住了，是啊，这么大的降雪量早就把路封死了。现在我们出不去，外面的车也进不来，万一有紧急情况怎么办呢？我快步走到办公室门口，想出去看看雪有多深，没想到用力半天只推开一道门缝,门口的雪早已经把大门堵住了。

　　那天的大雪持续到下午才结束，雪位高到把一楼的窗户都封住了一小半。我们想从宿舍的窗户翻出去扫雪，还好窗是朝里开的，小西一拉窗，噗一声，雪涌了进来，弄得宿舍桌子、地上到处都是。他骑在窗户上看着已经高过窗沿的雪，犹豫自己是该走出去，还是一个猛子扎出去。

心理建设了一会儿，小西拉开窗先探出一只脚试试雪的虚实。我紧张得不停说"慢一点，慢一点"。可能他踩了一下感觉外面硬度还可以吧，于是彻底离开窗户，朝外大胆迈了一步。扑通！人不见了。

"小西！"同事们忙冲上前去，扒在窗上看着外面空无一人的雪窝。过了半晌，雪里忽然慢慢钻出一只手，比了一个"OK"的手势，跟着满头满身雪的他站了起来。"呸呸呸，吃了我一嘴。"他边掏耳朵，边吐嘴里的雪。我们这才看清雪的深度，他接近一米九的大个子，雪居然已经到了腰部。

我们一个接一个从窗户跳出去，开始在雪地里蹚行。下雪前，我们的扫雪工具都摆在库房门口的地上，可现在也找不到了。大家蹲下来把手伸进雪里，朝着地面四处摸索，一把铁锹被摸了出来，一把扫把被摸了出来，紧接着又是一把铁锹，然后居然还摸到了一条冻得梆硬的秋裤、一只冻成了回旋镖的袜子。"呃，不好意思，我昨天洗的衣服晾在门口忘了收了。"Kiwi不好意思地挠挠头。

接下来，铲雪的艰巨工作正式开始。

刚开始，大家还饶有兴致地边干活边捏个雪球互相扔来扔去，玩得不亦乐乎；可很快就没人再有心情打闹了，因为要在齐腰深的雪地里铲出一条人行道、然后把雪堆在路两旁可真是需要耗费很大体力的事情。小路的两侧被我们堆出了两道一米七八高的雪墙，远远看去，大山下干活的我们就像是雪地里的几只小蚂蚁，勤奋地挥舞着胳膊，拓出了一条歪歪扭扭、仅供我们自己通行的路。

"这可怎么办呀？"劳动到快天黑，饥肠辘辘的我们也仅仅清开了几十米的距离，人走还马马虎虎，皮卡肯定是开不成了。抬头看看远处整个被大雪覆盖住的山，一种无力感笼罩在了每个人的心头。可是路必须尽快清理出来，因为下雪就是征兆，受伤受困的野生动物很快就会到来。

果然，电话响了，阿尔泰山国有林管理局富蕴分局打来电话，有只伤情不明、无法站立的国家二级保护动物猞猁被困在一座水库里奄奄一息。接到水库工作人员的报警后，富蕴分局的干部和警察叔叔们紧急出动，暂时收容了这只可怜的家伙，但需要尽快送到救助站来。

真是怕什么来什么，这下我们可怎么出去，他们又怎么进来呢？我和初老板站在门口想办法。"方会长，初老板，我有一个不成熟的建议！"Kiwi 左右看看，神神秘秘地凑过来。初老板也跟着他左右看了看，学他的语调小声问："朋友，完全不成熟吗，还是有三分熟？"他挠挠头："这次保证九分熟，九分熟。"

Kiwi 说，以前去县城，总看到县上"扫雪大队"的铲车在马路上清雪，那车又大又有劲，一道刮过去雪就都没了。看能不能请他们帮帮忙？办法是个好办法，可是我们在这样偏僻的荒山上，人家会来管我们吗？况且，我们也不认识"扫雪大队"的人啊。

最后，我们决定向警察同志打听打听这事。"扫雪大队？哪有这个单位，人家那是城管大队！""小飞机"在电话里告诉我们，"我帮你们问问。"

不一会儿，初老板的电话响了，一个凶巴巴的声音传来："喂，初雯雯吗？我是城管大队的。你不知道我们单位吗？夏天你们修动物笼舍缺的木板，谁给的？"初老板陷入回忆："啊？哦！对哦，大哥原来你是城管大队的！"夏天时，笼舍在太阳下面暴晒，动物们被热得都快受不了，一群穿着制服的大哥突然神兵天降，送了我们一车木板，还帮着钉了一圈遮阳棚。当时他们速战速决，很快就走了，我们到最后都没闹明白这些好心人是哪个单位的，这下总算对上号了。

"事情我们都知道了，铲车现在就出发，抢救动物不能耽搁。"凶巴巴的大哥凶巴巴地挂断了电话。没多久，已经天黑的山路上忽然有了光，远处两道超级明亮的光束射过来，一辆高大威猛的橘黄色铲车，慢慢向我们推进。仔细一看，车后还跟着一只地面部队，他们拿着很多种我们没见过的专业清雪工具，路面上铲车没有清理掉的积雪被这支步行队伍迅速打扫干净。铲车驶过之处，再多的雪都被均匀堆在路两侧，地面小队清理后，终于露出了干净的土路。

铲车越开越近，同事们纷纷带着铁锹加入队伍，边帮忙干活边看着这高效率的铲雪队伍，忍不住赞叹。没多久，铲车停在我们面前。一位夏天帮协会钉过遮阳棚的大哥从副驾驶打开门跳了下来，示意铲车驾驶员继续推进后，转身向我们走来。我们不好意思地迎上去。"大哥，谢谢谢谢！夏天那次你们走得也太匆忙了，都没顾上让你喝口水。"我们忙和大哥握手。"活干完了不走干吗，我们又不是来喝水的。"凶凶的大哥说话干练又干脆，不过面对面时，人好像也没那么可怕。

"真不知道怎么感谢你们，否则这只猞猁还不知道要怎么接进来呢。"初老板连忙组织语言表达感激。"感谢我们最好的方式就是，多救活几只我们富蕴县的动物！"大哥摆摆手，像早晨我们围观拉姆见到雪时的兴奋一样，好奇地瞅了几眼忙着围观铲车干活、显然也没怎么见过世面的我们，"以后路再被封直接找我们，保护自然的好事我们都会支持的。"

那天，趁着铲雪我们聊了很多，这才知道原来城管大队的大哥们也经常看我们救助动物的视频，大家都愿一起为自然保护工作出把力。然后，路通了，车能走了，猞猁被连夜送上了山，住进了初老板的"WCU"。

夜深了，接到城管大哥询问猞猁情况的电话时，警察同志刚走。我看着正忙着为受伤的猞猁体检、驱虫、止血的同事们，心中无限感慨。几年来，"河狸军团"越来越壮大，可组成"河狸军团"的大家具体都是谁呢？我想，在这么多看似平淡的日子里，这些名字由支持种下每一棵树、参加每一次野生动物救助的网友、公安民警、林草局干部，还有像城管大哥一样的可爱志愿者共同组成。

这些来自全国的热爱有的在千里之外，有的就在阿勒泰当地。它们从人们的心中蒸腾起来，在空气中越飞越高，越走越远，然后向着祖国的西北角汇集，来到富蕴县，推动着我们所有人共同的自然保护理想向前走了一步又一步，创造了一个又一个所有人最初想都不敢想的奇迹。

很幸运，能够亲眼见证如此浩瀚的自然保护群体协作，这感觉真不错。

初识猞猁"女王"

方通简

初步检查看来，猞猁的情况很不好。严重的车祸导致它下肢完全不能站立，它只能拖着下半身在地上摩擦。送来救助站时，它的屁股附近已经有好几处被磨烂，持续渗血。曾经的丛林小霸王被巨大的伤口折磨得一抽一抽的，奄奄一息。它需要尽快输液补充营养，还要确定究竟是伤到了脊椎还是腿骨，如果是粉碎性骨折还需要手术介入以防止感染。情况复杂程度超出了我们的预料，判断伤情刻不容缓。

可是，当时的协会并没有 X 光设备，更不具备骨科手术的条件，就连库房里仅有的药品都是治疗基础外伤和解毒的。上药的过程中它一直在哀嚎，好像在哀求这份巨大的痛苦快些结束。初老板和同事们咬着牙，帮它暂时止住了血，可接下来怎么办呢？如果我们就此放弃，它的结局恐怕不会改写。可不放弃又从哪里借到治疗设备？

"快速收拾东西，连夜送它去乌鲁木齐！"初老板做了决策。

"等等，不考虑人先休息，等天亮了再出发吗？"我有些顾虑，乌鲁木齐距离富蕴有近 500 公里，而当时已经凌晨 3 点多了，外面气温零下 40 摄氏度，新疆的冬天夜黑雪大，路上全是冰，不管是车子坏了还是被积雪陷住，都有挺大的风险。

"可它不能再等了，大不了我们慢点开，早一分钟它活下来的机会就大一分。"初老板不容分说地转身回房间做出发准备，同事们则熟练地分头准备毛巾、止血纱布、航空箱……看到我还站在原地纠结，同事小陈边忙手头的事边宽慰我："方会长，如果最后没能留住它是因为我们没有尽力，那样我们会更难受的。"

我看着大伙不知道该说什么好，连夜出动的话，人会有危险，可挽救生命又确实需要抢时间。一边是同事们的安危，一边是我们应该去做的事，这是一件很难选的事情，天知道怎么决定是对的。可没给我太多的思考时间，初老板就背着收拾好的行李回来了。"我需要三个人跟我一起去，你们谁去？"她看着其实已经连续工作了很久的同事们，有些内疚，有些焦急。

那个瞬间，我其实特别期待大家不敢去，或者有人不愿意去。因为只有这样才能让我在阻止这次冒险的行动后安慰自己，不是我们不愿意抢时间，而是没有人敢冒这个险。

可同事们居然没有一个人退缩。男同事抢着站出来说："女生不要去，你们搬不动航空箱。"女同事则立刻大声反驳："我们怎么就搬不动？你们才毛手毛脚的，还是老老实实在宿舍睡觉吧！"大家压根就没有想过去还是不去的问题，他们想的是交给其他人都不放心，必须要由自己去。

初老板正色道："兄弟姐妹们，你们都不是在新疆长大的，可能不知道冬天雪后开夜车的危险，所以大家要想好，不愿意去的我绝不勉强。"

"初老板，别耽误时间了，我行李都收拾好了。"一会儿没见的小西不知道从哪儿钻出来。"我不在，治疗方案怎么定？你跟谁商量？"木子姐也背着收拾好的包出现在了初老板身边。看着这俩人先下手为强，其他人明显慌了。"你俩太不讲武德了吧！我们不需要行李，现在就能走！"然后互相扒拉着就要往外走，要抢着上车。

现场逐渐失控，原本互相照顾的兄弟姐妹们，此刻都开始忙着找理由证明自己才是工作能力最强、最适合参加这次行动的人。"你个给动物做饭的凑什么热闹，这种活儿还轮不到你。""我是元老，你们和我争什么争？""昨天扫雪我是不是替你干活儿了？那你今天该不该把机会让给我？""你会开车吗？就抢着去，晚上我可以和初老板轮换着开！"

看这抢来抢去的激烈场面，不知道的还以为在争什么福利呢。那天的事情给了我挺大触动，我明白其实没有人不知道此行的危险，也没有人会连续工作一天一夜不累。只是，同事们每个人都希望在动物生命面临挑战的时候，在同事的人身安全遇到危险的时候，在协会最需要大家的时候，第一个冲上去的能是自己。这是一种与以往我见过的同事关系都不同的团队状态，这里更像是一个大家庭，每个人都有把尊重生命放在第一位的共识，都在下意识地保护同伴，遇到危险，自己先上。吃亏、加班、受累，这些本应该没人喜欢的事情，大家却甘之如饴。

再然后，当然是我强行勒令他们去休息，抢到了第三个位置。开玩笑，关键时刻本会长怎么可能连这点权力都没有？

幸运的是，那晚一路都没有遇到什么麻烦，我们在天亮前顺利抵达了乌鲁木齐。初老板和木子姐在路上就联系好了相熟的动物医院，早晨猞猁一到就立即开始体检、化验、照 X 光。检查结果被迅速摆在了我们面前，情况果然很不乐观。它重度营养不良，满身寄生虫，最严重的是车祸不仅造成了它的双后腿骨折，还伤到了尾椎。

当时，它的身体虚弱到压根不能支撑一场手术。我们邀请了国内几家大型野生动物园的兽医和动物医院的医生联合视频会诊，确定了治疗方案：1. 先输液，通过营养补剂稳定生命体征；2. 持续换药包扎，促进下半身磨破的伤口愈合；3. 加强食物营养，把它的体重和术后恢复能力提上来；4. 待体质稍好些后，开始第一次双后腿骨折手术；5. 等腿部愈合后再尝试修复尾椎上的伤势。

接下来，我们陪着它在动物医院打了一整天吊瓶，它的小命总算是保住了，从奄奄一息变成了能吃一点东西的状态。它稍微好些了，我们的人却熬到了接近油尽灯枯，几个人干了一白天活儿，晚上抢救，夜里开了一晚上车，白天又守了一天。我看初老板说话时眼神都呆滞了，考虑到有可能晚上还要再开车回去，为了不疲劳驾驶，我强行把她从病房里往外赶，想让她去停车场的车里睡一会儿。

"好好好，我再给它喂点吃的，确定没事了就去睡。"她抢过一个猫罐头，绕过我，跑向了病床。可所有人都没想到，才刚刚恢复了些力气的猞猁就显露出了野性，"嗷"一口紧紧咬住了初老板递上前去的铁勺。初老板有些好笑："你快好好吃饭，吃罐头，勺子有什么好吃的？"无奈它咬得太紧，还发出了"呜"的低吼。

"大家再检查一下约束带，把它头上的遮盖毛巾盖好，当心别被它伤到。"木子姐指挥小西和动物医院的护士们干活。"哎，毛巾怎么不盖正呢？这么歪着，等会儿它一抬头不就掉下来了。"初老板说着伸手上前想把盖在猞猁"伊丽莎白圈"上的毛巾扯正。

跟着，就发生了一件让我到今天回想起来仍然后怕不已的事情。也是从这件事起，我对于野生动物救助工作的危险性有了更明确的认知。当时，就在初老板刚触到毛巾的那一秒，呜噜，猞猁的左前臂不知怎么就挣开了约束，众目睽睽下，所有人都只看到它快速在初老板面前伸了一下爪，初老板就不动了。

"我没事吧？"初老板有点蒙，她左手拿着罐头，右手赶紧拉好了毛巾看向我。"它打到你了？"我仔细端详她的脸。"鼻尖有点痒。"她说。这时候，我们才发现一条几乎细不可察的小红线出现在了她的鼻尖。刚才猞猁那一下子居然是指甲尖划着她的鼻子尖掠过的！

我脊背发凉。可以想象如果再近几毫米，鼻子上不就得少块肉？如果再多几厘米，鼻子还在不在了都不好说！这是我第一次真切地理解，为什么野生动物医疗过程中要有那么多专业的操作规范和注意事项。

可这家动物医院是服务猫狗等宠物的，并没有太多防护设备，非专业的治疗条件让我的心提到了嗓子眼儿。所有困意都一扫而空。当时，我心里只有一个念头，这样下去不行！今天是运气好，下次赶上运气不在我们这边呢，怎么办？

猞猁的补液结束后已经到了下午，返回富蕴县还需要5个小时，原本我想让同事们找个宾馆好好睡一觉，但动物医院的医生们并没有独立照顾这种猛兽的经验和条件。为了防止节外生枝，我们决定立即起程，凌晨前返回协会。

回去的路上，我一想起这事就忧心忡忡，提不起兴趣说话。开着车的初老板斜瞄了坐在副驾驶的我一眼。"没事啦！小小的一道口子，几天就看不出来了。"她反倒开始安慰我。"你也是老师傅了，干活就不知道注意点吗？如果鼻子没有了怎么办？"我没好气地怼她。

"哎呀，这个工作就是这样的嘛。你回头看看木子姐的手、小西的腿，哪个没被咬过？"她列举着同事们因动物受伤的光辉历史，像是在展示某种勋章。"以后，我们工作要干好，安全也要保障好！"我生气了，瞪着她一字一句道，"我们的每个人都要好好的！"

迎面而来的车灯一闪一闪，车里陷入了一种沉默。坐在后座的小西轻轻拍了拍我的肩膀，想说什么，却没有说话。"方会长，我们以后会再小心一点的，尽量不让这种事情发生，你看现在我们受伤的频率已经比刚开始低多啦。"木子姐小声说。

其实我知道，我是在生自己的气，气自己为什么不能让协会的情况好一些。我们现有条件并不能满足急救、抢救要求，仅仅是提供那些疗效更好些的药品和麻醉、防护设备都超出了我们的能力，更别提 X 光和手术室这种奢望了。我们有限的资金在应付完日常药物和动物们的食物之后就已经捉襟见肘了。我拿出手机，来回翻看银行短信里协会账户上可怜的数字，寻思着上哪里想想办法，至少要先尽快给大家买一些更好的防护装备。

凌晨时分，我们回到了协会。男同事已经高效地为猞猁焊好了一个新的大铁笼和一个用于帮它翻身、清理外伤的微型杠杆吊架，女同事则用纱布和美妆蛋给它做了一个有着延长杆、可以远距离处理伤口的上药神器。

安顿下来的猞猁在猛吃了一盆掺有消炎药的牛肉后明显有了力气，眼睛睁得圆圆的观察着我们。这时，我才有了仔细观察这只美丽动物的心情。它是一只成年的、雌性欧亚猞猁，如果不看受伤的下半身，其实是非常威风和漂亮的。优雅的猫科动物大脑袋上两根"天线"随着耳朵微微摆动，像是雷达一样。

趁它吃饭，我悄悄给它拍了几张照片发在"河狸军团"的群里，一下就俘虏了网友们的心。"也太酷了吧！""好想撸这只大猫啊！""它好威严，看镜头的眼神就像是在审视自己的臣民！"

那晚，大家一起研究该在救助日志上给它取什么名，最后投票确定了一个派头十足的名字——"女王"。

第四章

嘿，这是真正的自由！

下定决心筹建救助中心

方通简

那段时间里，照顾重伤的"女王"成了协会最主要的工作，大家看着它从几乎吃不下饭到每天能干掉一大盆牛肉，屁股上巨大的伤口结了痂，声音也从小猫那种微弱的呜咽变回了震耳欲聋的嗷呜，它甚至还会时不时尝试冲出笼子。情况在一点点好转，同事们24小时排班值守，心里充满了成就感。

"河狸军团"的网友们也每天等着看它吃饭的视频，关心它恢复的情况。

我们开始预约骨科兽医为它第一次手术做准备。当时，包括医生在内，都信心满满，甚至开始研究术后为它打造一辆轮椅小车，在脊椎手术前能支撑起它瘫痪的下肢，这样它的生活质量就高多了。

谁也没想到的是，生活又给我们上了一课。

距离再去乌鲁木齐还有一周时，我们突然发现"女王"身下的地上出现了大量血迹，整个猞猁的精神肉眼可见地颓了起来。同事们忙用小滑轮把它升起来观察，这才发现它被磨破的旧伤又流血了，还流很多脓液。这是怎么回事呢？

我们翻看监控视频。原来，它体力稍微恢复一些之后，尝试着四处活动，拖着下半身在笼内走来走去，可下身瘫痪导致它只有上肢能发力，旧伤在地上摩擦，导致伤口绽开，还感染了。

医生也长叹一口气，说这种情况就不适合手术了，我们必须先解决它的伤口感染和造成二次受伤的问题，否则即使强行实施手术，它也很难愈合，反而带来更大的感染风险。

当时，我们的野生动物视频会诊邀请了好几位国内野生动物救助领域经验丰富的医生、动物保育专家参加。大家看着它的 X 光片，又看着它的现状，咋舌不已，深感压力巨大。

如果它只是受外伤，那好治；如果它只是腿骨和脊椎受伤，也能想办法。可是，它同时出现了这两种情况，还是不配合医生工作的猛兽，这就不好办了。外伤感染导致它的健康评分快速下降，不具备手术条件；可治疗外伤时它又不配合，总是让自己的伤口血痂被反复打开，愈合失败，一直流血……

最终，医生在权衡多方因素后，做出了新的治疗方案：先快速治疗它的外伤，把伤口感染问题第一时间解决。同时使用小滑轮给它做个吊床，使它前肢暂时悬空从而限制它的活动，避免伤口再次磨烂，我们继续加强营养保障，等它愈合情况好一些后，快速进行腿骨与尾椎修复手术。

当时，负责为猞猁主刀的大夫陈医生是一位远在云南的兽医，考虑到协会条件不足，他开着自己的小车，拉着助手和部分新疆没有的设备，提前从昆明驱驰近 4 000 公里来到富蕴，一边指导前期准备工作，一边时刻准备着手术。协会的同事们各自分工，严格执行会诊定下的营养方案和外伤治疗方案，并记录下它每天的恢复情况，所有人都在尽心尽力为了留住这条生命而努力着。

猞猁的伤势再一次向好的方向发展，重新结好的血痂，消退的炎症，手术进入倒计时。陈医生则赶去 500 公里外的乌鲁木齐，寻找到了一家具备无菌环境和简单手术条件的动物医院布置好了手术室里的一切，等待着它的健康情况一达标就开始手术。我们争分夺秒，每天多次观察它的情况。"河狸军团"所有网友都在为它加油打气，预祝它好起来。

终于，某天会诊后，医生们得出了已达到手术标准的结论，建议最好当天就送去手术。我们收拾好东西准备再次送它去乌鲁木齐。可是，意想不到的情况发生，寒流又刮起来了。狂暴的风吹雪让高速公路上能见度不足 10 米，大雪弥漫在天地间，城市与城市间的道路再次被封死。

我们顶着风强行开车，走到高速公路口却被大雪中的警车拦下。"大哥，猞猁等着救命，让我们上高速吧！"我们央求。看过我们的工作证，奉命守着路口不让车辆上高速的交警大哥叹了口气说："动物的命要紧，但人命也不能开玩笑呀。咱们面前一百多公里的范围都已经被风雪堵死了，雪停之前，除雪车不会出动，你们即使上了高速也难免会陷在雪里，那样就太危险了。

"你们先回去，天气预报说这雪未来24小时内都不会停，如果路提前通了，我给你们打电话。"见我们倔强地站在雪地里不愿返程，他拍拍我们肩膀。

那天下午，无奈返回的我们蹲在协会门口，看雪天。那天晚上，焦急却出不了门的我们蹲在协会门口，盼雪停。第二天一早，第二天中午，第二天晚上……

我们陪着"女王"，不停地安抚它，每隔一会儿就跑去门口再看大雪有没有停下来的迹象，在皮卡车底部摆了几块有余温的碳帮车预热，做好了连夜出发的所有准备。可谁知道，这连绵不断的大雪竟整整下了两天两夜。第三天清晨，雪停了！大家揉着通红的双眼，跳起来准备出发，铲雪的铲雪，热车的热车，所有人都在抢时间，每个人都明白多省下一分钟，猞猁康复的机会就多一分。办公室里不停有人进进出出搬东西，却没有一个人闲聊，显得格外安静。

"路铲通了！"屋外同事们喊。

"车打着了！"接着又有人喊。

"你们两个去抬猞猁，其他人跟我上车，出发！"初老板一马当先。

可我们在车上坐了好一会儿，猞猁都没出来。"怎么回事？不要磨蹭啊。"初老板皱眉看向后视镜。反常的情况带来一种不安的情绪。

"初老板！初老板，你快来！"忽然，去抬猞猁的同事们传来了喊声。

我们忙跳下车，奔向猞猁病房。我跟在大伙后面看到初老板跑得帽子掉在了地上却浑然不知。挤进门，我发现同事们有的拿着抢救用的工具，有的捏着准备到一半的盐水，大家的手都定格在空中。初老板正跪在地上摸它的脉搏，"女王"躺平在笼舍内的地上，闭着双眼一动不动，显然已经离去了。

"怎么回事啊？"初老板手有些颤抖，轻轻地问。整个房间内鸦雀无声，同事们都被这突如其来的一幕搞蒙了。"早晨我起床来喂它时还好着呢。"有小同事已经哭了出来。"别哭，喂的什么？"初老板抬头问。"就是每天都喂的食，纯瘦牛肉，清水。""当时它有什么异常表现吗？""完全没有，它好像是知道要去做手术了，精神头还更好了呢。"同事们围过来，颤颤巍巍地想再摸摸它。

就这样，在即将迎来健康的这天早上，"女王"以一种离奇的方式，离开了我们。我们回看监控录像，整个清晨它都一切正常，吃饭也吃得格外认真，一点也没有伤情恶化的症状。就在出发前的一小时，它忽然开始挣扎，脑袋昂得高高的，身体奋力地左右摇摆了几下，症状仅仅持续了几秒钟，它就不动了。

大家看录像时，我悄悄看了一眼初老板，这个在整个事件中都显得格外镇定的人却不知何时，泪水已经布满了脸颊。在反复看了几十次回放后，她用手背擦了擦眼泪，深呼吸，有些呜咽地给大家安排："给专家们打电话，半小时后咱们最后一次会诊！"

"女王"的猝死对包括会诊医生在内的所有人都是一场打击，大家付出了满心期望和心血的动物就这样死了，整个会议开得无比沉重。在仔细分析过录像后，专家们提出了它因下肢长时间不能活动导致形成血栓，在肺部引发了肺栓塞而猝死的猜测。无害化处理前，我们和林草局的工作人员一起对它进行了剖检。果然，它的肺部已经充满了近乎黑色的淤血。

医生告诉我们，它的这种情况确实有可能形成血栓，但也看概率。它在两天前还是好的，如果当天真的按计划完成了手术，它有了活动的能力，也许真的不一定会是这个结果。处理完"女王"的事，整个协会陷入了一种无边的愁云惨淡之中，大家围坐在办公室的大厅里发呆，没有人能接受这种变故。

不知道谁先开始的，先是小声抽泣，接着是集体性号啕大哭。"我连康复用的小车都给它设计好了。"小西紧紧攥着椅子扶手，痛苦地用头顶着桌面。"前两天我生日许的愿望就是希望它能好起来。"初老板靠着椅子，手抱着膝盖，不发一语，眼泪止不住地滚在腿上。

"你们说，如果那天没有下雪，是不是它就不一定会死？""如果咱们自己有手术室，是不是下再大的雪也不怕了？"她眼神空洞，喃喃自语。"上次那只小河狸也是，还没送到乌鲁木齐，半路就没了。那只草原雕，还有那只赤狐……"

那晚，她把自己关在房间里，手机关机，谁喊都不开门。平时我们新接收的动物如果伤重没活下来她都会难过不已，何况投入心血照顾了这么久的猞猁呢。第二天，她还是闷在房间里没有出门。到了第三天我实在怀疑如果再不踹开门把她揪出来，她可能会把自己饿死。

就在我们围在门口准备破门而入时，门开了。她顶着两个熊猫眼，精神头却很好。"大家都在啊，开个会吧。"同事们面面相觑，不知道她这时候开哪门子会。

"方会长，同事们，咱们来筹建一座自己的救助中心吧！"她拿出一张手画的布局图，第一句话就惊住了我们。"咱们建一座有手术室、有化验室、可以拍X光、有冬季笼舍的救助中心。"她认真地说，"这样以后就不用非去乌鲁木齐找医生了，崽子们也不会被耽误了。"

我苦笑，她怕是不知道建一所这么棒的救助中心要多少钱。而且就凭协会账户上那个可怜的数字，修个遮阳棚还行，至于盖房子嘛……

同事们小声议论。"要盖这么多房子，还有买这些设备需要多少钱啊？"大家心里都没有底，看着她。"兄弟姐妹们，三年前咱们决定给河狸种树时，整个协会只有几个人，咱们只有几把力气，当时咱们是怎么做的？"她抬起头看着大家。

"种树时，咱们有钱吗？"她问。

"没有！"他们答。

"树苗哪里来的？"她又问。

"凑钱买的！"小西说。

"和林草局要的！"小马说。

"还有老乡们给的！"大家又说。

"当时咱们先动了起来，像傻子一样什么都没有考虑，就冲进了乌伦古河开始工作，所以咱们能够被'河狸军团'的网友们看到，所以咱们才得到了

150

源源不断的支持。"她陷入回忆，"现在，'河狸军团'比当年壮大了很多倍，协会的同事也更多了，大家为什么不敢再为了梦想拼一次呢？"

是啊，三年前协会小伙伴们赤手空拳，奔走呼喊，筹集到了如今已为河狸种下一望无际的超级食堂的资金，当时的大家无所畏惧，说干就干。今天，"河狸军团"为什么不能为了阿尔泰山所有的崽子们再拼一把，为它们争取到再一次活下去的机会呢？

"大家还记得吗？经常有人问咱，付出这么多心血去抢救受伤的崽子们有什么意义？"初老板扭头看向窗外，"其实，我也不知道这件事对广大的人类有什么具体意义。我只知道，它们奄奄一息地来到协会，这条命被交到我们手上，我们就不能不管。帮它们活下来，回到自然，它们未来的每一次奔跑、每一次翱翔，都将是我们工作的意义，也是我们这些人的职责。"

"我们一定可以做到！我们不会辜负所有'河狸军团'兄弟姐妹们的期望，属于咱们这代人的自然保护之路一定会被找到！"那天，我们聊了很多，关于过去，更关于未来。慢慢地，同事们眼睛亮了起来，坐直了身子，开始认真讨论接下来的工作还需要增加哪些功能，需要补充什么医疗设备。一条条关于新建救助中心的想法被记录下来，写满了协会的小黑板。大家仿佛看到了在不远的未来，一座闪闪发光的救助中心平地而起，一条条鲜活又可爱的生命重新回到大自然。

那天，我们决心不让"女王"白白死去。它的离开，让我们立下了必须建成一所救助中心的誓言。

野生动物救助"方舟计划"上线

方通简

　　筹建救助中心的想法成形后，我们琢磨着第一件事就是要向富蕴县林草局汇报，希望能获得政府的支持。可我们这帮人救动物行，出野外行，搞电焊、修笼子行，就是向领导汇报工作的技能不太行。"咋办？谁去汇报？"我看着初老板。"嗯？谁去？"初老板扭头看大家。

　　面前的社恐小同事们纷纷低头，看手机、抠指甲，就是没人接话。"有点出息好不好？去了打开幻灯片讲一下方案，有这么难吗？"我气急，再次用期盼的目光看向初老板，希望她能识点时务。然而她左顾右盼，实在也没啥好看的了，才低头嘟囔："我也很害怕好不好？万一人家不同意呢？不让我进门或者把我赶出来怎么办？"看到她的憨样，同事们连忙又齐刷刷看向我。

　　最后，还是决定由我和初老板来办这件事。大清早，我们心情忐忑地来到林草局，寻思着先上哪个办公室汇报。我俩站在走廊里你推我，我推你，场面一度有点尴尬。"要不先回去？调整一下心情再来？"她说。

　　"你俩是干啥的？"这时，一位精干的中年寸头大哥路过，看到我俩的窘样，问道。"我们是自然保护协会的，有工作想汇报。"我硬着头皮答。"你是初雯雯吗？"他朝我身旁定睛一看，又问。"啊，是的是的，"初老板忙点头，"大哥，我们该找谁汇报呀？"

　　"跟我来吧。"大哥带着我们，走进一间办公室，我一看门上竟然写着"书记办公室"。嚯，我俩运气真不是盖的，一来就碰到领导了。他招呼我们坐下，得知来意后，他接过方案目不转睛地看了起来，现场陷入了沉默。我俩半个屁股坐在沙发上，不知道他会不会同意，心提到了嗓子眼。要知道，如果没有当地林草主管部门的支持，救助中心的想法其实很难落地。

他看方案时，我们不好意思打扰，只能端详这位书记的办公室。只见他身后的白墙上挂满了用不同颜色手工标注的富蕴县草场分布图和当地植物、野生动物图例，简陋的办公桌不知道用了多少年，漆都脱落了。初老板悄悄凑到我耳旁："感觉他们也太穷了吧，好像比咱富裕不到哪儿去啊。"我气得用手肘撞她一下。研究正事呢，这时候说这些有的没的干什么？

在我们自助式喝了两杯水后，领导终于看完了，他抬起头盯着我们看，半天不说话。我俩蒙了，不知道这位看起来沉默寡言的书记是啥意思。"书记，方案有什么问题吗？"我硬着头皮问。

"这是一件我们想了很多年的事！"他开口了，是好消息，我们心头一喜。"但是，这件事不在年初的财政预算里，我们单位没有钱。"他接着说道。我晕，我就知道事情不会这么顺利，看来今天是白来一趟了。

"唉，那要不我们回去再想想办法吧。"我们沮丧地站起来要走。"你们急什么？这是一件大好事，没有钱可以想想办法嘛，县上对生态保护的重视力度很大，没有钱咱们可以一起给县上打报告，但我要先严肃地问你们一个问题。"

嘿，真是位爱大喘气的领导。"啥问题呀？"初老板好奇地问。

书记问："你们的队伍能在富蕴县待多久？我们基层急需像你们这样的野生动物保护、生态学、植物学专业的人才，建救助中心是钱的事，我可以去向县领导汇报，可人才就不是光靠钱能解决的了。"他认真看着我们。"书记，我们已经在富蕴待了三年了，未来还想继续在阿尔泰山做更多自然保护的工作。今天我们带了一个幻灯片，想向林草局系统汇报一下我们的工作。"我说。

那天上午，书记召开了一次会议，我们向林草局的同志们详细讲了三年来协会在富蕴县恢复野生动物栖息地的工作，科研工作是如何前置以确保自然保护工作合理、高效的，以及我们在乡镇、牧场上是如何培养牧民大哥们成为自然巡护员的。"你们快看我衣角上这俩洞！我厉害着呢，狗咬了半天都没咬到我。"初老板讲到兴起，居然还向领导们展示起了她在牧区讲课时被老乡家的牧羊犬追着咬，扯出了两个大洞的破冲锋衣。

林草局的人看着这位得意扬扬炫耀自己治狗有术的人，啧啧称奇。"牧区的狗可是厉害，你个小丫头不害怕吗？""怕有啥用，你们打过游戏吗？要有战术，战术。"我眼看她即将放飞自我，还要展开讲讲躲狗和打游戏之间的相似性，一阵无语，赶忙咳嗽两声想提醒她收着点，咱们这是在政府开会呢好不好！没想到聪慧的她居然把面前的纸杯往我这挪了一点，小声说："你嗓子不舒服？我这杯水还没喝，归你了。"

见状，书记哈哈大笑，站起来给我们添了杯水。"你们是好样的！我明白了，救助中心这件事算我们一份，我们和全国网友一起做，一定要做成、做好！"刚才还眉飞色舞的初老板闻言怯生生地问："啥意思啊，书记？是要给钱了吗？能给多少啊？"书记显然没想到她能问出来这个问题，又好气又好笑地说："哪有这么简单，政府办事是有流程的，我负责去跟县上汇报，你们回去把方案再完善一下，把资金来源、人员情况和设备使用计划都写清楚，咱们一起争取把事做成！"

"那还不是没落实嘛。"她小声嘀咕。"怎么没落实，我答应了，只是要好好研究怎么来落地，争取县上支持！"书记解释。"噢，知道了。书记，那你汇报前不去协会看看动物救助的现场吗？"她问。"去。怎么不去，今天下午我们就去。"书记好笑地看着她。"那你好意思空手去吗？动物们吃的肉都不够了。"她又憋出一句。

现场有人笑了出来。书记说："你这个家伙，在这儿等着我呢。好的，知道了，等会儿下班我自费买一只羊去看你们！"计谋得逞的初老板得意地说："哎，我其实也不是这个意思，你只要来就是心意嘛，还带什么羊呢，热烈欢迎领导检查工作！"书记摇摇头："看望你们可不便宜啊。"

会开完了，初老板挨个办公室敲门，把林草局所有科室都打扰了一遍。"大哥大姐，你们办公室的旧报纸还用不用啦？不用给我们吧！我们带回去粉碎了给耗子当垫料用。就是野放训练要用活耗子嘛，我们养了好多，这个是垫在耗子箱里的。"有个自来熟的同事是一种什么体验？这就是我当时的心情。最过分的是，我们走时她又要了一大堆印有林草工作宣传标语的纸杯和纸巾。"快跑快跑，被书记看到了多不好意思。"她拉着我，怀里抱了一大堆战利品从林草局凯旋。

下午，林草局的同志们参观了我们的毛坯房，查看了我们省钱焊的笼舍。书记说，这个笼子还是太细了，暂放小型动物还可以，如果是大型的猛兽就有些危险了。"是的是的，书记你说得太对了，就是我们实在买不起更好的笼子了，要不你看……？"初老板期待地看着他，所有同事们也都期待地看着他。

书记苦笑着摇头："我回去商量商量，看看我们单位的野生动物经费里有没有可能支援你们几个笼子。""哎呀书记，你人还怪好的嘞，我替崽子们谢谢你了！"纯真可爱初老板真心实意地表示感激。

再后来，林草局关于建设野生动物救助中心的汇报得到了富蕴县委和政府的大力支持，县上就加强自然保护工作连续召开了好几次专题讨论会，发改委、财政局、规划局、住建局、环保局纷纷加入了进来，新建救助中心这件事被以最快的速度立项，各部门都做好了分工。县领导们说，生态文明建设和自然保护是富蕴县高度关注的事情，让我们放开手脚做工作。建设资金方面我们能募多少就募多少，不足的由富蕴县来接力完成。"全国网友都在为我们阿尔泰山的生态环境做贡献，我们地方政府更不能落下。"他们说。

当然，在认识了以上部门的各位领导们之后，我们又成功地施展了"厚脸皮"的技能，分批邀请领导们来视察工作，并不小心讨到了一头牛、好几只羊、几十只鸡，好些旧报纸可以为野外训练的活耗子当箱子的垫材。好多热心的干部还把自己家不用的旧家具都给我们送了过来。协会的毛坯房一时间土鸡变凤凰，有了十几种款式不同的桌椅、板凳、沙发、书柜，好多还挺新的呢。

就这样，在"河狸军团"的支持下，在富蕴县委、县政府的助力下，筹建阿尔泰山在我国境内的首座专业野生动物救助中心"方舟计划"公益项目正式上线了。之所以取名"方舟"，是因为我们想集众人之力为阿尔泰山的野生动物们打造一艘生命之舟。事实上，在"方舟计划"刚刚开始筹备时，林草局送来的大笼舍就派上了用场，棕熊"能能"和草原雕"一狗"住的就是。

河狸直播出息了

初雯雯

"你们用的多贵的设备啊，为啥能跟着野生动物走啊？"

"这是什么新技术？ AI 识别然后跟踪吗？"

"啊！河狸好可爱！我想看左边那只……咦？这个摄像头能听懂我说话吗？真的跟着左边那只走了！"

像这样的弹幕，基本上每天都会出现在河狸直播里。

每一个河狸家族，都会在它们的家园附近制造一个小的湿地生态环境，以河狸窝为中心，形成并不规则的自然形状，其中，食物链以它自己的方式繁荣着。有河狸的地方，水流速度减缓，营养物质富集，养活了藻类和岸上的植物，藻类和植物成就了大片的小鱼和小型动物，它们又成了食肉动物的口粮，以上所有这些动植物的排泄物和本体又会回归大地与河流之间，成为物质流动的一环。

河狸直播就在一大家子河狸旁边，白天能看到秋沙鸭、鸬鹚还有很多水鸟在水中追逐着小鱼，晚上能看到赤狐躲躲闪闪来到河边喝水，还能看到河狸自以为隐蔽的日常活动：对着水坝修修补补，在河岸上找几棵嫩草随便啃啃，又扭头进入河水中。这一切都在河狸直播里自然发生着，野生动物们并不知道那三个白色的大圆球后面是几十万双人类的眼睛，在偷偷看着它们。

但这个直播很不一般，因为只要点开直播，镜头会随着画面里出现的每一只动物游走移动，而且就好像能听到观众内心的碎碎念一样，会把画面放大，让动物处于居中的位置；在动物潜入水下或飞走之后，镜头又会拉远回到远景，等待着下一只动物的出现，在等待的过程中还会上下左右转动镜头，巡视着领地，也向观众展示着大自然不同的角度。所以河狸直播经常会出现开头那样好奇的弹幕，询问这得是多贵的设备和软件才能达到这样智能的效果。

每次看到这样的言论，我都会无比欣慰和自豪，还有一丝丝抠门没被发现的小侥幸。

河狸直播，是 2019 年 8 万元的成果啊。现在监控行业发达，成本也降低了不少，但在 2019 年，它的价格可并不低廉。我们当时是求爷爷告奶奶托朋友搞来的。其中，根本就没有啥先进技术，而且也因为我们的贫穷和河狸直播"人"的体系强大，一直也没再升级过软硬件了。

那么它是如何实现高度智能化的呢？答案就是"河狸军团"最引以为傲的志愿者。

时间回到 2019 年河狸直播刚建成的时候，也是协会最艰难的时候。那阵我和两个同事每天白天出门爬山做野生动物调查，让河狸自己播自己；晚上回到办公室，又化身监控操作员，转动镜头跟踪动物。还没到一周，我们就都累倒了。我躺在病床上打着吊瓶，想着这不是个办法，看着河狸直播里"河狸军团"的家人们聊着天，突然就有了一个想法：既然大家都喜欢河狸，喜欢河狸直播，也喜欢这些能看到的大自然，那能不能给大家提供自助服务啊！

就好像我每一次的思维源泉活跃和迸发都得是在身体很凄惨的时候才能发生，这个念头出现之后，脑子就跟着转起来了，直接就出现了一幅图景："河狸军团"的志愿者化身云摄影师，河狸直播实现自己播自己的功能，野生动物们该干啥干啥，网友们就能够 24 小时看见野生动物。哎，这个想法真不错。

说干就干，我也不管手上打着的针了，抱着手机就写了一篇推文，邀请大家成为河狸直播的志愿者。两个小时一班，请大家来操作河狸直播，能够在自己的终端上录下河狸和其他野生动物的活动照片或视频，值班时长累积到一定数量我们还会提供一些力所能及的礼物。说实话当时我们也没啥可送的，文创啥都没有，但是我实在是不想让大家白劳动。当时我都想好了，实在不行就在大家路过阿勒泰的时候请大家来河狸直播现场看看河狸，这也算一种回馈吧，所以带着一点点的愧疚，礼物那块儿我就写得很模糊。

推文发出去不到10分钟，我的手机就叮叮当当响了起来，大家的踊跃程度简直"令人发指"。

"初老板！我来应聘云摄影师！快教教我咋操作！""我来啦！河狸直播白天不能动让人好难过！我来！""我在国外，河狸的晚上刚好是我的白天，工作不忙，可以多值几个班。""考虑考虑我！先看看我！我不要礼物！能看到河狸就是给我最好的礼物！"

都是这样的留言和私信，我激动地直接从病床上跳起来了，就回到了办公室，开始跟志愿者们讨论：终端的分配，志愿者群的建立，值班表的排班，操作的基本培训……工作就这样开展起来了。

这样搞了差不多两周，一切都很顺畅，看着井然有序的排班表，我出现了一种"这个世界上好像没有我们'河狸军团'干不成的事儿"的感觉。就在这个时候，没想到河狸直播的机缘来了，一个灵魂人物闪耀登场。

她的网名叫欢欣，我们现在也叫她欢欣，当时我因为机械地复制粘贴聊天记录发给了许多志愿者，所以并没有觉得她有什么特别。没想到在未来，她的身份会多两个：河狸直播头子和我的同事。

欢欣像其他志愿者一样领了任务。不过这个小姑娘吧，问题有点多，是个好奇宝宝，还有点倔倔的。

"我需要多久整个检查一遍环境呢？

"这是什么水鸟啊？它喜欢待在什么地方？

"河狸这个行为叫什么啊？它为什么要这样啊？

"我可不可以把三个画面同时打开？这样出现任何动物都可以及时发现？"

后来我才知道她是想让我把这个方法教给其他志愿者，这样就不会错过任何一个镜头里出现的野生动物了。

虽然问题很多吧，但这个小姑娘特别勤奋，打开河狸直播排班表，放眼望去全是"欢欣"两个字儿。就这样值了差不多一个月的班，我收到了她发给我的两个文件。第一个文件名叫"河狸直播常见物种识别手册"，打开看，里面是各种水鸟、兽类，还仔细地配上了图，有的是直播里的截图，不清楚的还配了网上找来的图作为参考。再往下拉，还有"河狸行为识别手册"，什么进食啊，修补巢穴啊，修筑水坝啊，都标注得清清楚楚。我震惊得下巴都掉了。嘴还没合上呢，我又打开了第二个文件，这个文件叫"河狸直播志愿者操作手册"，这回她没让我自己看了，直接一个语音电话打过来："初老板，我根据自己对于直播的了解整理了这个文档，里面包括了终端登录的方式、值班表的填写方式、物种识别的方式、镜头转动的标准和要求等一系列大家会用到的内容，这就避免了面对每一个志愿者你都需要重复回答问题。还有，我有个问题：这一窝河狸给周围的野生动物们创造了这么好的环境，你不想知道有多少动物生活在它们的庇佑之下吗？我们搞个值班登记表格吧。"

她一股脑说了这么多，我根本插不上嘴，只能是震惊之余说："嗯，好的，好的，好的，我觉得你说得对，这也太牛了吧，厉害啊！"只有最后这个问题，她歇住了嘴，等着我的回答。对诶！是的！这样的话河狸直播可以多一个作用！量化河狸生境中的生物量！但具体要怎么做……这不是刚有这个想法嘛，还得搞个表格吧？这么想着，我说："是，应该往这个方向上考虑考虑……""好的，你这么想就行，值班表格我设计了一个，这样的话一个是可以统计动物的情况，也能在计算大家值班的时间方面更科学一些，但这个表格可能不全面，你现在打开，看哪里有问题我直接加在里面……"

我的脑子里当时就一个念头：我捡到宝了，河狸直播捡到宝了！

人要真的交了好运，是挡不住的。

"欢欣，你来当河狸直播的负责人好不好？有你在，河狸直播一定会越来越好的。"

"嗯，行。"她没有片刻的犹豫，答应了。

这些年，在欢欣的远程管理之下，河狸直播从最开始的简单直播，慢慢变得井井有条。甚至我们在招聘的时候，要考察新人，都会安排在河狸直播远程先值班一个月，由欢欣先考察。

欢欣建立的体系，还意外但也必然地让河狸直播出息了。

这个致密且有趣的体系，保证了河狸的一举一动都会被值班的志愿者们发现，大家每天看到什么好玩的事情都会在直播群里相互分享。有一天早上，我看见了群里说：拍到了 5 个河狸宝宝在冰面上一起吃饭！发来给大家看看！我点开视频，有成年河狸，有亚成体的河狸小伙子，一家人聚在一起，圆滚滚地趴在冰面做成的餐桌上，每只抱着一根灌木柳大快朵颐。还没来得及发表我的感言，就接到了央视驻新疆记者站朋友的电话："雯雯，我也在你的直播群里。这可是一条太好的新闻素材了，让河狸被全中国都看到好不好？"

这可太好了，没有什么比这更好了！

5 个河狸宝宝冰面聚餐的新闻铺天盖地之后，河狸直播被许多平台和媒体看上了，央视频、人民网、新华社、抖音……许多平台都来接洽，希望能够把河狸直播 24 小时挂上去。再加上欢欣带领的四百多位志愿者，河狸直播变成了一个"全自动智能直播"，它的灵活机动和持续不断的野生动物内容让每一个平台的观众都很沉迷，累计的播放量达到了上亿次！河狸直播志愿者们正规运营的能力是强大的，本来只是一个给"河狸军团"看的小小直播，却在大家的努力之下，让全世界看见了。

我真的命好，总是能在艰难前行的路上遇见一个又一个善良美好且有能力的人，是大家组成了"河狸军团"，在"河狸军团"里找到了适合的位置，在"河狸军团"日益强大的过程中，也在不断地帮助这个世界成为更好的样子。

2023 年 1 月，我去录制节目，现场主持人给我准备了惊喜，是一段混剪的视频。制作人是欢欣，里面是一位又一位河狸直播的志愿者，看着他们坚定的目光和脸上的温暖，我的眼泪一直不停地流。几个月后，欢欣在视频里说："初老板，你带着'河狸军团'和河狸直播放心大胆地往前走，我们就是你最坚强的后盾。我们要让这个世界都看见河狸直播，让大家都听见来自中国的'河狸军团'的声音！"

那天我的妆都哭花了，录制现场很冷，冷到我嘴唇都冻青了，但看到大家的视频之后一下子就温暖了起来。录制完我给欢欣打电话，谢谢她的礼物，她说："我还有个礼物呢，差不多这个月我就要辞职了，办完手续我就去阿勒泰找你，你带着河狸宝宝等着我。还有咱们志愿者的礼物，咱们一起寄给值班的兄弟姐妹们，我还给大家设计了证书呢！"

听完这个，我的眼泪又止不住了。不过几个月后，我的眼泪转移到了欢欣那里。

某天的半夜三点，她哐哐砸开了我的房门："初老板，咱们河狸家族后继有人了！"她举着手机就往我脸上凑。画面里是河狸妈妈蹲在岸边巢穴旁，两个小小的河狸黏着妈妈，一只憨憨地啃着妈妈的背，趴在它的大尾巴上，另一只左右蹦跳着往妈妈怀里拱，妈妈嫌弃地推开了它。

欢欣举着手机继续哭："这是我第一次见到河狸宝宝！你快看，它好调皮！还和它妈妈打架！不对，有两只，有两只啊！我去年还梦到它们有了河狸崽崽，激动得我大半夜跳起来！可太真实了！四年，四年的盼望啊！没想到今天，它就成真了！哎，我这怎么比自己生了孩子还激动呢！"

和她分享完这份惊喜之后，我看到群里有一条呼叫所有人的信息，是欢欣发的：

@所有人，感念大家持续的值班坚守，多次及时发现并排除危机，帮助河狸家族安居乐业，庇佑一方野生动物。目前河狸直播家族已确定有两只幼崽，请大家继续注意周边情况，特别是河狸窝的镜头，如发现有异常情况请及时通报，24小时随时跟我联系。

看着小河狸的视频，整个群都沸腾起来了。

河狸食堂成了动物乐园

方通简

协会几乎每天都会收到很多求职简历，有的是在短视频上看到我们的，有的是"河狸军团"的兄弟姐妹们。九成人加上我微信第一句话都是"你们出野外还要人吗？我想去"。呵呵呵，你想得倒美！我还想去呢。

协会里同事们抢救动物时全体上阵，但平日里是各有分工的。例如木子姐、小郭、花花他们负责动物医学、保育、野放训练这摊事，他们自称为"动物组"。小马哥、小苏、陈老师他们负责河狸调查、野生动物观测、栖息地生境数据分析等等，他们自称为"科研组"。Kiwi 和欢欣他们几个负责短视频、公众号相关的事，号称"宣传组"。然而，他们每个组都没有把我和初老板列进去的意思，气得我俩单独成立了一组，我想叫"打杂组"，可她嫌土，非要叫"仙女组"，所以这个组名我们至今还没有定下来，总之我负责车马粮草，她负责给大家技术指导。

所以，尽管我很眼热科研组的工作，但也只能在假装要检查他们工作干得好不好时才能跟着去野外混一圈。不过大家也没拆穿过我，时不时就拉我去野外转转。某天，小马哥又要去查看河狸食堂里放置的红外相机，把储存卡收回来。"相机看完记得调回拍摄模式啊。"眼巴巴看他都要走了也没主动说要带上我，我只好把他叫住叮嘱。"噢，知道了。""相机你自己能找到位点吧？"我进一步叮嘱。"方会长，我都收回来几百次了，位点还是个事吗？"他扬了扬手里的卫星定位掌上电脑。"呃，你那个相机摆放的角度还是要注意美感，你太年轻，美感这块你驾驭不住。""……方会长，你是不是想跟着一起去？"他终于听明白话了。

"那合适吗？会不会打扰你工作？"趁他没来得及回答，我一边小跑换鞋一边拿水杯一边戴鸭舌帽，顶多一分钟就换好了所有装备，小马目瞪口呆。

下午，我俩开着皮卡，晃晃悠悠沿着河狸食堂灌木林前行观察树苗长势和检查水管工作是否正常。最早种下的小树苗如今都成伸圆胳膊搂不下的大灌木了。"嗯，这棵是三年级的小学生，那片是二年级的，这片是一年级。"我大概数着灌木林的行列，心里暗暗估算这是哪年种下的苗子。

灌木丛中时不时奔出一只野兔，飞出两只秋沙鸭，几只耗子，更多时候是丛中沙沙作响，不知道是什么动物在穿行，听他们说还见到过野猪呢。"这片有虎鼬和狗獾活动，我拍到过。"小马哥挥斥方遒，"刚才咱们看到的'耗子'其实是柽柳沙鼠、乌拉尔姬鼠、灰仓鼠、短尾仓鼠、红尾沙鼠和长尾黄鼠等等。今年河狸食堂长势特别好，春天它们的数量挺多的，不过后来新搬来了一些鼬科动物和赤狐、沙狐，啮齿目的数量就慢慢降下来了。"

其实，被人类俗称为"耗子"的啮齿目动物是大自然生态链很重要的组成部分，因为大多数的捕猎者都靠它们为食，它们繁殖速度快，数量巨大，供养起了众多肉食性动物。而正因为有了足够的肉食性动物数量，草食性动物种群才能被遏制，不至于植物被吃光，造成生态系统崩溃的局面。

"咱们现在都在河狸食堂拍到过什么动物了？"我问。"那就多了，兔狲、野猪、狼、虎鼬、艾鼬、黄鼬、水獭、水貂、河狸、赤狐、沙狐，还有各种鼠……"他如数家珍。"嘘！"他忽然噤声，车子熄火，指了指前方。我抬头顺着指的方向看去，蜿蜒的乌伦古河在这里打了个弯，洪积扇处形成了一片流速较慢的浅水区。水面上，数以百计的秋沙鸭正悠闲地浮在水面上。天高云淡，微风徐徐，好一派野趣景象。

"嚯，好壮观！"我暗暗惊叹。忽然，异变突生！一位顶级狩猎者悄悄从云层中现出身形，打破了这份宁静，一只体型雄壮的白尾海雕不知何时来到了我们头顶。"要有鸭子倒霉了！"小马哥看着前方，喃喃地说。我俩抓着车门，死死盯着白尾海雕，生怕错过眼前即将发生的突袭。

只见那雕盘旋着，慢慢降下了高度，不知道盯上了哪只猎物。这时，鸭群中也响起了嘎嘎嘎的预警声，是秋沙鸭哨兵在报警了。扑啦啦、扑啦啦开始不停有鸭子飞起来，紧接着"通！"一声，只一个瞬间，所有的秋沙鸭集体腾空而起，黑压压，遮天蔽日。

白尾海雕是站在这个水域食物链顶端的存在，翼展通常能到两米以上，喙大爪坚，而秋沙鸭只是肉食性动物们众多的口粮之一，战斗力不存在可比性。看来今天，鸭群确实摊上事了，只是鸭群壮观，不知道哪个小可怜会被逮到。

没想到，我们以为的狩猎现场却发生了意想不到的一幕。鸭群升腾到空中，居然迅速飞成了一个圆环，几个呼吸间把白尾海雕围在了中间。在体型巨大的雕面前，鸭子们简直就是一个个脆弱的黑点。我们毫不怀疑只需要一个冲锋，海雕就能撕开鸭群的阵型。果然，只见海雕冲着一个小黑点直挺挺扑杀过去，捕猎者的速度明显比猎物快了不止一倍，但谁能想到就在雕爪即将触碰到那只鸭子的瞬间，鸭子居然疾速停止了扇动翅膀，冷不丁垂直向下落了一段距离。海雕速度一滞，似乎没有反应过来，就在它调整速度即将重新开始俯冲时，圆环内其他的黑点却忽然加速，有两只竟主动冲到了海雕身上，在空中用翅膀狠狠拍打海雕的身体。

狩猎者大怒，放弃了刚才的目标，扭头朝着胆敢侵犯它的那两只鸭子扑去。就在它即将得手的瞬间，鸭子又一次垂直下落让它扑了个空，鸭群圆环中接着冲出两只新的勇士悍不畏死撞向海雕。似乎被撞晕的海雕顿了顿身，在空中气急败坏地转身又去镇压这两只冲撞它权威的鸭子。不出意料，又被新补上来的鸭子撞在身上，它的飞行速度都迟缓了。

我俩屏住呼吸，紧张地说不出话来。谁能想到，这些弱小的存在居然通过群体协作真的阻挡住了天敌的进攻。那边的海雕大概也意识到了不对头，翅膀一振，提升飞行高度脱离了战圈，重新回到云层消失不见。近空中，一个巨大的"鸭圈"奇观则保持着阵型继续前进。过了好一阵，都不见白尾海雕回来。"估计它是放弃了。"小马哥意犹未尽地摇摇头准备重新发动皮卡。

就在我也准备低头放弃观察时，海雕又回来了！这次它学聪明了，控制着速度不再贸然冲进鸭群中央，而是悄悄跟在秋沙鸭飞行大队的后面，耐心寻找再度冲锋的时机。我们看着落在最后面的几只小鸭子，心又提了起来，不知鸭群这次还有没有办法对抗强敌。很快，鸭群也再次发现了敌人的入侵，它们护着队伍后面的小鸭子，开始整体降低飞行高度，竟又纷纷落回了水面。

难道它们放弃了？我俩拿出望远镜，观察着水面。随着鸭群落水，白尾海雕也不得不放慢了速度，开始在水湾上空盘旋。鸭群则快速集合，聚拢到了一起，向着几株枝叶茂盛、斜伸向河面中央的大树下游去。大量树枝遮蔽了海雕的视线，迫使它不得不再次降低高度，来到树冠上方。在植被的影响下，捕食者的行动似乎也多了几分顾虑，速度一降再降。

我忽然意识到，在鸭群的防守策略下，海雕硕大的身形在此刻居然成了一种劣势，因为它无法确保自己在穿越树枝俯冲时可以不被枝条羁绊，所以只好减速，再减速。慢到一定程度后，海雕只得降落在了大树顶部，气呼呼地瞪着脚下游来游去的鸭群，犹如在狭小空间里有力使不出的大力士。

真没想到，在这片自然里，居然还上演着如此精彩的攻防对抗战。接下来，海雕蹲守不走，鸭群也在树下陪着它耗，双方进入了耐力和心态的拉锯。不知过了多久，捕猎者终于决定出手了，只见它一跃而起，在空中扑腾着巨大的翅膀急坠而下，凭着一双利爪闪着朝一只成年秋沙鸭狠狠袭去。

我以为那只鸭子会飞起来躲避，没想到它居然临危不乱，一个猛子扎进了水里。海雕扑了个空，赶紧拉升高度防止落水，而鸭子则在水下泅了两三米，从水面另一个位置冒出了头。它不走，继续在水上游动；它也不走，继续转身又抓。与秋沙鸭不同，白尾海雕不是水禽，羽毛上没有鸭子们的防水油脂，一旦落水恐怕就是大麻烦，所以它既要进攻，又要防止失去平衡，这架打得格外憋屈。

缠斗进行了好几个回合，秋沙鸭总能在海雕的铁爪到来前躲进水里，白尾海雕的翅膀甚至还沾了些水，导致它飞得都有些不稳了。终于，在多次尝试无果后，强大的狩猎者放弃了这次进攻，惨兮兮哀鸣一声悻悻离去。

回协会的路上，小马跟我说了什么我已经记不清，满脑子都在回味今天从河狸食堂习得的学问。再普通不过的灌木丛养活了大量谁都打不过的、处于生态链底层的耗子，可正是因为它们弱小又数量众多，所以成了支撑小型肉食动物群落最重要的食物来源，所有的动物共同生活在这个区域，繁衍、遮蔽、竞争，带来的有机物和排泄的粪便又滋养了植被群落。

同样"谁也打不过"的秋沙鸭，如果单独遇上天敌，多半是跑不掉的。可是在团体协作的力量下，蚂蚁居然真的战胜了大象。了不起，这就是自然的规律，但更像是某种极简的道理，到底是什么呢？

世界的掌声！送给中国青年

方通简

要说 2021 年最让我们印象深刻的事，必须是初老板被生态环境部推荐参加联合国《生物多样性公约》第 15 次缔约方大会（COP15），作为中国青年代表在开幕式发言介绍"河狸军团"所做的自然保护工作。4 年来，全国网友们一起在乌伦古河种下的树、救活的动物们，在这一刻得到了国家的关注和肯定。

接到通知那天早晨天气不错，穿着蓝大褂和水鞋在楼下给鹅喉羚打扫羊圈的初博士正忙着一边干活一边和协会养的两只家鸭做斗争。她刚用水冲干净一块地面，鸭子姐妹就飞奔过来踩出几个泥脚印。她再冲干净，鸭子们又来光临，还挤出两坨让人崩溃的粪便。她瞪着它们，它们我行我素，完全不给面子。

直到听到楼下有人大喊："我和你俩拼了！"我好奇从二楼的窗户探出头去，发现一人两鸭你追我赶，在楼下打得不可开交。手机响时，她正蹲在地上大喘粗气，两鸭在她面前走来走去，耀武扬威。我暗暗替她发愁，这可怎么办？狠话都撂下了，鸭子又抓不到，以后在我们的猫、狗子、小山羊面前，她可怎么抬得起头来？

这个电话来得真是时候，简直就是江湖救急！她站起身来，摸出手机狠狠瞪了它俩一眼。"要不是正好有电话，看我怎么收拾你们！"鸭子姐妹嘎嘎叫着回应，一扭一扭地跑去继续欺负狗子们了。

电话打了好久，挂断后初老板把扫把往地下一扔，飞奔着朝二楼冲来。我心道不好，不知道发生啥好事了，可她扫完羊圈的水鞋还没换呢，赶紧想去关门阻止她杀进我办公室，可惜还是晚了一步。刚才明明已经追鸭子力竭的仙女此刻却像打了强心针一样大步流星，上楼梯速度直逼博尔特，我还没关上门她就兴奋地出现在了我面前。"方会长！'河狸军团'确定要去联合国大会啦！"

太棒了，真是个好消息！"啥时候出发？"我边问，眼睛边忍不住盯着她按在我饮水机上还没洗的手。"10月11日开会，咱们提前两天出发！咦，你咋好像有心事呀？"她抹抹嘴，不理解地看着我。"呃，哪有的事，我很开心，大家一定也会开心的！"开心归开心，但……我看向她坐在我的椅子上还没换下来的工作服，地上还有几个湿漉漉的脚印。唉，等她走后我再擦洗吧，高兴之余我暗暗决定。

这个好消息我们第一时间告诉给了"河狸军团"的兄弟姐妹们，大家都很激动。"哇噢，国家的认可啊，太酷了吧。""从小连'三好学生'都没得过的我，居然参加了能代表中国青年的工作！""雯雯，你去开会时得换件衣服吧？那件破洞的冲锋衣还是不要穿了，哈哈哈！"那天，大家有的兴致昂扬，回顾这么多人一路走来开心和不开心的种种过往；有的感伤回顾，述说自己当年想报考林业、环境类专业但是没有得到家人支持，遗憾地错过了协会的招聘。我们讨论到凌晨，想说的话说不完，直到半夜困得实在坐不住了才纷纷下线。

那晚的月亮特别圆，临睡前我去院子收取白天晾的衣服，头顶传来吸溜的声响，吓人一跳。我抬头一看，月光下初老板站在阳台上端着保温杯。"你不睡觉在那干啥？"我抗议道。她微微笑，慢吞吞地说："其实我今天特别开心。""嗯？今天大家都很开心啊。"我好奇。

"我的开心和大家有些不一样。"她喝了口水，看向远处，"其实，我一直有个心结，总觉得同事们从几千公里外来到新疆，跟着我住在毛坯房里做着一份随时都可能饿肚子的工作，这种状态甚至没法让大家在父母、同学面前挺直腰杆，斩钉截铁地说自然保护真的是一份有意义、有前景的工作。"是啊，几年间这样一个又穷又小的机构从新疆艰难起步，大家心里揣着火一样的热情投身生态保护梦想，可在情怀之余总觉得缺了些能支撑大家的精神动力和对未来的希望。来新疆工作两三年后，每个人都面临要被爸妈催婚，被催回老家买房子，更常见则是被催"找一份稳定的工作"。

"所以今天我特别、特别、特别开心！因为今后同事们都可以骄傲地告诉所有人，我们这些年的坚持是对的。在这个国家自然保护工作是很有未来的，连国家都表扬我们了，还让我们代表中国青年呢！"那天，这位姑娘好像卸下了某种沉重的负担，变得轻盈雀跃。

历经风霜的协会终于找到了属于自己的方向，我能看出她在衷心地期盼不管是现在的同事，还是曾在协会服务过但因为现实原因不得不离去的老同事们，大家都可以共享这份荣光，可以昂起头自豪地称自己是"河狸军团"的元老。在协会那些青黄不接的时光里，所有的兄弟姐妹为了自然保护而来，通力配合，殚精竭虑，大家燃烧着热血共同度过了一段无悔的青春。那些曾经经历过的饥寒交迫或是风餐露宿，那些我们已经走过了的以及还将面对的挑战，都将是我们这些人在老去时能够微笑着回首来时路的珍贵回忆。

再接下来，我们的准备工作就进行到一些很细节的问题了，例如初老板上台穿什么衣服？这个问题可真是难住了我们。因为我们这群平时就不关注服装造型的土包子谁也没参加过如此重要的会议，谁知道要穿什么衣服？我们寻思"河狸军团"的工作服不是蓝大褂就是帆布牛仔衣，应该不够正式吧？

可是初老板心爱的冲锋衣也破了，万一破洞被拍上了电视，岂不给"河狸军团"丢人？思前想后，初老板还是决定回家薅羊毛。她说她妈有一件年轻时买的，一直不让她碰，自己也没舍得穿的用金色线绣着凤凰的中国风礼服长裙，她想试试。至于她随后钻进屋里给妈妈打电话，讲了一大堆"我穿不就和你穿一样嘛""你女儿好不容易上一次台，穿着衣服不也是给你增光吗""嗯嗯，保证，保证不弄脏""好！绝对不掉在地上"的话我是不会说更多的。

裙子送来了，果然很好看，但也带来了一个严峻的问题：初老板没穿过高跟鞋！万万没想到，爬大山行，连夜开长途车也行，趴在冰面上几小时拍摄野生动物更行的初老板居然穿高跟鞋不行！更无奈的是协会的女汉子们也没什么穿高跟鞋的经验，谁也提供不出建设性指导意见，大家只好一起欣赏了场慢吞吞、左右摇摆、需要张开手随时保持平衡才能走路的搞笑"时装秀"。

在苦练了几天后，初老板终于能做到慢悠悠走路，只要不被人撞就不会倒了。于是，我们带着"河狸军团"所有兄弟姐妹的期望起程。昆明真是个好地方，处处鸟语花香，从机场去会场的沿途能看到和新疆完全不同的植物和鸟类，很多地方都在播放整个云南为了亚洲象保护做出努力的纪实片。我们一路感受着祖国人与自然和谐的美好，为自己是这个民族的一分子而自豪。

举世瞩目的 COP15 大会终于开始了，据报道全球共 169 家媒体报名采访。那天，初老板在开幕式上发表了题为《上百万个"90 后"一起做了件大事》的主题演讲，详细讲述了中国的青年自发参与到阿尔泰山自然保护工作的事。那天，伴随着现场国际友人送给中国年轻人的掌声，这些艰辛又美好的回忆被翻译成了很多种语言，传遍全世界。

演讲结束后，我去后台接初老板。让人哭笑不得的是，这位 5 分钟前还精神抖擞的"仙女"正打着赤脚，拎着高跟鞋一瘸一拐向着门口走去。"哼，以后再也不要穿高跟鞋了！"她嘟囔着说。

初雯雯 COP15 发言稿

大家好，我是初雯雯，一个中国新疆姑娘，是阿勒泰地区自然保护协会的代表，也是北京林业大学的在读博士。很荣幸能够来到 COP15，分享我们的自然保护工作成果。

真的好紧张，见到了那么多领导，那么多来自全世界的同行，还有好多只在课本、电视里见过的专家学者。还好来之前我对着河狸窝练习了好久。

大家知道吗？中国也有河狸，它们叫蒙新河狸，仅分布在新疆阿勒泰地区，数量只有 600 只左右，是中国的国家一级保护动物。在过去的 4 年里，中国有超过一百万名 90 后的小伙伴参加了新疆阿尔泰山的自然保护公益活动，种下了 41 万棵灌木柳树苗，发展了 190 户牧民成为自然保护巡护员，还开建了阿尔泰山在中国境内的第一所专业野生动物救助中心。我们做了一件大事：4 年来，帮助蒙新河狸由 162 窝提升到 190 窝，取得了促使国家一级保护动物种群数量增长 20% 的好成绩！

2017 年，我从北京林业大学毕业时，陷入了特别大的纠结，因为同学们大多留在了北京，他们有的考了公务员，有的进了研究机构，还有的去了大企业。当时我的心情十分复杂，究竟是留在北京的写字楼里工作，还是回到新疆的大自然里，继续做职业自然保护工作者的梦想？我有一个做了一辈子自然保护工作，两岁起开始带我出野外，骑马进山骑到走路一瘸一拐的爹。他送了我一句话："志不求易者成，事不避难者进。"

最终，在 2018 年初，我坚定地回到了阿勒泰，回到了我的大自然。

我的家乡新疆阿勒泰是中国仅有的河狸分布区，这些擅长"修水坝"的小家伙，被称为动物界的工程师。河狸坝能改变水位，聚集鱼群，吸引鸟类筑巢，继而引来小型兽类和昆虫。所以每一个河狸坝都能给更多野生动物提供新的生境，提升当地生物多样性水平。

刚回新疆时，乌伦古河经常会有河狸因为打斗而受伤死亡。因为它们对栖息地的要求很严格，只会选择食物资源充足的地方做窝，而它们最重要的食物来源则是天然面积越来越小的灌木柳。食物资源少、栖息地不足，是影响河狸繁衍的主要原因。

那一年，我们发起了为河狸种植灌木柳的公益项目"河狸食堂"；

那一年，"河狸食堂"让超过一百万名网友知道了原来中国也有河狸；

那一年，在阿勒泰一瓶可乐能种一棵树，一杯咖啡能种 6 棵树，一顿炸鸡能种十棵树。网友们纷纷把零食钱省出来，给河狸种树！

正是靠这些大家从嘴里省下来的钱给河狸宝宝们建起了一个超级食堂：40 多万棵灌木柳苗。

参与"河狸食堂"的网友中，绝大多数是我的同龄人，90 后甚至 00 后。

怎么样？有这么多的青年人和我一样亮明了对自然保护的态度并且参与其中，我想以后中国的自然保护事业一定会很棒吧！

再后来，我们发起了"河狸守护者"公益项目，培养出的牧民自然巡护员，缓解了自然保护人才不足的问题；为了挽救意外受伤野生动物的生命，我们又在当地政府支持下发起了"河狸方舟"公益项目。今年冬天，阿尔泰山在我国境内的第一所专业野生动物救助中心，即将在新疆富蕴县投入使用。

现在，这些工作的效果正在逐渐显现，我们很荣幸，能成为连接大众和自然的桥梁。很幸运，能生活在这样一个青年人可以施展志向、国家大力支持自然保护的伟大时代。我相信，这一份和谐就是这个世界该有的、最好的样子。

欢迎大家有机会去我的家乡看河狸。

谢谢大家，我是"河狸公主"初雯雯。

"河狸军团"究竟是什么

方通简

　　随着参加到种树大业和野生动物救助工作里的"河狸军团"兄弟姐妹们越来越多，我们开始有了"河狸军团"公益群、"河狸方舟计划"群、"河狸守护者"群、"河狸军团救助中心"群、"河狸军团"志愿者群等等，我和初老板的微信也幸福地被加到了好友人数的上限。

　　新人络绎不绝，大部分网友都会好奇地问："什么是'河狸军团'？我也想加入，不知道有什么要求？"我们会哈哈笑着回答："'河狸军团'是个宽泛的集合，没有严格的入伙标准，也没有什么要求，只要是真心热爱大自然、喜欢野生动物的朋友就行。如果大伙再能日常给短视频点点赞，转发公众号里的自然保护科普内容就很好了。"

　　但是如果要解释什么是"河狸军团"，那就得从我们的标志说起了。去年，协会新加入了一名从哈尔滨来的优秀设计师，她灵巧地把大伙日常值得记录的工作瞬间都画成了漫画，还为"河狸军团"画了多款"又土又嗨"的聊天表情包。在设计"河狸军团"的标志时，协会一帮同事凑在一起头脑风暴，琢磨上面都应该有什么。

　　"咱们的中心位河狸崽肯定要有吧？"

　　"河狸食堂也得有，最初的'河狸军团'就是从种树开始的。"

　　"还得体现所有的兄弟姐妹们吧？"

　　"如果没有政府支持，咱们也做不了这么多工作，应该把这方面也体现出来。"

"那还有合作一起实施公益项目的基金会也应该有吧？"

"和咱们一起给河狸种过树的企业也得有吧？"

大家热情地七嘴八舌，建议提了一箩筐，说得设计师头昏脑涨。要不咋说新同事优秀呢，她听完这些我们自己提后都觉得难以实现的要求后，居然真的画了出来：标志正中是一只河狸的大脸，面前摆着灌木柳和餐具代表河狸食堂，在丰美的青草和乌伦古河河水衬托下，刀叉上还串着补饲时河狸最爱吃的小零食：苹果和胡萝卜。标志的左边蓝色波纹，象征着"河狸军团"广大网友们的参与；右边绿色的波纹，象征着"河狸军团"参与到自然保护工作里来的全国自然保护基金会和社会责任企业；最上方红色的波纹，象征着在"河狸军团"的成长过程中，大家得到了各级政府部门的支持。

看着眼前满意的新标志，我们既欢喜又百感交集，原来"河狸军团"已经走过这么远的路了。

从当年协会的第一个公益项目"河狸食堂"起，"河狸军团"其实就诞生了。当时，所有来自全国各地的志愿者带着满满的热情一起从零开始想办法给河狸种树，大家或不远千里到富蕴县成为荒滩上的志愿者，或为了一起解决种树过程中的困难而通宵达旦，群策群力。在那段艰难又难忘的初始时光里，网友们齐心协力把几个年轻人的小打小闹变成了一份光荣的职业，一股一往无前的追求精神，播下了如今"河狸军团"的种子。

随着种下的灌木丛越来越茂盛，参与到自然保护中来的网友们也越来越多，协会的力量显得不足。紧要关头，来自全国的多家自然保护基金会、公益平台带着专业的互联网募捐技术支持加入了"河狸军团"，例如在与爱德基金会、字节跳动公益、腾讯公益等合作伙伴联合募捐的几年间，他们没有收取过一分钱的管理费、技术服务费，大家形成了默契和共识，共同保障着来之不易的众筹经费，每分钱都用到了栖息地修复和野生动物保护工作里，使"河狸军团"生出了生机勃勃的枝条。

枝条继续生长，"河狸军团"在媒体的帮助下出现在越来越多的公众视野中，中国石油、中国民生银行、泡泡玛特、德力西集团、辅乐文化等多家企业也参与担当社会责任。新加入的力量为野生动物们种下了更多的树苗，为河狸调查提供了能在更寒冷天气里开拔的装备支持，服务野生动物保护的科研工作得以开展，人员也更充足，更加专业且高效地为所有重要工作提供决策依据。有了新鲜血液的加持，这份事业的技术含量持续提升。那些年，因为"河狸军团"所做的工作，整个乌伦古河变得生机盎然。

再后来，在这么多人和协会的共同努力下，"河狸军团"由自然保护的种子成长为了一棵小树，开始结出了梦想的果实。在开展具体工作的过程中，可敬的政府部门义无反顾地加入了，各级林草系统统筹指导将野生动物栖息地修复工作带向了科学、系统的方向；公安系统保驾护航为野生动物救助工作提供了合规、合法的实施可能；环保系统、共青团组织和地方政府有力支撑，帮助阿尔泰山在我国境内的第一所专业野生动物救助中心快速建成。年轻的梦想得以披荆斩棘，绽放光彩。所有人一起把这份中国年轻人轰轰烈烈的青春故事变成了代表一个国家青年人的追梦历程。

所以，"河狸军团"究竟是什么呢？我想，这是诞生在这个文明又美好的国家里的一份由青年人发起的自然保护公益事业，得益于所有热爱自然的人共同浇灌，关于生态保护的美好愿景被联结在一起，每个人都在很具体地以自己的力量执行着国家的生态保护战略。这一切使得这棵小树枝繁叶茂，充满了生命力。

河狸是一种天生带有公益属性的生物，它们在哪里筑巢，哪里就会因它们的到来而诞生一片新的生境。它们默默劳动，修筑水坝，让一切变得越来越好，同时又不争夺任何生物的生存空间。我们希望"河狸军团"也能这样，坚持用自己能够做到的保护自然的小事来使周边环境充满鸟语花香，生态欣欣向荣。

所以，亲爱的"河狸军团"兄弟姐妹们，你们是在哪一年加入队伍的呢？

可爱的"河狸军团"家人们

初雯雯

网友缺钙说："初咕咕，该直播了，表情包素材又不够啦。"

另一位蚂蚁说："咕咕，不会又鸽了吧？"

还有叫江蓠的还嫌不够热闹，发了个表情包，我的脸下面有一行字："快睡，明天播。"

下午有点事儿，我就稍微晚直播了一会儿，就看到"河狸军团"的各个群里"哀鸿遍野"。

其实我这个直播吧，不卖货，也不跳舞，就背景上一个雪豹的照片，我坐在一个不断变更的板子前面，上面跟打字复印店的广告一样贴满了各种告示：感谢喜欢、不用送礼物、自助式直播、啥都不卖、不找对象啥的。我也经常属于一个不说话的状态，低头工作或者写书，偶尔抬头看看屏幕跟大家聊几句。当然了，也有不用看电脑的工作，比如撕报纸和包韭菜合子，那可真是少有的热闹。主题就是自助式直播，经常可以看见弹幕里大家自行就开始打扑克了：10JQKA，四个2什么的。为啥搞这么奇怪呢？还不是我想给"河狸军团"的兄弟姐妹们一个能远程凑在一起的小窝，供大家待在这儿，听听歌，聊聊天，看看我。"河狸军团"的每个人，都像是我的家人一样，而我平时工作又很忙，就想了这个办法，能和大家的心贴得更近点儿吧。

在这个直播间里，有好多个超级尽职尽责的管理员，因为我老是不说话，就低头忙自己的工作，管理员呢，就负担起了跟大家沟通的工作。管理员们也有个头子，叫大白兔，人在北京，是我们去出差就算抽个空也要在机场见一面的亲人。他很像"河狸军团"的亲大哥，在各个群里维持着秩序，给大家科普野生动物的知识，还经常跟大家通报一下我们的近况。兔大哥啥都好，就是太唠叨了，跟我们的亲爹妈一样，时不时发来好长的信息，问我有没有好好休息，言辞激烈地让我必须保重自己。木子每次受伤了他都隔天就问一遍：伤口咋样了？到了该给大家寄礼物的时候，他会第一时间找 Kiwi、马驰和欢欣，上来就一句：需不需要我帮忙？老方也逃不过他的唠叨，经常要逼问我们，这周饭吃好了没有，不能光顾着工作就饿肚子了。我们每周都得挨个跟兔哥报备一遍："哥，好好吃饭了，好好睡觉了，放心吧，放心吧，放心吧。"

兔哥还有两年就"芳龄"五十了，和"河狸军团"狸宣办的同志们时代稍微差得有点远，所以每次看到以文酱为首的狸宣办拿我直播和视频里的截图肆意创作的时候，他都会表示不屑。但听我们解释完现在小年轻都喜欢，我也挺喜欢这个之后，他手机里也存满了我奇怪的表情包，跟我们聊天的时候还时不时发几个，现在狸宣办有了新表情包都先发给兔哥审阅呢！

狸宣办也挺有意思，"河狸军团"里藏龙卧虎，有着来自全国各地各行各业的人才，会画画的、会修图的、会抖包袱的几个兄弟姐妹，自发组成了狸宣办，天天就盯着我那点儿直播和视频，攒着素材搞表情包。别说，搞着搞着，还搞出名堂来了，我们"河狸军团"现在的文创就是狸宣办设计的。什么水杯、帽子、冰袖、贴纸、徽章。狸宣办的领头文酱是个嘴硬心软的好姑娘，每次协会有啥需要美工的活儿，碍于咱贫穷的现状，基本都是委托给文酱。她也从来不推脱，不过每次都是骂骂咧咧的："又找我！又找我！天天就知道找我干活，烦不烦！快点给我发几张崽子的照片让我开心一下！"但叨叨完，就去创作了。分文不收还得忍受着我们各种玄幻的修改意见，前阵子给救护车设计车身上的贴纸，文酱问想要啥风格的，我说："就那种，看起来又酷、又美、又吸引眼球、又很可爱的那种！"视频那头的文酱脸都快掉到地上了，吼道："你这跟要求五彩斑斓的黑的甲方有什么区别！"但不到一周，她就画出了很漂亮的作品，野生动物小朋友们的卡通形象跃然纸上，还照着网上搜来的救护车的型号，做出了效果图，老方这次连意见都没提，直接抱图发朋友圈嘚瑟去了。

文酱还很贴心，我平时工作忙，时不时地脑子疼，她出主意："你要不要试试画画，可以放空大脑，我教你。"我以为她说的教，无非就是给我找点网上的视频课程，但半个小时之后，我收到一条800多兆，足足30多分钟的视频，里面是她巨详细的讲解。她居然把整个绘画的过程和讲解都专门录了一遍，在视频里还叮嘱我："你就照着这个画，然后记得交作业哦。"贴心的小姑娘每天都给我发一条视频，然后等着收作业。虽然我画得真有点丑，也经常忙得顾不上交作业，老是被文酱骂，但这个方法真好，聚精会神地画画真的能什么都不想，反而很放松。

但有的时候跟"河狸军团"相处还挺提心吊胆的，比如我经常在直播的时候一把捂住木子的嘴让她别说了，或者要往群里发工作近况的照片或者视频的时候，我都得细细看好几遍有没有纰漏。因为我的兄弟姐妹们的热情真是让人招不住，啥都能往这儿寄。有一次Kiwi的裤子破了，给河狸换水的时候不小心被拍到了，好嘛，第三天就收到了适合他尺码的裤子。有一次我们直播撕报纸，一周之后就收到了一把巨大的铡刀，虎头铡那种，可吓人了。还有一回木子在直播里说拧螺丝的起子坏了，没过几天收到一个装了两套我都叫不上名字的工具套组箱。更离谱的是，居然还有人寄全地形车！我们都没办法把它拉回办公室，直接请了修理厂的工人安装好，马驰从托运部开回了办公室。

各个季节我们都会收到来自全国各地的好吃的，什么冬天的枣子、秋天的螃蟹、夏天的荔枝、春天的茶，居然还有不好吃的，大家是这么解释的："我觉得吃着不好吃，想寄给你们试试看，没准你们觉得好吃呢！哦，你们也觉得不好吃啊？那行，那我是正常人。"还有晓辰姐，她最可怕，可怕到我们在直播的时候断电了，直接第二天就发了个巨大的能量站过来，看到群里说富蕴热，直接寄了七台空调！我都无语了，跟她说：晓辰姐，不行你来当我们董事长吧，好吗？还有Anna，每次都说我不管自己的脸，我时不时就会收到塞满了各种护肤品、面膜的快递，我每次都问她：我有几张脸啊，你寄这么多！

我真是回回都气得不行，每次收到快递都要在群里狙击，想找出来是谁寄的，但是每次这个瞬间，群里就很有默契地集体安静了，谁都不理我！兄弟姐妹们的好意我心领了，但是大家也要养家糊口过日子的啊，老是给我们买东西干什么！所以每次大家要地址的时候，我都死按着不给，"不允许告诉'河狸军团'咱们的地址"这条铁律就差没钉在办公室的墙上了！这到底是从哪泄露出去的？后来为了避免串供，我和木子连夜突击审讯了"影子"和"糊狸狐涂"这两个重点案犯，才知道是"影子"使了点花招跑去问的兔哥。那阵儿刚好赶上河南灾情，我捐完钱之后准备要饭，他去跟兔哥说这不能让我饿死啊，得把地址给大家，结果兔哥一个没忍住，就告诉了他，他又偷偷告诉了其他人，于是整个富蕴县每一个快递小哥都认识我了。这给我气的啊！

在我满富蕴县取快递，直接把后备箱和一整个车都塞满之后，我气呼呼地问老方："你说咱'河狸军团'为啥老把咱当小孩子！就觉得咱照顾不好自己！咱又不是没有自理能力，啥都要寄，啥都要给，大家就不能省点钱给自己多买点好吃的吗？你知不知道'糊狸狐涂'说啥？我说不让她寄吃的，她说，好的，不寄，我今天又收到了！我去问她，她说：我没寄啊，我是直接从京东下的单。气死我了！"

老方一边搬快递，一边笑着说："'河狸军团'是一个大家庭，就像家人会互相关心。而且，咱们是'河狸军团'的前锋军，大家照顾咱，不只是照顾咱这几个人，是想要尽己所能，保护好他们在远方的梦想，让'河狸军团'越来越好，因为'河狸军团'是他们的一腔热血。所以咱们就继续把'河狸军团'的事都做好，不辜负大家的期待，这就是大家最想看到的了。"

他正说着，我手机响了，是"河狸军团"的姐妹发来的一段话：

雯雯姐：

你说卡拉麦里保护区的边长，是一只野驴奔跑一天一夜的长度，而你用脚步丈量的距离，便是野外的生灵在茫茫人间得以栖身的天地。你用炽热的魂魄凿开了人群的冷漠，在天空清澈的角落里护得一隅安宁与温暖。

某天若你回头看上一眼，你会看到在你背后，布尔根的河水把晚霞裁作粼粼波光，河狸宝宝抱起岸边的树枝加固着堤坝，巧克力色的皮毛泛着暖黄的光泽，秋沙鸭在落日里随波荡漾，远山的岩壁上有雪豹母子新近印下的足迹。看吧，那是你用热血灌溉的天地，往前走吧，有一千个人质疑你，便有一万个人支持你，我们隔着遥遥千里，站在你的身侧，你不停下脚步，天地就没有尽头。

中国青年五四奖章的背后

方通简

在《新闻联播》上看到熟人是啥体验？2022 年 5 月 4 日，共青团中央向初老板颁发了中国青年五四奖章，这可是一件让"河狸军团"全体光荣到飞起的事情，我们也第一次经历了有个熟人在 CCTV-1 被持续播出这种新局面。

那段时间我们正在乌伦古河种树，中午在地头吃饭时，牧民巡护员大哥们围坐着打开手机。"哦哟，这个新闻上不是雯雯吗？上电视比种树的时候好看一点嘛。"大哥们纷纷拿起手机和旁边的真人比对起来，种树种到满头土的迷彩服少女雯雯则抱着一张大饼嘿嘿一乐；晚上收工路过老班长家时，我们进屋歇歇脚，正赶上电视晚间新闻播出，老班长瞪大眼睛说："小丫头上电视了！"该小丫头在旁边边不好意思挠头边猛喝奶茶；第二天初老板扫羊圈时，北京林业大学的教授们也打来电话："雯雯同学拿了奖很棒，但是不要'翘尾巴'，学习不能放松！"雯雯同学隔空小鸡啄米般努力证明自己用功了："我学了，认真学习了，过去我一个人打扫一个圈，现在能扫三个圈！"好吧，但愿北林的老师们会把博士"一次能打扫三个羊圈"当成一种欣慰。

证书和奖章寄到那天，初老板找了张纸，光脚蹲在一把椅子上，反复练习写"河狸军团"四个字，写完觉得不行，撕掉又写。整整写了一早晨，最后还是不太满意，干脆气鼓鼓用打印机打出来，又亲自用小刀裁成拇指那么大一条贴在奖状上，覆盖掉了"初雯雯"三个字。于是，奖状就变成了：河狸军团，中国青年五四奖章。

她这才满意地点点头，给奖状拍了照。当天，初老板在朋友圈写道：就像我一直在说的，这不是我一个人的荣誉，是每一个守护着河狸宝宝、帮助过河狸食堂、为救助中心添砖加瓦、为雪豹和河狸放下过红外相机的河狸大家庭的兄弟姐妹的荣誉！是我们一起的！

那天晚上，初老板把所有的兄弟姐妹都召集到了直播间里。"哇哦，雯雯快拿着奖状念一下我的名字，我要录屏给我妈看！""'河狸军团'出息喽。""哦哦哦！"大伙欢呼着一遍遍让她展示这份属于"河狸军团"的至高荣誉，她也一次次高高举起奖状告诉所有人："河狸军团"，中国青年五四奖章！

说来真的很自豪，几年来，这些年轻的网友风雨同舟，共同成长着，商量着，探索着走出了一条由分布在全国各地的中国青年人完成的，以互联网为沟通纽带的，以"90后""00后"为主力军的生态保护之路，并在"五四"这一天得到了国家对于青年的最高认可。

那天的直播，初老板红着眼眶认真感谢了可敬的共青团中央，感谢生态环境部，感谢国家林草局，感谢新疆团委，感谢新疆林草系统，感谢抚育了我们的阿勒泰地区，始终和我们一起奋战在自然保护一线的富蕴县各政府部门。"我永远都是你们的乖崽崽。"她动情地说。

直播结束后，夜已经沉了，同事们拎着可乐去宿舍找她庆祝。我们进门时，她双手抱着膝盖，正坐在椅子上呆呆看着窗外。"想啥呢？"我看看热闹过后竟似乎有些伤感的她，不知道什么情况。她抹了抹脸，坐起身来说："我在想佳姐，想狼哥，想小强，想浩浩，想燕燕……"她慢悠悠地说。这些名字有些我熟悉，有些完全没听过。

"他们都是在协会刚起步时，最早为协会做出过贡献的人，好多同事当时都没有工资陪着我四处混饭，一点一滴走过了那些更艰难的路。"她叹气，"佳姐的手，因为药品过敏整个都脱皮了，伤痕累累，仍然坚持着做完了她能做的所有工作；狼哥在协会刚成立找不到方向时，不要工资地留下来，特别努力地做好了所有事；小强顶着父母催他回老家的压力，白天工作，晚上掉眼泪，坚持到了协会的公益项目上线顺利运转；浩浩从小就想做职业的自然保护工作者，可是大学报专业时家人怎么都不同意他选生态学，无奈只好学了会计，即使这样他还是坚持着来到协会当了好久志愿者……"陷入回忆的初老板喃喃地说，"大伙如果都还在多好呀，咱们终于做出一些成绩了。"

同事们长叹动容，不知道该如何安慰她。在"河狸军团"成立之初，一些网友、志愿者成了协会最早的力量，大家带着为自然保护出一份力的初心来到这个小小的协会，当时吃过漂泊伶仃、风吹日晒的苦，也体会过尽心尽力后成功救活生命的成就。极少数人留到了如今，有的同事还面临着专业瓶颈、父母催婚等等生活压力，不得不掉着眼泪放弃了诗和远方，离开协会回老家工作，回归了传统意义上的社会生活。

"方会长，兄弟姐妹们，我觉得咱们不能白拿这个荣誉。"她忽然严肃起来，沉声道，"咱们肩膀上是有责任的！"她拉开椅子，张罗同事们坐好。"一路走来，没有人比咱们更笃定，在这个国家有那么多人愿意投身生态文明建设领域，可人们总被各种各样的现实问题阻碍，让大家难以真正加入。"她认真地看着我们，"大家需要一座桥，来真正连接人类与自然。"

"例如，一位北京的网友，他有自己的生活，也有自己的追求和梦想，但不妨碍他的内心深处是一名自然保护者。可是，他有什么办法来实现愿望呢？过去，这种途径是很少的。但是，今后有了我们，我们通过和全国的自然保护基金会、公益平台合作，可以来当他在自然保护前线的执行战友！"她详细讲着自己的思路。

初老板的思维方式其实很有趣，有时候我甚至觉得初老板真的有点像一只河狸。河狸会努力改造自己的栖息地，营造一个有植物、有鱼、有水鸟、有小型动物、有猛禽的小生态，而几年来我观察到的她似乎同样从来不被自己的渺小束缚，总是在认真琢磨怎样的做法能够对大环境产生助力。所以协会作为一个小小的社会团体，她作为一个年纪轻轻的姑娘，总能创造出一些出其不意的惊喜。就像那天，这个原本为了庆祝而召开的临时的小会不经意地确定了协会新的发展目标——使每个人都有可能成为自然保护者。

那天之后，同事们快速动了起来，进一步加大了栖息地恢复的速度，提升了野生动物救助工作信息发布的频率。在"河狸军团"的所有群里，协会的每一个人每一天做哪些工作，本周有什么收获，今年有什么成果，都以照片和视频的形式发布。我们在抖音上有了协会用于发布野生动物救助工作的账号"初雯雯喵嗷"，有了用于发布日常工作和志愿者工作信息的账号"阿尔泰山野生动物救助"，还有了用于发布协会阶段性工作情况报道的《河狸军团周刊》，这些变化陆续得到了更多关注，"河狸军团"的人数也逐渐变多。

运营工作的拓展也给我和同事们的生活状态带来了很大改变，我们做到了和每一位"河狸军团"的网友成为家人、朋友，工作累时我们多了很多很多的善意支持和加油打气，协会同事们也从封闭的荒山劳动疲惫状态变成了一群朋友遍天下的"社牛"。从那之后，我们每个人都有了日常成就感的诉说对象，有了喜怒哀乐的表达之处，甚至单纯心情不好时都有地方可以讲，网友们会发各种各样的表情包逗我们开心，也会在年假时飞来阿勒泰帮忙。看着群里每天成千上万条交流讨论信息，大伙彼此间时而激烈讨论，时而"相爱相杀"，让我们觉得每天都是崭新的，都充满了力量。

那之后，我们仔细回想沉甸甸的中国青年五四奖章带给"河狸军团"的不仅仅是荣誉，更是一种对群体的激励，一份强大的信心，让这么多青年自然保护者真切看到了投身生态保护领域是一件有意义的事情。

我想我们真的找到了一条属于中国青年的自然保护之路，对吗？

蒙新河狸科研的阶段性成果

初雯雯

　　小苏的脸上被蚊子咬了第七个包，这蚊子也太不怜香惜玉了，正正好咬在小姑娘嘴唇上。

　　乌伦古河的蚊子很多，而且每个河狸家族都会勤勤恳恳地把居住的环境改造成一片很好的小湿地，生态好了，蚊子过得就更好了，脚步踏进河谷林间的草地，就会惊起一坨蚊子云，它们还会追着你跑。你走到哪儿它们跟到哪儿。小苏是协会科研组的小姑娘，每年有三百多天都泡在野外，正往登记表格上写经纬度，稍不注意，蚊子落在嘴上叮了一口。她这是在做河狸的夏季生境因子中的植物样方调查，为进一步分析蒙新河狸适生区做准备。换句话说就是：记录下来每一窝河狸家门口有啥吃的，它们喜欢吃啥，就能分析出来河狸们会挑选在有啥样植物及其数量有多少的地方做窝。然后呢，再跟整个乌伦古河流域对比，把其他各种因子一起放到程序里跑一跑，就能知道乌伦古河有多少河狸适合生活的区域，以及有多少不适合，又有多少是我们能帮上忙，稍做些改造，比如种些树就能变成河狸的潜在家园。

　　其实被蚊子咬都是小事儿，脸上顶一堆包都很常见。夏天的科研调查困难重重，蚊子追着跑就不说了。同事撒力扎提的雨鞋在河谷里走半个上午，就可能装满了水，坐在木头上脱了鞋，倒出来的水都够熬盆汤了。陈艳秋的裤子，不知道被铁丝网挂烂了多少条，她干脆不换裤子了，就可着一条挂，千疮百孔的。陈叔每次都走在最前面为大家开路，陷进沼泽里腿拔不出来，或掉进被草遮掩着、看不见的洞里崴了脚，年年都得来几回。每年夏天，科研组的小姑娘们出门时皮肤再白的色号，等回来，就到最黑的色号了，如果要化妆都得用黑皮专用粉底液。

每个季节的调查任务都很繁重，稍微错过点儿时间，可能就收集不到想要的数据了。一年一度的河狸调查就像"狸口普查"，要赶在秋末冬初时，因为河狸越冬之前，会用一个秋天的时间，全家出动，在河水中囤好一家过冬需要的杨、柳树枝。而我们通过河狸越冬囤的"冰箱"体积，来判断河狸家有几口狸。去得早了，河面没冻住，没办法站在水面上测量，去得晚了，冰面不透彻了，体积就量不明白。有一年，我和科研组一起去调查，到145号河狸家族的家，需要过一个小河湾。河水看起来是已经封冻了的样子，上面盖着一层薄雪，陈叔是研究河狸30年的老专家了，对自然里的每个细节都很熟悉，他在河岸边，拿脚踢开雪，说："这个冰面看着冻得不是很结实。这样，你们走在后面，我来开路。"他抱着调查记录本就向小河湾的对面走去，第一步、第二步、第三步，都很稳，直到第四步踩在冰面上，咔嚓一声，冰面裂了，直接裂开了一个洞，陈叔的左腿直接就进了冰窟窿里，我们想扑上去拉他，但被他阻止了。"你们别过来！冰面可能裂得更大！我自己想办法出去。先把调查记录本接住！"只见他从冰面上把调查记录本滑过来，几步的距离，本子冲碎雪层被抓住。陈叔看他调查的心血被保住了，这才两个手撑住冰面，扩大接触面积，慢慢往前挪。随着身体的挪动，他陷在冰窟窿里的腿往上提，整个人都趴在冰面上，爬过了三步的距离，这才到了岸边。我们赶紧把他扶起来，零下三十多摄氏度的天啊，陈叔的裤腿很快就结了冰，我们赶紧跑回车里打开了暖气，吹了好一会儿，陈叔冻得有点青紫的嘴唇才缓过来。

像这样危险的场景，每年都要发生好多次。历经千难万险，每天霸占着微信运动的榜首，才换来了一本又一本的科研数据；接着无数个不眠不休的夜晚，科研组的同事们并肩作战，将这些数据分析成为科研成果。科研组办公室的灯常常凌晨三点都还亮着，同事们经常撑不住了，就趁着电脑跑数据的时候，趴在桌子上睡一会儿。

你也许会问：费这么大劲儿搞科研，是为啥呢？

就像河狸食堂项目，并不是我们拍脑袋觉得种灌木柳能帮到河狸，而是因为我们做了全种群的河狸生境因子选择调查，确定了河狸生存的最重要的必需品就是灌木柳。

就像在野生动物救助项目，我们并不是按照我们的设想去为每一只动物设计食谱和康复训练计划，而是从捡回在野外的野生动物粪便中，倒推它们摄入的食物，再根据比例来为它们提供食物；又根据野外放置的红外相机，确认不同的野生动物出现和活动的区域，再根据它们的行为来对圈舍和野放区域进行改造。

就像河狸守护者项目中，并不是我们"觉得"牧民是离河狸最近的人，才发动牧民兄弟们成为守护者，而是通过连续几年的河狸社区保护意识调查和分析，牧民居民点的位点与河狸家族位点的分析，得出守护者这个方式最适用于蒙新河狸保护的结论。

这样的例子还有很多，基本上每一个公益项目的背后，都是科研在支撑着。换句话说，科研就是为了打破"我觉得"这三个字，是用更科学的方法，去确定投入较小、产出较大的保护方法。也只有真的这么较真儿，才能把来自全社会的友善用在最需要的地方。不管是"河狸军团"的兄弟姐妹们，还是捐赠人，大家省吃俭用地想要给野生动物们提供帮助，这些善意怎么能白白浪费呢？

科研组的较真儿，就像是一双大手，扶着咱的公益项目稳步向前。

其实不仅如此，每次公益项目取得的成果，也都是科研组在进行着量化工作。比如一个河狸家族创造的小环境能够庇佑多少野生动物呢？这是通过河狸直播监控数据测算来的。比如河狸食堂到底为多少只河狸提供了食物呢，又是如何改善了那个小区域的生态环境呢？这是通过对红外相机和水文站的数据分析得来的。比如，放归到自然的野生动物们的生存状况是怎么样的呢？这是通过卫星定位系统回传的位点结合卫星地图分析得来的。再比如，科研组永远也忘不了的里程碑，那是河狸全种群调查的最后一天，同事们站在河道里，几个人把数据凑在一起，凛冽的北风吹不散大家开心的呼喊："终于600只了！"

啊，那个瞬间，真能让人回味很久很久。从 500 只到 600 只，不只是 20% 的增长，更把蒙新河狸这个物种从灭绝的悬崖边上拉回来了。一个物种如果数量低于 500 只，就有很大概率因为近亲繁殖等一系列问题而导致灭绝，但在全社会的努力下，它们安全了！在我忙着对全世界报告这个好消息的时候，科研组又开始了下一次的思考和讨论："乌伦古河流域蒙新河狸的环境容纳量到底是多少呢？我们应该用什么方式来测算河狸的数量增长到多少，才算是能够稳定下来的呢？下一步我们又该做些什么来有效把那些非适生区改造一下呢？"

保护一日不熄，科研一日不止。陈叔带着同事们又一次整装待发了，我把自掏腰包买的花露水、防晒霜、零食给他们口袋塞得满满的，陈叔摆摆手上了车："不要不要！年年给买，都用不完！还有呢！赶紧回去吧，我们走了！"

看着科研组的小皮卡带着一路尘烟驶向远方，只留下我的一句"注意安全啊！"飘散在风里。

让每个人都有机会成为自然保护者

方通简

"你好，我想加入协会，请问还招人吗？"

"我想去新疆和你们一起工作，有什么要求吗？"

"我从小就喜欢动物，工作以后还是喜欢，我也想做职业自然保护工作。"

……

过去的几年中，协会几乎每天都能收到上百条这种想参加自然保护工作的留言，我们虽然缺人，但事实上又狠着心拒绝了大部分应聘者。在很长一段时间里，这种矛盾的情况总在发生。甚至有一次，一位投了四五次简历的年轻人小石再次被拒后愤怒了！"你们招人的要求也太高了吧！我看就不是诚心想招人!!"电话里，他大声冲我嚷嚷。

唉，这种情况其实挺多的，我只能耐心解释："先别急，我问你5个问题，如果你都能答上来，那明天就来上班。"

"呵呵，我从小就喜欢动物，别说5个，15个我都答得上来！"他势在必得。

寻找新同事，有共同的奋斗目标很重要，所以第一个问题，我问了与协会工作理念有关的问题："小兄弟，你来说说咱们野生动物救助工作要追求的最好状态是啥？"

"兽医团队医术高超，经验丰富，救一个活一个，百分之百成功！"他快速答道。

很遗憾，他的答案和我们的理念不同。"保护野生动物最好的状态并不是等到它们因为丧失了栖息地，饥肠辘辘闯入人类世界无奈受伤被发现后再去治疗。而是要从修复栖息地开始工作，直接降低它们因缺乏遮蔽、食物资源等出现问题的概率。简单地说，最好的野生动物保护状态是最大程度降低它们遭受人为伤害的可能，而不是等到受伤了才去救。"我试着把我们的工作思路讲给他听。

"再问你，如果想要修复野生动物栖息地，首先要做什么工作？"听到他在电话那头陷入了思考，我抛出第二个问题。

"嗯？是种树！对吗？我关注河狸食堂挺久了。"很明显，他感觉这道题他会。

遗憾的是，这道题他答的又不对。"种树只是第二步，因为在开展修复栖息地的工作之前，你首先需要知道这里都是什么动物的家园，天然林有没有衰退；在这个区域里，不同的物种间是以怎样的状态构成了生物链。之所以说种树是第二步，是因为只有在掌握了这些信息后，才能按照现有种群应具备的植被规模和植被结构去将栖息地恢复成自然原本的样子，而不是轻易地种下一大堆植物。"见他听得仔细，我进一步告诉他"科研先行"对于自然保护工作的重要性。

这次，他沉默的时间更久了。

"第三个问题，如果一块栖息地已经被确定了是蒙新河狸的生境，需要补充灌木柳，在执行层面我们要做什么准备？"这次，我问了他一个有些偏专业的问题。

"注意种植的时间节点？或者看看有没有发生病虫害？"这次，他回答得没有那么斩钉截铁了。

他的回答在正确范围内，但对这项工作的理解尚有不足。"要先评估这块地的土壤究竟有没有条件来承载即将落户的植被群落，一块栖息地之所以被定义为'衰退'，肯定是这里的环境已经开始变得不支持野生动植物生存了。所以，要首先考虑地表菌群、微生物条件支不支持这个工作，草本植物条件支不支持，以及有机质支不支持；这些因素如果有缺失之处，是完全不行还是经过我们改造后有可能使这个生境的复合性和承载力提升。这些问题都解决了后，再动手种树。"这次电话那头更久没有声音传来。"嗯。"他似乎默默地点了点头。

"所以你发现了吗？自然保护工作除了热爱和敢于向前冲，更是一件需要凭借专业知识来做出决策的事情。"我进一步解释道。"方老师，我之前考虑的还是太简单，为刚才向你发脾气的事抱歉。"他沉声说着，"但是，我想知道剩下的两个问题都是什么？"看来这家伙性子急了些，但是个挺好学的小伙。

"第四个问题，咱们的树在种下一段时间后，栖息地里的动物群落会发生怎样的变化？在这些变化里，新生的植被群落实现了为野生动物繁衍遮蔽和提供食物资源的功能了吗？如果没实现，是完全没实现还是部分没实现，应该怎样观测，并以什么为调整进行下一步工作呢？"我接着把问题告诉他，也想看看他的思考能力。

最后一个问题是动物医学基础知识。"在野生动物救助环节，受伤的动物们大多外伤伴随着细菌感染，怎么在抢救黄金期内快速辨明细菌的种类并选择合适的药物？因为面对不同类型的细菌，抗生素选择是不同的。在之后的治疗过程中，又该如何通过血样数据查看动物们的恢复情况？"我选了兽医工作时最常遇到的问题给他。

听罢，他好半天不说话。"方老师，我明白了，我只是一直有这个爱好，但专业方面真的不懂。可我愿意学，我是真的想当一名职业自然保护工作者。"那天，我们谈了很多，他其实非常遗憾自己高考后因为全家人的反对，没能报考自然保护领域的相关院校，而是选了当时长辈们认为"更好就业"的其他专业。从小他就是个动物迷，对大自然爱得很投入，这份坚持随着他工作后不仅没有消失，反而像熊熊燃烧的火苗，让他确信自己必须开始向着梦想的方向前进，一刻也不能再等了。所以，发生了开始的一幕，他之所以着急是因为担心错过协会自己又将失去入行的机会。

其实，协会招人的门槛并不高，只是自然保护工作对专业性要求很强。我们需要的是生态学、植物学、林学、野生动物保护及动物医学相关的专业人员。退一万步讲，哪怕是先当志愿者，在具体工作中慢慢学习也需要略有专业基础；如果完全没有概念，光扫盲就要用好几个月，而每年能拿出几个月来当志愿者的人可真的是太少了。

大学没能报考相关专业，毕业后又找不到职业学习的门路，导致一再错失入行机会，自然保护的理想被现实无奈磨平。这不光是小石的烦恼，也是千千万"河狸军团"兄弟姐妹面临的困扰。这些有着投身自然保护志向的年轻人一步错过，步步错过，往往急得团团转，却怎么也找不到入行的机会。

那天，挂了电话，我心里有些堵。多好的年轻人，多令人敬佩的坚持，可是客观存在的困难就像一堵铜墙铁壁，死死地压住了他们的梦想。

来不及过多感慨，下午又有受伤的动物被送来协会。晚上加完班，饥肠辘辘的初老板跑来找我想要桶泡面，被我拉住说起这件事。本想一起商量看有没有可能给认真的他提供一个非专业性质的工作岗位，但没想到初老板也思考这件事情很久了。确实，每次的无奈拒绝都让我们于心不忍，不能帮助这些珍贵的自然保护梦想开花结果让我们觉得特别遗憾。

"其实社会已经给了我们足够多的支持，我们的所得远远超出了我们的付出。"她打开泡面桶，认真地对我说，"是时候为更多人做一些事了。"

那天，我们决定进一步用好新建的救助中心，正式为全国想投身自然保护的人们开设一堂专业志愿者启蒙课堂。基础的住宿床位我们有，野外实践机会我们有，工作经验分享的场景我们也有，也许我们能借助现有的条件帮助更多有志青年找到入行的机会。"上次我回北林，领导和老师们都说有困难找母校，我感觉不太像客气话。"她眼珠一转，"我想争取请北林的老师们支持，请他们来到富蕴，在实践工作中为'河狸军团'的兄弟姐妹们开设公益性自然保护专业知识课堂！"

这个想法让我一下来了精神，如果我们能源源不断地把拥有自然保护热情的爱好者培养成具备一定专业的志愿者，那大家不就获得了更多在自然保护机构工作的机会？这样一来，是不是就为大家成为职业选手助力了一步呢？如果我们一年可以培养出一百人，就可以帮助几十家自然保护协会获得新鲜血液。

如果几年后我们可以培养出上千人，全国大多数省份的自然保护机构都能与我们共享工作经验。"如果再能得到某家基金会和社会责任企业的支持一起参与，那这件事就更靠谱了。"我俩掰着手指头憧憬着。

我们相信，在这个伟大的国家一定不缺乏更优秀的人来成立第二家、第三家，甚至第一百家像我们一样的自然保护协会，但是我们已经出发的工作经验、科研思维、栖息地修复和野生动物救助经验一定是有价值的，我们想把这些来之不易的宝贵经验分享给自然爱好者。

如果有一天，从"河狸军团"走出的年轻人们可以站在我们的肩膀上回到自己家乡去施展才华，探索自然保护领域更多我们也没来得及解决的问题；如果有一天，从阿尔泰山野生动物救助中心学成归来的兽医们可以在祖国大江南北的各个地方发光发热，挽救动物们的生命；如果有一天，从乌伦古河沿岸归来的生态栖息地修复熟练手们能结合自己家乡的实际情况，让更多河谷和大山绿起来，让更多丛林和湿地鲜活起来……

我们特别期待那一天的到来，期待我们真的能像河狸一样，以自己微小的力量营造出一个美好的自然生境。再后来，小石又接到了我的电话，更多像他一样的年轻人也都收到了通知，由阿勒泰地区自然保护协会和北京林业大学、中国民生银行、中国乡村发展基金会联合开办的"河狸军团"的专业志愿者培养课堂要开班啦！这次，行动的名字叫作"自然保护者萌芽计划"。

河狸爸爸，河狸妈妈

初雯雯

　　"这样下去不行！都是无妄之灾！本来都能活下去的！你看这蛆都快化蛹了！至少得一周时间吧！"木子眼眶红红的跟我喊。

　　我也没好受到哪儿去，看着手术台上慢慢僵硬失去温度的黑鸢，心里疼得不行，悲伤像是有了形状，像绳子一样捆住了我的心脏，把各种情绪揪在一起。这个小家伙是出了车祸，保守估计有一周了，但新疆太大了，人又太少了，没人发现它，直到今天阿尔泰山国有林管理局富蕴分局的护林员开车时，他看见路边有个黑东西，旁边围满了苍蝇，于是救了给我们送来。这小家伙是只黑鸢，它的翅膀因为车祸被撞断了，没法移动，只能无助地躺在路边，白天经受着太阳的暴晒，晚上忍耐着彻骨的寒冷，就这样生生过了 7 天，才被发现。可怜的小家伙，一口水都没喝上，整只鸟处于脱水状态，也没办法觅食，胸前的龙骨突摸着都硌手，像一把尖刀一样。伤口更是可怕，断处的血迹已经成了黑色，骨头的断面已经被风干，伤口上爬满了大大小小的蛆，看得人头皮发麻。木子把它放在手术台上，皮下补液，想要先帮它恢复点体力，它的嘴张着，大口喘着气，补完葡萄糖和盐水，过了十分钟左右，它的呼吸没那么频繁了。担心应激会加重它虚弱的情况，我们把它放进了 ICU 里吸氧，让它先缓缓，想等着晚上再给它补一次液，再对伤口进行清理。

　　可是到了晚上，我们把它抱出来的时候，才发现它已经离开了，整个身体还温热着。木子小心地把它放在了手术台上，就像它还活着一样。为它准备好的清创用品早就摆好，木子拿起镊子仔细地检查着它的伤口，揪起了一只硕大的蛆，举到我脸前，于是有了文章开头的那一幕，她爆发了，对着我怒吼。我没看清这只蛆，但我看清了她的眼泪，落在了口罩上。吼完，她把镊子狠狠扔到手术台上，哐啷一声响，又恨恨地摘下了手术手套，砸进垃圾桶里，扭头上了楼。

剩下的同事们也很低落，一言不发地收拾着。我也很难过，并不想面对这个场景，上楼坐在办公室的椅子上，想一个人待会儿。每一次动物的离开都让我很有挫败感，总会想："如果当时做了什么，它是不是就不会死呢？"这种感觉每次都会折磨我很久。这次也不例外，如果当时它刚受伤，我们就遇到了它，或者牧民很快联系到我们，它是不是就不会死呢？那一片明明就是牧民放牧的地方，可为什么，一周之后才会被送来救助中心呢？我正在牛角尖里出不来，眼泪都流到脖子上的时候，木子推开了我的门，抱着本子冲了进来："初老板，我有想法了！"我还正恍惚着，看着她肿着的眼睛在往外冒光，回应一声："啊？"

木子就跟打开了闸门似的说开了："你看，这样的情况已经发生好几次了，对吧？每次不是因为没能及时发现，就是发现了要转好几拨人才能到咱这里，错过了最好的治疗时机，对吧？"我点头，她继续说："那咱们其实要解决的就是时效问题。要发动大家看到野生动物受伤了，就迅速跟我们联系，咱迅速出击，救回来迅速积极治疗，治好了迅速放归野外，你说对不对？"我被她这么多个连续的迅速说蒙了，反应了几秒，问："那咱们要怎么办呢？"她继续说："咱们要做到没有中间环节，把时间抢回来！你看，咱们这边是不是牧区，咱们救助的野生动物多数是人为原因受伤的，牧民逐水草而居，是离大自然最近的人，也是接触野生动物概率最高的人，牧民就是最好的信息源。如果能让牧民快速找到咱，这事儿是不是就成了？"我说："嗯……是，是个好主意。可是有几个问题：一、牧民怎么联系得上咱？二、怎么让牧民能不嫌麻烦愿意来帮忙呢？三、咱们又能给牧民兄弟们提供点啥让他们保持积极性？"木子眼睛里的光闪得更凶了，我还没问完，她说："我想了个招！你说的这些问题咱都能解决！这样，咱们设计一批牧民兄弟们在生活中切实能用到的东西，做得好看一些，上面留下咱的电话，写上野生动物救助请联系咱。等做出来了，就拿去给牧民兄弟们送，直接做到全覆盖，我就不信还有咱救不活的动物！"说着她低下头看了一眼本子，继续："我刚才想了想，有这么几个东西他们是肯定能用上的，帆布袋、碗、勺子、钥匙扣、帽子、围裙……"啥？围裙？我打断了她："围裙？牧民大哥放羊的时候戴个围裙呢？"木子说："你不懂，牧民大哥在野外，看到野生动物受伤了，想起来家里有咱送的东西，就给家里的老婆子打电话：哎，老婆子，上次那个什么动物保护的人，送的那个围裙，上面电话多少？给我讲一哈（下）嘛。"她还模拟了这个生动的场景给我。我也激动起来了："对对对！是呢！而且哈萨克族本来就很友善，朋友多，一传十十传百，大家很快就都知道有动物需要帮助就跟咱联系了！而且你说的这些他们的确都用得到，天天在野外，帽子啥的可实用着呢！"木子又继续畅想着："只要这个能行，以后就再也不用看着这些崽干着急了，它们活下来和放归自然的概率就更大了！也再也不用赶不上治疗时机，只能截肢了，你看咱们鸟舍里那几个没法接骨只能截肢的黑鸢，天天走地鸡一样的，太可怜了……"她还继续说着，我脑子终于恢复了正常，开始想这件事该怎么办。思路有了，钱，钱咋办呢……找老方！

我打断了正在畅想的木子，拽着她冲到二楼推开了老方的门："老方，有一件很棒很棒的事情，我和木子来给你汇报一下。"毕竟是要求人办事，态度要端正。

老方已经被我的套路坑习惯了，对着电脑，头都没转过来看我一眼："说吧，要多少钱？"

我和木子就开始给老方描述宏伟蓝图了，她说一段，我说一段，说得浑浑噩噩，但还好老方的理解能力强，他打断了我俩，说："行，我听懂了，来梳理一下：做礼物，给牧民，留电话，救动物，是不是这个意思？想法是好的，但是你看咱哪个项目里有这个钱？还是你俩想先交出工资做一批试试？"我小声说："工资……也不是不行……咱们找便宜的嘛，不贵的那种……"老方抓起手边的扇子往我头上就来了一下："有你这么干事儿的吗？给牧民兄弟送就送好的，便宜的人家还愿不愿意帮你？再说事儿哪有这么干的，我都来了两年了，都没掰过来你这个'我不管我就要干'的无章法思路啊！你俩出去吧，我想想，一会儿喊你们。"

不一会儿，老方发微信："来。"

我和木子下楼，老方并不在他屋，而是站在我从废品收购站捡回来的白板前面，欢欣和Kiwi也坐在桌边。白板上密密麻麻的都是字，老方还在写着，看我俩来了，又是头也不回："坐，马上好。"本来我挺烦他这惜字如金的死样子，但这种底气十足，让我觉得他身上隐隐有光环浮现。他写完了，转过身："说一下，有几点：一、初老板负责项目设计，咱们把它合并到野生动物救助的公益项目里面，但要给大家讲明白这件事的前因后果，不能让大家稀里糊涂地捐钱；二、木子负责跟文酱对接，设计出一个图案来，给牧民兄弟姐妹们一个身份，再把你们想要做的礼物都做出效果图来；三、动物组跟科研组估算一下要覆盖多少牧民家庭，拿出个数字来；四、欢欣拿到效果图，找生产厂家对接比价，保证质量高，价格低；五、一切就绪，拿出报价，我来负责项目的上线和管理；六、Kiwi去楼下给文酱挑几根毛，再挑几根河狸啃过的棍子，她不是闹了好几天说没抽到奖吗，再把初老板直播间里大家眼馋的烧水壶洗干净了一起寄过去，咱'河狸军团'的姐妹来帮忙不能白帮。好了，就这，你们拿手机拍一下，拍完白板擦干净。散会。"

我追在老方后面，进了他的办公室，试图拍马屁："还得是你啊兄弟！我那么复杂的形容你都能懂！还能简洁明了地总结成六点！太厉害了！"老方一脸嫌弃地看着我："要不给你搬个椅子进来，你多坐会儿？"哎呀，这个人，真烦！我只好收起谄媚的嘴脸，认真起来："哎，老方，刚才你说，要给牧民朋友们一个身份，你记不记得你说过，河狸爸爸和河狸妈妈？咱们就叫这个名字好不好？他们不光是河狸的爸爸妈妈，也是野生动物的爸爸妈妈。"老方明明就很满意，小眼睛在听到这个主意的时候都睁大了，但可能怕我赖在他办公室不走，说："行，你定吧。还有别的事儿吗？"

197

就这样，河狸爸爸和河狸妈妈迅速开动起来了，文酱是"河狸军团"的资深免费临时工，画画那叫一个又快又好，不到两天，就画出来了河狸爸爸和河狸妈妈的样子：河狸爸爸身穿传统哈萨克族的服饰，戴着圆顶帽子，黑色的衣服上有金色的纹饰，中间写着汉哈双语的"河狸爸爸"，肩头趴着一只河狸，爸爸的手托住河狸的小屁股，就像是抱着自家孩子一样。河狸妈妈穿着奶白色长裙，戴着头巾，头巾上写着"河狸妈妈"，大辫子垂落在身后，左手抱着河狸宝宝，河狸宝宝依靠着妈妈的身子，头上别着一个粉色的蝴蝶结，小手紧紧地贴在河狸妈妈的胳膊上。"文酱，你也太厉害了吧！光是看着这两个形象，都觉得很温暖啊！"我在群里狂发语音，文酱回复："停，别夸了，下次有事再见，拜拜。"我赶紧戳戳木子，木子续上："哎，文酱等一下，还没完……咱们再把礼物的效果图具体设计一下嘛。"

半个月之后，欢欣的快递堆满了办公室门口，我们都围在跟前，瞪大了眼睛看着她拆：正反面分别印着河狸爸爸和河狸妈妈的帆布袋，很小巧但字体清晰、能看得清电话的钥匙扣，印着河狸爸爸和河狸妈妈的不锈钢勺，胸前印着河狸妈妈、上面写着野生动物救助请联系 0906-876xxxx 的围裙……木子看着鸭舌帽拆开了，赶紧抓一个过来戴在头上说："这个质感不错，牧民大哥肯定喜欢！"马驰看着木子在礼物套装里新增添的毛巾，也拽了一个抓在手里感受着质感，说："哎，这个不错，牧民朋友家里也能用，车里也能用。木子姐，给我几个嘛，我放在车里，见到护林员送给他们。"木子一把抢回来，踹了马驰一脚："都有数的！急啥！等欢欣分好！"又扭头跟欢欣说："就拿这个帆布袋装着，每样都放进去，这样一个袋子就是一组。咱们每次出野外就往车上装几个袋子，看到牧民朋友们就送给他们，救护车上也放几个，去接动物的时候送给救助人！"

礼物发出去不到一周，效果就展现出来了。有个牧民大哥打电话来："哎，动物，动物是不是打这个电话？一个老鹰，老鹰，被电打晕了，掉下来了嘛，我在……"

大哥口中的"老鹰"，其实又是一只黑鸢，这次，它不会再像之前受伤的同类一样，在野外孤苦伶仃地等待着死亡了。迎接它的，将是我们的野生动物专用救护车、精心的照顾和重返野外的蓝天。

木子挂了电话招呼大家收拾东西准备出门去接，我站在门口送她，救护车都发动了，没往前走，反而倒回了我身边，木子摇下玻璃探出头："咋样，初老板，我想的这个主意好吧，哈哈！"然后开着车扬长而去了。

协会的老同事，散落在天涯

初雯雯

"方会长您别催我了，我剪完这个视频就去睡，到最后了，就差音乐和字幕了，很快的很快的，您快去睡吧。"

"是啊方会长，我的周报还有一点点了，马上也弄完了，弄完就休息了。"

最后是老方无奈的声音："哎，睡觉去噻，别干活了！三千多块钱的工资啊，别最后都攒着给自己看病了，快睡觉去，我关灯了啊！"

深夜一点半，我正要下楼看看木子她们刚救回来的河狸崽崽，路过二楼听见 Kiwi 和欢欣正在跟方会长掰扯，这样的争执几乎每天都会在我们办公室出现，不是催同事们干活，是催同事们睡觉。方会长作为老年人每天早上六点起，晚上十点睡，睡到一半还要被一点半的闹铃吵醒，爬起来准时赶同事们去睡觉，把大家赶回宿舍了他再继续睡，但他的"驱赶"成功概率很低。

我们协会目前 15 个同事，每个人手头都有自己的工作，还要随时配合动物组完成救助任务，大家每天都想把自己的工作往前做一点，全年 365 天无休，早上八点开始工作，次日凌晨两点睡觉，大家在朋友问起我们的工作时间的时候都会这么回答：睁眼上班，闭眼下班。方会长每天都担心大家会猝死，恨不得拿鞭子抽着赶回宿舍。不光是这俩熬着呢！

动物组的兄弟姐妹们也刚到楼下，我下楼，他们一点疲惫的意思都没有，木子两眼放光："初老板，这个河狸是困在水渠里了，我看状态还行，要不然咱们现在就给'呼麻'了把检查做了吧？我怕它身上有脓包，检查了再放到河狸圈舍里，这样心里踏实一点。"我说你可算了吧，刚四百公里跑回来，都累屁了，大家不困吗？先放在没水的圈里，明天早早起来弄。"我们不困，可以的，弄完吧！""真没事儿，我们先检查，要是它身上口子的话多疼啊，也睡不好！""是啊，要是身上有蛆的话这一晚上又得多吃它几口肉，可怜死了！"我话音还没落，动物组的小朋友们七嘴八舌的就给我顶回来了。行吧，那就换上工作服，支起麻醉设备，干活。

野生动物救助中心就跟医院一样，谁知道啥时候就来个急诊，公益项目上也时不时就会出现一些状况，而科研组呢，也经常会在监测过程中遇见一些好玩的位点和野生动物，他们就强行给自己加戏。大家每个人的工作已经超负荷了，但大家还总是从自己给的鸡蛋里狂挑骨头，希望自己手里的鸡蛋是最完美的那一颗。

兄弟姐妹们的上进心能够抚平我心里的遗憾，但我还是经常会想起那些没能留下、和我们携手奋斗过的同事。在遥远的富蕴，工作又累，工资又低，大家从来没抱怨过，只是在不得不向现实低头的时候，会低着头含着泪来跟我们说一声："初老板，方会长，我撑不下去了。"在我们拍了拍肩膀以示安慰和理解的时候，他们会抬起头眼睛里亮亮的，再说一句："我一定还会再回来的！"

他们的事，在书里并不能完整体现，在这里大概说几句吧。

曾经和我共同走过艰苦（虽然现在也没脱离艰苦吧，但刚开始是真艰苦）岁月的，我的小学同学东东和家奇，在协会刚成立的时候，听我描绘了能够给这个世界留下些什么的美好图景，就不要工资地加入进来了。那时候连饭都吃不起，我带着他们去各个亲戚家蹭饭，吃饱了就开着车往河狸直播点去。那阵儿协会哪有车，家奇开着自己的车，还自己垫着油钱。我们三个连直播是啥都不懂的小朋友，各种打电话、查资料、找供应商、跟牧民拉扯，天天就住在牧民家的院子里，就那样建立起了河狸直播。

还有蒋师傅，我刚开始要研究着搞河狸调查的时候，我们俩借了个朋友的皮卡，大冬天的柴油皮卡点不着火啊，跑去牧民家借铁盆和牛粪，蹲在车底下试图给车回温。夏天研究河狸食堂怎么种树的时候，在河道里跑了一遍又一遍，身上被蚊子叮满了包，两人跟猴一样抓耳挠腮的。秋天爬山找雪豹，裤子磨破好几条，还差点从悬崖上摔下去。

常总，不管我们多晚回到办公室，哦对，那都还不是办公室，是我们家在阿勒泰的小小的一套老房子，我妈借给我用了。常总每天守在办公室里，盯着河狸直播，等着我们回来了，给我们整一口热乎饭。

克西、金姐，是协会刚搬家来富蕴的时候，来和我们一起奋斗的两个同事，不光自己天天要跟着我上山下河，还经常喊着自己的家人朋友来帮忙，什么搬家啦，给河狸送树，给河狸清淤等，还每次干完活都神神秘秘地跑过来跟我说："你别担心，我知道咱请不起他们吃饭，没事，我忽悠他们说我们还有事，下次再叫他们吃饭。"

李佳和顾安，在富蕴县刚开始救助动物的时候，和我一起建立起救助站的雏形。两个姑娘跟发动机似的，有着用不完的能量，为了给动物治病，半夜坐在二楼大厅翻《中国兽药典》查资料，每次有动物来，都冲在最前面。李佳很爱美，有时得直接跳进满是河狸粪便的池子里去打扫、抽水，给猛禽捏脚，一捏就是四五个小时，从没有落下过一天。

荒原狼，本是个工资和待遇水平都不错的程序员，特别热爱野生动物，协会成立没多久就来了，最开始的野生动物救助和公益项目，他也负责了不少。只是我们的条件实在不能跟大厂比，他家里的压力又大，还有老人的期许，我有一次不小心听见了他奶奶在电话里哭喊的声音，我的心也跟着碎了。

还有张宇，大家都很喜欢的"河狸军团"的文创，他负责来来回回对接，才有了大家手里的水杯、口罩、上面写着"野生动物大恩人，救苦救难活神仙"的笔。很多视频也是他拍摄的。他做饭很好吃，经常抽空就给我们整点好吃的。

小生，声音好听到飞起，又很努力的小姑娘，"河狸军团"的好多漫画都是她画的。她给我们每个人都设计了形象，还有很多天马行空的创意。"河狸军团"可能都听过她唱的歌吧？有时候我们工作一天累了，听见她唱歌就能赶走疲惫。

他们，都是为这个协会，为自然保护奉献了很多的好同事。他们来自五湖四海，都是怀抱梦想来的，但梦想终究有打不过现实的一天。离开的原因也都不尽相同：家人催着回去结婚，工资太低无法向父母交代，离家太远而父母需要照顾，家里欠了钱需要找更赚钱的工作贴补家用，家里有孩子需要照料……这些现实原因，就像一堵高墙，隔开了他们和梦想。

有的时候，我会很想他们，想起我们曾经一起奋斗过的岁月，感念着每一位同事为协会和"河狸军团"带来的进步，也会想，协会的未来该是什么样子呢？大家在年轻的时候有梦想，能拼一把。协会也在努力前进着为大家提供微薄的薪水，2023 年，我们总算能够稳定地给同事们发工资了，可下一步呢？想到这些的时候都会心里一惊，有些暗暗地害怕，不想面对分离，更不想让兄弟姐妹们跟着奋斗了一场，最后还要被现实打败。

该如何给大家更好的未来呢，下一步要怎么走呢？其实这个问题到现在我也没想到答案。我知道的是，在每一次思念来袭的时候，每一次看着同事们奋斗的时候，就会激励着我去思考：不仅是我们协会，还有，公益的未来是什么样的呢？做公益要怎么样才能有尊严地活着呢？这个问题，我也想抛给正在看书的你，你会有什么样的答案呢？

第五章

棒，野生动物的劫后余生

候鸟的爱，我会永远回到你身边

初雯雯

在我房间架子的中央摆着一个木头盒子，上面有根金属杆托举着一只鸟，那是我做手工的好朋友非哥，根据我亲身经历的一次救助而创作的。这个木头盒子就像是有生命一样：拧动发条，木头盒子里的机械就会带动金属杆动起来，鸟儿就会前后晃动着，慢慢振翅，脖颈上下摇摆，像是在飞行一样，伴随着它的节奏，会响起《迁徙的鸟》主题曲。候鸟羽翼扇动出呼呼的风声与音乐的节奏相伴和着，温柔且坚定。在木头盒子上，刻着一行字：我会飞到你身边。这只小鸟的来源，就是我接下来要讲的这件事，无论是这件礼物，还是这篇文章，都不足以展示候鸟迁徙背后蕴藏的真挚而又深切的爱。

6月底的一天，有个牧民大哥给我打电话，他很着急："黄鸭（赤麻鸭俗名），一个黄鸭，撞到铁丝网上了，快来！"旁边还有"嘎嘎"的声音交错传来，好像是两只？我喊木子："快，药箱，走！走！赤麻鸭！"

我们一路飞车到了现场，牧民兄弟蹲在铁丝网旁边，身旁放着个纸箱子，估计受伤的小家伙就在那里面，在他身后……怎么还有一只赤麻鸭？脖子上有个黑色的圈，像是戴了领结一样，是只公鸭。这啥情况，没装进去？可在外面的那只鸭子看着没啥问题啊，只是绕着牧民大哥来回溜达，一边转圈一边叫。赤麻鸭很有代表性的声音让它都喊得变调了，从"呼啊——嘎"变成了"嘎——啊！嘎——啊"。

木子赶忙问："这是啥情况？"

牧民大哥站起来，把箱子递给木子，指了指旁边转悠那哥们儿说："他的老婆嘛，不小心撞到铁丝网上，翅膀坏掉飞不起来了，我就装到箱子里了，他不放心，一直在旁边叫，还想咬我呢！"木子闻言赶紧接过箱子，拿了个毛巾裹着母鸭子抱了出来。我也很担心，别骨折了，赶忙凑上前看。牧民大哥看着我们检查，在旁边念叨："我们家草场这个小水坑嘛，每年黄鸭都来的呢，他们忠诚得很，一个要是死了，另一个能守在旁边不吃不喝好——长时间。（哈萨克族的习惯往往按照词的尾音拉多长来形容长短，比如他们说那——个地方，就比那个地方要远不少。）我们哈萨克族的老猎人们打猎都不打黄鸭，老天爷放雷劈呢！这一对也年年来我们家草场，我都认识了。不信你看，那个公鸭子眼眶上有个疤，是之前老鹰抓的，他老婆把老鹰都给打跑了。这两个，都认识我了，他才敢跑过来问我要他老婆，感情好得很！他们今年还生娃了呢，你看，就在水边的草里。"

我顺着他手指的方向看过去，小湖边上的水面，有几个黑白相间的小毛球，在水里转圈圈，找不到爸爸妈妈正着急，小声地嘎嘎叫着，呼唤着父母，一会儿钻进水草里找找，一会儿又钻进水里看看。赤麻鸭老公更焦头烂额了，一边担心着自己媳妇儿别有啥事儿，大声呼唤着，想让我们放了他媳妇；一边又担心着自己的娃们，害怕娃没人照顾再被掠食者偷走了。他先在我们这儿转两圈，又赶紧探头往湖边走两步，看看小鸭子，就这样徘徊着，小鸭掌蹼步的速度超快，感觉火星子都快飘出来了。我赶忙拉着木子往湖边走了两步："在这儿检查，他又能看着媳妇又能看着娃，能好受点儿，要不着急死了。"万幸，身上没有血，母鸭没有外伤，木子又上手摸了摸，骨头是完好的，就是肩头那里撞肿了。"估计这个伤一周就能养好吧，你放心，等她好了，我们就送回来。"我扭过头，对牧民大哥说。大哥也逗，马上扭过头跟满地乱转的赤麻鸭说："听到没有，医生说了，一周就好了，你回去带娃，七个娃呢，可要好好照顾，等你老婆回来哦。"我们都笑了，通常来说，赤麻鸭是一夫一妻制，一起育幼，但我们也见过伴侣死亡，很快另结新欢的赤麻鸭小朋友。谁知道这一对，能不能挺得住呢？希望他能守着孩子们，等着她回来吧。希望我们能够快快地治好她，让这一家再次团聚。哎呀，我怎么又开始生出期待了呢？在野生动物救助这事儿上，最不该的就是有期待，因为每次的结果如果与期待不符，带来的那种挫败感和失落是很难很难愈合的，所以我一直控制着我自己，也一直在跟同事们说，尽我们的努力，但不要去设定期待值或者预测一个结果，要不然会很疼的。

我甩了甩头，抱着已经把赤麻鸭小姑娘装进去的转运箱就准备上车，结果她老公居然亦步亦趋跟了上来，牧民大哥说："我拦着，你们快带他老婆走！"这感觉跟我们要绑架似的，但的确有效，我们看着大哥老鹰抓小鸡似的挡着那个小家伙，赶紧一脚油跑了。在路上，木子还打开窗户，往后看，说："别跟着飞过来了。"但可能是因为还有崽崽们，他并没有追出来。

回到了救助中心，我们就开始着手小姑娘的恢复工作，消炎药、外敷药、食补……到了食补这个环节，轮到我们头疼了，这小姑娘不吃饭啊！绝食啊！相信我，鸭子是有表情的，她低着头，鸭嘴几乎要挨到身下铺着的稻草了，看都不看一眼面前的食物。木子使出一招：陪伴鸭——想让鸭鸭带着她吃几口。没想到她连看都不看一眼，而且在陪伴鸭靠近的时候，她直接一口叼上了陪伴鸭的屁股，吓得咱的陪伴鸭嘎的一声蹿了老远。这不吃饭怎么办啊？这可怎么好啊？小朋友，知道你心情不好，想念你老公，但是也不能绝食啊！我急得跟她老公一样团团转，最后木子拿着胃管就过来了："哪有异地恋就绝食的！直接下胃管，填！好也得好，不好也得给我好！好了赶紧回去，还有那么多娃娃呢！"

在胃管填食和药物治疗下，第7天，她肩头的肿彻底消下去了，扒开绒毛只能看到一点点青色。刚来的时候，它的翅膀耷拉着，快要拖到地上了，而现在两边翅膀都能紧紧贴在身侧了，这就算恢复正常了。木子还在给它检查着，我突然有了个想法，给她送一块电子表好不好？这样就能知道她和她老公的迁徙路线了，还能顺着定位，每年去看看他们过得好不好。我和木子一起小心地给固定在了背上。

给赤麻鸭检查完身体，礼物也交给她了，我们一刻都不想耽搁，决定当天就送它回家。大家都很好奇，她老公，还会在那里等着它吗？

等车开到小湖边的时候，已经是傍晚了，牧民大哥迫不及待地在路边等着我们。我们比他更着急，车还没停稳，老方、木子和 Kiwi 的脑袋就从车窗探出去了："大哥，还在吗？在不在了？"大哥笑了笑："嘿嘿，在呢，天天喊的呢，嗓子都哑了还喊呢，你们可算回来了。"好像有默契一样，我们都闭上了嘴，静静地听。果然，远处传来嘎啊——嘎啊——的呼唤，比之前的微弱了不少，还有点沙哑。我们的心都跟着被揪了起来。小伙子，你受苦了，放心吧，我们把你媳妇送回来了！这么想着，我赶紧跟大家说："不往湖边开了，快，就在这里放，刚好让她飞一下看看康复了没有！"Kiwi 蹿下了车，然后把野放箱小心翼翼地抱下车。打开的一瞬间，赤麻鸭小姑娘好像有点愣，但听清了它老公的呼唤之后，直接从箱子里跑了出来，在草地上助跑几步就稳稳地张开翅膀飞了起来，嘴里还没忘了回应着："呼啊——嘎，呼啊——嘎。"可能是木子的胃管下得好，营养给得足，也可能是因为她也很着急，这回应的声音响亮又坚定。

赤麻鸭姑娘飞行的时候，还不断根据她老公的呼唤调整着方位，我们顺着飞的方向看去，发现湖边绿绿的草地里钻出来一个橙色的身影，比之前瘦了一圈，憔悴中又透着听见伴侣呼唤的兴奋。拿望远镜能看见他右眼眼眶上一个小小的疤，是他！"老公！老公！老公出来了！"Kiwi 激动地喊，我们还没来得及嘲笑他，就看见赤麻鸭姑娘落在了她老公身边，他俩在草地上转着圈，就像是在关心对方这几天过得好不好。俩鸭还比着点头一样，脖子互相压低，一左一右，激动得不得了。他们努力地弯着腰，脖子往前，整只鸭都变成了之字形。可真是两个小话痨！我们在远远的地方都能听见他俩关心对方的语句："无论如何，我都要回到你身边，现在我回来啦。""我知道的，我知道的，所以我在这里一直等。你还好吗，胳膊还疼不疼了？""不疼啦，你怎么瘦成这样啦，不是说好了吗，就算我不在，你也要好好吃饭呀。""可是没有你，我什么都吃不下，我只想见到你，我只想待在你身边……"

不一会儿，这两只赤麻鸭突然扭头向湖里游去，我也回神问："对了，他们的娃呢？"牧民大哥这次没回答我，眯着眼伸手指了一下，仔细一看，水

209

边一人高的芦苇里，好像一串大号猕猴桃钻了出来，老方问："这咋还长变色了？上次见还是斑点狗配色呢。"我跟他一边解释说："到了换羽期了，黑白绒毛褪掉就换上了猕猴桃装，过阵子你再来看就成橘红色了。"一边还在心里默默数：一、二、三、四、五、六、七！一只都没少！而且还长这么大了！谁说爸爸就带不好娃的！不光坚定地等着自己老婆回来，还能把娃养得又胖又壮！在两只大鸭子下水之后，七只小鸭子全都围过来，凑到妈妈身旁，嘎嘎嘎不停地叫着，小嘴好像都不知道要往哪放了，这个啄啄妈妈的肚子，那个钻到水里啃啃妈妈的脚，一家九口嬉闹着。赤麻鸭爸爸还贴心地把娃们挡到一边，让妈妈用湖水好好洗了个澡。我们站在岸上定定地看了好久好久，直到夜幕深深落下，他们钻进芦苇里不见了，我们这才离开。

第二年的4月，我们又一次来到了牧民大哥家，喝着茶，我打开了电脑，问大哥："你只知道他们年年回来，但你知道他们每年要飞多远，才能在这里和你相见，在这里生儿育女吗？"大哥有点蒙："啊？那能飞多远？1 000公里撑死了吧？"我打开北斗卫星定位软件，手指划过屏幕对大哥说："看，他们走的是东线，从长江的南边出发，越过横断山脉，飞过秦岭，经过甘肃和内蒙古，再往西北飞，路过巴里坤草原，在那儿休息一下，又继续飞越了吐哈盆地，基本上就没怎么休息，又到了天山山脉边上。你能想象吗？那么小的两只鸭，就歇了一口气，又越过天山山脉，向这儿飞来呢。这一路，我说话描述用不了一分钟，但单程就5 000公里。它们去年是10月份离开的，回去过了个冬，又紧赶慢赶着回来。一年来一趟，去一趟，这就是20 000里了，20 000里奔袭，只为一个约定——回家。"老方握着大哥的手，望着他微微有点红了的眼眶说："大哥，你草场里的这一片湖泊，就是他们的家，是他们年年要回来的地方。你看到的每一只小鸟，都要经过千难万险，才能在你提供的风水宝地上安下家啊。"大哥抹了把脸，沉默了好几分钟，说："这比人可厉害多了，让我每年跑10 000公里，为了跟老婆子生个娃，我可做不到。"但这就是候鸟的承诺，是向伴侣的承诺，是向后代的承诺，也是向自然的承诺。大哥拿过电脑，细细地看着，屏幕上的卫星图上有许多个小点，那都是赤麻鸭小姑娘停留过的地方。有森林、湖泊、草原、沙漠、湿地、高山，这些点连成的线，就是她回来的路线，也是她为了履行诺言的每一次振翅留下的痕迹。

房间里很安静，我们都静静地看着，直到木子大喊："回来了，回来了！"

"大哥，先别看了，这次我不光是来给你看看赤麻鸭小姑娘的迁徙路线，也是想见证她的回归，所以看着她的位点距离小湖越来越近，我们就提前来等着了。快走，应该是回来了。"听到木子的这一声喊，我抓起衣服拽着大哥和老方就往外冲，一边跑一边解释着。

4月的新疆还没有绿，小湖边还是一片土色，还赶上阴天，整片天都不透亮，只见一个小点在慢慢接近着，是橘色的，是赤麻鸭！我们的目光追着她，落在了湖边，她扭头的时候，我们看见了背上的定位器。她浑身灰扑扑的，一点也不圆润，瘦瘦的，不再有去年见她时候的光鲜亮丽，想必这一路的艰难险阻肯定不少。但怎么只有一只啊？赤麻鸭可都是比翼双飞的，我的心提到了嗓子眼，当时只给小姑娘背了卫星定位系统，她老公并没有，该不会是遇到什么危险了吧？还是他俩有谁变了心，这就分开了？同事们也发现了这事儿，七嘴八舌地小声讨论起来："要是她老公不回来，我可就再不相信爱情了！""不会是被打猎的人打死了吧？""不会被其他动物吃掉了吧？"老方作为全协会唯一一个不单身还有娃的人，咳嗽了一声："哎，年纪轻轻的，啥就不相信爱情了，耐心点嘛，再等等看，不要着急。"

我们蹲在湖边，就像是一排蘑菇一样，冻得瑟瑟发抖，一会儿看着赤麻鸭小姑娘在湖上巡视着，一会儿又抬头看看天，生怕错过什么。突然，远方好像传来几声嘎嘎，赤麻鸭小姑娘也停在湖中央，回应了几声，我们更紧张了。是不是他？还是小姑娘另结新欢了？不一会儿，另一只橘黄色的小点由远及近地飞了过来，落在了她身边。我举起望远镜，寻找着他的右眼，望远镜里的画面真的是"狗粮满满"，两只赤麻鸭低声呼唤着对方，互相梳理着羽毛，好像在说："这一路辛苦了。"他们扭过来扭过去，半天我才看清公鸭的右眼。"有疤！有疤！是她老公！"作为唯一一个举着望远镜的人，我赶紧给身边同事们说。大家好像都松了一口气，扑通一声坐在地上。我还在继续看，赤麻鸭小姑娘很调皮，叨了一下她老公的后脑勺，我好像听见她在说："刚才路上是不是看别的母鸭子啦？怎么这么慢呀？"放下望远镜，回头看看同事们，大家脸上的幸福一点都不比这小两口少。

候鸟的迁徙都要经历千难万险，盗猎、捕食者、恶劣环境、极端气候、缺少食物和水源，他们要克服重重阻碍，才能够拥有相亲相爱、共同组建家庭的幸福。他们只是年复一年继续着他们的旅程。世间万千美好，不及在你臂弯里的一秒，所以无论前路有多少阻碍，我都要飞到你的身边，这样坚定的爱，每一年都在无数候鸟的身上发生着。

我亲爱的朋友们，如果你偶尔也感叹"世间没有真正的爱情了"，请你抬头看看天上的飞鸟。鸟儿的身上，就承载着这世间最真挚的爱情。鸟儿都可以，你有啥不行的！是不是又可以相信爱情啦？

喀纳斯的狐萝卜

初雯雯

冬天的富蕴县，冷得鼻涕眼泪齐飞，每次出门之前都要深吸一口气，给自己做一下心理建设。我正瑟缩在屋里可劲儿往电暖器跟前凑，取暖的时候，接到了一个电话：有一只在喀纳斯的小狐狸，因为被游客投喂，身体出了严重的问题，那边问我们能不能救助。那个时候，我们还没有救助中心，真是无助得很，只能是求助般望向方会长。他叹了口气，说："让他们送来吧。终归是一条命，咱们一起想办法吧。"

听到这一句，我感觉方会长是个英雄。对于我来说可能只是照顾狐狸，而他却要想办法从有限的办公经费里挤出钱来养活它。我们的状况就是：明明自己已经快饿死了，还靠着警察叔叔一天两顿饭的救济，但还看不得其他生灵受罪。

洪总经理很快就发来了视频，一只赤狐，眼睛浮肿了，本该毛茸茸的大尾巴彻底秃了，成了光杆；走路一晃一晃的，看起来状态非常不好。

摆在眼前的，有三个重大问题：第一，它需要一次体检，而我们没有任何设备能够完成这项任务；第二，现在连个像样的笼子都没有，来了放在哪里？第三，当时只剩下我和方会长两个人，咋办呢？

洪总经理十分仗义，也可能因为他是方会长的好朋友，知道我们一贫如洗，在说起它需要一次客观的检查，才能够确定身体情况的时候，他说："只要是为了这只狐狸好，我们想办法，你说吧，去哪家医院？"他还安排一个特别漂亮的姑娘，比小狐狸更好看的姑娘丁月月，带着小狐狸一路从喀纳斯到了北屯。那可是 217 公里，要开 4.5 小时的车，她一路飞车到了动物医院。检查结果显示这只狐肝肾衰竭，极度贫血，抵抗能力超低，还有一身的皮肤病和寄生虫。月月姐给我打电话说检查结果的时候，我说："姐，别把你车弄脏了，来了我给你洗。"月月姐说："嘻，没事的，它都没啥精神了，浑身都秃秃的，我拿了件衣服给它垫在笼子里了，它看着挺喜欢的。你要不给姐买件衣服吧，哈哈哈。"我感动得不知道该说啥，反正衣服我也给她买不起，不用洗车就挺好的。于是我月月姐付了小狐狸的检查费，还给它买了药和营养品，拉着具有狐狸特殊香水味的笼子，又上了路。从北屯到富蕴县又是 179 公里，开车 2.5 小时，等到了我们办公室门口时，天都擦黑儿了，太阳已经掉下去了，晚霞的嫣红也褪了，云彩的颜色就像是小狐狸身上结团的毛发，灰灰的，一点光泽都没了。

赤狐本该有着毛茸茸的大尾巴，蓬起来有肌肉男小胳膊那么粗，是天气冷了能当被子盖的那种。但这只小狐狸尾巴变成了一根棍儿，上面仅剩不多的毛还裹着血痂，可能是因为皮肤病让它觉得很痒，它就连啃带挠，整得全都是口子。不光尾巴秃，身上的毛也拧在一起，灰白色的皮屑落得到处都是，浑身上下都是癣。看到它的第一秒，我脑子里出现了三个字：癞皮狗。

什么导致了它这样呢？大概率是游客的好心。这只狐狸生活在喀纳斯景区，狐狸是很聪明的动物，祖辈世代教育着它们说：那种两脚兽，会站起来走的，很危险，会把你吃掉，头打掉呢！但是随着咱们国内的保护意识越来越强，伤害野生动物的人变少了，狐狸这种机灵的小家伙在危险的边缘反复横跳，不断试探。它们试着接触人类，发现这种两脚兽也没老一辈说的那么危险嘛。于是，不只是在喀纳斯，在国内的很多景区，尤其是自然环境较好的那种，就出现了一众"丐帮狐狸"。它们甚至还像人类社会里的丐帮团伙一样，各自分好了地盘，互不干预，每天卖萌，哄骗游客给口吃的。游客身上带着的多是辣条、泡面、面包、烤肠啥的。但这些没有一个是狐狸该吃的。小老鼠、小鸟、新鲜的野果子、可口的小虫子，这些大自然的食物才是狐狸能够消化的。零食或高油高盐、经过烹饪的熟食，对于它们来说都难以吸收其中的营养。它们根据大自然进化而来的体内器官，无法消化人类加工的各种食物。而且还因为得到这些食物太容易，它们的动物本能也逐渐减退。游客其实是好心，大家看到在路边乞讨的狐狸，觉得可怜，就打开随身的包，从里面找点零食喂给它们，求个自己的心安。只是狐狸并不需要这些施舍，它们更好的日子就是幕天席地，自己打猎当口粮。在这件事儿里，狐狸也没错，人也没错，可是凑在一起，就会发生这样的问题。

冬天的富蕴，冷得能把脑子冻住似的。我打了个哆嗦，和月月姐一起把洪总经理送的装狐狸的航空箱抬进了屋。洪总经理听医生说笼子会硌到狐狸的脚，哪怕路上只有几个小时，还是大笔一挥给狐狸配了个航空箱。这个航空箱到现在还服役着呢，每次出去接救助的动物，我都跟对方讲："你们跟喀旅学学，这就是喀旅送的航空箱，看人家多大气！"于是每次救助都能从救助人那儿蹭点东西，有时候是一包口罩，有时候是一沓给耗子当垫料的报纸，还有一次我"顺了"人家一袋大米和两桶清油。

把航空箱抬进屋，其实我早收拾好了个房间，就在我的隔壁，这样它整点啥动静我随时都能发现得了。当时我的想法单纯到甚至有点儿幼稚：一身皮肤病，毛肯定保不住，那还不得有个暖和点儿的地方，好好调理着，内伤和外伤一起恢复。医生给它开了治皮肤病的药，一天三次，想等它先恢复身体健康，再说心理治疗的问题。所以如果在室内的话，哪怕它一路跑，我也能一路追着喷，反正就那么几十平，两条腿对战四条腿，能因为空间限制而增加胜算吧。小狐狸戴着伊丽莎白圈，跟个喇叭一样，从航空箱里出来的时候还和我卖萌呢，都秃成棍儿了的尾巴尖微微晃动着，趴在地上匍匐着往我跟前靠。小样儿，我在它的伊丽莎白圈上弹了一下，它看我一眼，四个腿站直了点儿。似乎是知道跟我不能来这套了，然后就在房子里溜达了起来。那是个空房间，有个小阳台，还有个小洗手间。它熟悉了场地，跑到一个角落里四个脚丫子团在了一起，撅起了屁屁，用一泡粪开始标记领地。妈呀，那一瞬间，我有点后悔了，眼泪都流出来了，被呛的。

这是我第一次救助狐狸啊！为什么没有人告诉过我，狐狸能这么臭?！

自己选的路，跪着哭着也要走完，我只能默默地把口服药掰碎，塞进化好冻的日龄鸡和小鼠肚子里，又趁着它低头干饭的时候，拿喷剂给这货浑身来了一遍，最后还得含泪忍着呕吐感，把它的粪便铲了。等到这一切结束，我抬起胳膊拿袖子擦了擦眼泪，赶紧从屋子里退出来，第一时间跟"河狸军团"汇报：来了个硬茬，硬得我半条命都没了，你们给它起个名儿吧。"河狸军团"最擅长起名字了，大家说，就叫它狐萝卜吧，希望它能早点从灰灰的样子变回胡萝卜的颜色。

狐狸吧，和其他救助过的动物真的不一样，你看它坐在那儿盯着一个地方，那就一定是在转小脑瓜，想整点什么事儿呢。第二天的时候，我进去给它喂饭、上药，每次开门的时候就发现它坐在不同的位置上，看向阳台方向，有时候坐在地上，有时候坐在我们放东西的桌子上，把桌上的东西都扒拉到了地上。还有一次它就坐在门口，那么愣愣地盯着窗外。毕竟狐萝卜是在野外长大的娃，我就没多想，觉得可能是这个小家伙想看看外面。结果到了晚上上药的时候，我进屋，找了一圈，发现啥都在，狐狸没了！小阳台的门开着，冷风卷着雪花在门口的地上打着转儿。当时就把我急得和雪花一起转起来了，大喊："方会长，救命啊！"他屋在二楼，冲到三楼，还没到门口，直接就被狐狸迷人的芬芳打了头。方会长还不服输，强行捂着嘴，站在楼梯口，上半身假装往前挺，其实双脚一步没挪窝："咋——咋了？"果然劳心者不能劳力，我说你快下去吧，再见。实在是没办法了，我只能厚着脸皮打电话给了"小飞机"，他并没提起我曾经说的不再麻烦他，而是安慰我："别急啊，我现在带人过去。"

没想到，丢人和丢狐狸，两件事情同时发生的时候，可以一起找警察叔叔。怎么办？

"小飞机"的警车嗡嗡着出现在我们楼下的时候，瞬间感觉安心不少，我赶紧汇报了现场情况，求助地望着他。不得不说，逻辑思维能力是个好东西，"小飞机"先是绕着天台下面转了一圈，下了两天的雪，光洁如新，他抬眼看了看阳台，说："走，上去看看，肯定没丢。"

我们站在小阳台上，果然，阳台盖着雪的边缘有一串浅浅的梅花印。三楼和隔壁邻居家的阳台中间大概有个一米的样子，他们家阳台边缘的雪上有三道印子。他压低了声音，指挥行动："你看，狐狸肯定是先跳上了这边的台子，发现离地太远了，不敢跳，就估摸了一下对面的距离。"他蹲下身子，两边胳膊耷拉着，耸起后半身，模仿了个蓄力的动作，继续说："然后就这样使劲儿一跳，落在了隔壁。我刚看着隔壁阳台的窗没开，它应该就在阳台上，咱们悄悄地……"他还没说完，我噌地就蹿上了阳台，学着狐狸跳到了邻居家那边儿。

夜，静悄悄的，被惊到没顾上拉住我的"小飞机"和其他警察叔叔们都静悄悄的。小傻狐狸，也静悄悄的，团成一个圈，缩在阳台的一角，它只剩一根棍儿的尾巴敷衍地搭在身上。我懂，它之前尾巴还有毛时，肯定冷的时候都会习惯性地把尾巴搭在身上，当个被子取暖。但现在看起来，就又滑稽又可怜。天上飘着雪，雪花糊了它一脸，因为肝肾衰竭眯着的眼睛，在看到我的一瞬间，努力睁大了点儿，惊讶和恐慌从几毫米的缝儿里溜了出来。当然，这一系列的描述在现实中只用了五秒不到，它就已经看起来是既滑稽又可怜。我一把按住了它的后脖颈，把这货从地上提了起来。狐萝卜可能是冻着了，也可能是觉得管吃管住的安乐窝就那么失去了有点后悔，反正它没有挣扎，就这样被我提着，带回了屋里。

"小飞机"从仓库里拿了铁丝，帮忙把阳台门和窗户的把手紧紧固定在了一起。他拿钳子拧了好儿道，又试了试，发现怎么都打不开，这才停下。狐萝卜已经放弃了挣扎，喝了两口水，静静地卧在暖气管子旁边看着我们，乱糟糟的毛上挂着水珠，是融化了的雪花。"小飞机"瞭了一眼门，已经被狐萝卜拆得摇摇欲坠了，门框有四分之一已经掉下来了，一百块还给包邮到新疆的门，挡得住人，挡不住吃饱喝足想去探索新世界的狐狸。门板被刨得一塌糊涂，上面贴着的混合涂层一整个飞起，我这才看明白一百块的门里是啥。一层薄薄的皮，里面是一堆纸壳子折叠而成的芯儿。我扯着那个翘起来的外皮，看着里边的构造，就在想：这门我们也能做啊，快递箱子都攒着，估计每个月都能做个门。还没想完，"小飞机"拽了我一把，问："你觉得这个门还能撑多久？"我幡然醒悟："哦，对噢，感觉再有几天，狐萝卜就能破门而出，把办公室从一楼尿到三楼，让整栋楼都充满它的气息。""小飞机"一脸无奈："行了行了，明天我叫个兄弟来，刚好你的狐狸不是爱在外面待着吗，给它在你屋洗手间外面那个天台上焊个大笼子。"我打断他："不行不行，它现在毛都坨在一起，这放外面就冻傻了！"他瞥了我一眼："行，再想办法给它做个窝，我再给你找床旧被子给它垫进去！"我竖起大拇指说："还得是你！大哥！还得是你！"我觉得他可能也没想明白，不是来帮忙找狐狸的吗？咋这就给自己揽上活儿了呢？还一次揽俩。

"小飞机"的兄弟来得很早，拉着一车不锈钢网和方管。说实话，他们出现的一瞬间我有点慌，因为兜里真没钱，而且因为方会长昨晚上刚被化学武器攻击过，无论是出于他的个人情绪还是我们穷到不堪入目的账目，都不足以修起一个笼子，更何况兄弟说的是："'飞机哥'说了，你们天台有多大，笼子就焊多大，还要高一点，要不然动物待着空间太小，你们也不好进来上药、喂食什么的。"我心里一算账，就呃……了起来。一个天台三米宽四米长，高度也得是个三米左右，大学高数好不容易及格的我，肯定是算不明白要用多少米网子，但我知道，这绝对便宜不了。好像是我的窘迫被他收进了眼底，兄弟说："哎，'小飞机'说这钱他先垫着，你们不用管，保证狐狸能用就行。"呼——，我松了一口气，赶忙端来了热茶和水杯，给大哥放在旁边。这都是我的菩萨！过了不一会儿，"小飞机"来了，说：走，我带你找个狐狸窝去。我说：啥？这还能找到？他开着车，轻车熟路地带我到了一个已经停工的工地上，院子里的雪平平的，角落里有一个棚子，下面堆着很多的木板。我们走过去，雪从脚脖子那里灌进鞋子里，我哆嗦了一下。"小飞机"敲了敲手边的桌子，是那种老式的课桌，就我上小学和初中的时候用的那种，有两个桌洞。我一下就想起了和同桌画"三八线"的时候，拿肘子彼此撞来撞去的，好多年都没见过了。他说："这个工地是我朋友的，我就记得他有个这样的桌子。你看，这儿还有板子。咱们就把这个课桌反过来，桌洞这里当底，里面塞点稻草，狐狸可以钻进去玩。再把下面四条腿那里用木板围起来，留个洞，里面空间大，能把被子塞进去，这样天冷的时候它就住在二层，我这个想法咋样？"简直惊为天人好吗？大哥，不愧是你！

于是我们就抬着这个桌子，又捡了几块板子，回到了办公室。看着板子，我提起锯子就想试试，摆出了在电视上看过的姿势，一只脚踩在地上，另一只脚踏住板子，一只手搭在踩在板子的腿上，很酷的样子，另一只手拿着锯子就往板子上整。我脑海中想象的样子是：手起锯子落，一分钟锯完一块板。然而事实是，第一下，我就没拉动锯子；第二下，我把另一只手从腿上拿下来了，两个手费劲儿地扯着，结果只在板子上留下了个不到两毫米的口子。"小飞机"放下帮我拍照的手机，说："摆拍完了吗？起开。"

于是，警察叔叔们"吱吱吱"地锯完板子，"哐哐哐"地钉在桌子上，狐萝卜就有了窝，还是双层的。

笼子也焊好了，我们把课桌窝搬了进去。因为害怕把房东强哥的天台防水层弄坏，想着垫些什么。"小飞机"的同事家里正在装修，就拿来了好几袋沙子，又从他姐姐的幼儿园仓库里拿来了一卷地板革。先是把地板革垫在笼子底部，避免沙子漏进下水道；又在地板革上铺了一层沙子，抗造，也好清理狐狸的粪便。一切都就绪了，狐萝卜又一次被我提溜着，进了新家。唉，没想到啊，这强哥的防水层保住了，但毒气弹攻击，并没有因为我们的防御措施而得到缓解。方会长就住在天台的正下边儿，受到的攻击最强，持续了两年。

狐狸安置好了，方会长去琢磨咋给它要饭了，现在我们可不是小机构了，我们已经有了要照顾的崽崽了！

后来木子姐来了，我怎么可能放过她。于是给狐萝卜上药的时候，我撒娇说："你帮我拿着肉呗，我拿着药，咱俩一起给它上药啊。"

木子姐拿着梳子，准备给狐萝卜从头到脚过一遍。因为离得太近，再加上狐萝卜一身的皮肤病和寄生虫，味道着实不怎么好。木子姐没忍住，呕了起来，次数还挺频繁的。我算着呢，梳个四五下呕一回吧，不过后面好像就习惯了鼻腔里的化学攻击，要梳好半天才会呕一下的那种。每次呕的时候眼神也从最开始的一个白眼翻过去几乎要翻不过来，被臭到眼珠子都不转，大脑都不工作的那种，五分钟之后就成了一脸习惯的样子。也不能说彻底习惯了，她还在干呕，但眼睛已经能动了，死死盯着狐萝卜的毛，手压根儿不停，上下翻飞着，一边屏气一边一点一点地把打结成坨的毛发拉开，重复几下，再用左手把梳子上粘的毛飞速抓下，塞进手边那一坨越来越大的、脏乎乎的废毛组成的毛球里。

木子姐扒开毛发去梳开看，才发现狐萝卜的皮肤病已经很严重了。坨着的毛底下，皮肤已经发红，正在溃烂。木子姐说："毛都得剃掉，这样喷药才管用。"那它冷咋整？再给床被子？木子姐说："你记得给它多垫点草，挪个方向，洞口冲着你的屋，让冷风吹不进去，应该就可以了。"

有了木子姐给狐萝卜打造的住院部和康复计划，加上方会长不遗余力地"化缘"，小家伙肉眼可见地好了起来。当然作妖的事儿也没少干，什么跳上笼子顶扯坏监控，半夜撕扯笼子吵得方会长睡不着觉……反正那个冬天，我们和狐萝卜相依为命，也算是过来了。而且在这个过程中，为了治好它热爱和人类亲近的心理疾病，我们开始了对它的"折磨"。由于长时间摄入高盐、高糖、高油的食物，它的肝肾指标很差，要每天吃一次药。在它身体不太好的时候，我们都是把药藏在食物里，但随着它皮肤病好了起来，一点点圆乎起来，那就可以直接上手了。满笼子追它的时候还不能静悄悄的，要发出"嘿，哈，哇，呀！"这样的声音，多方面对它进行恐吓。抓住之后，更要用看似粗暴但很温柔的态度掰开它的嘴，把药放在食指上，一下子捅到它嗓子眼里。每次喂药我还都吓唬它说："看到了吧，人可怕吧，不光会追你，被抓到了还得被捅嗓子眼的。"

到了春天的时候，狐萝卜听到有人靠近笼子，那真是闪电一样嗖地就蹿进了课桌小屋里，再也不敢出来。

野放训练的第二步是捕猎能力的培训。冬天时，我们满屋子放捕鼠笼，还哀求"小飞机"往各个警务站里对耗子们布下天罗地网。每天都有活蹦乱跳的耗子送过来，供狐萝卜捕食。最开始的时候，耗子被丢进来，狐萝卜看都不看一眼，仿佛亲自抓个耗子是多么纡尊降贵的事。不抓是吧？那就饿着，反正也没别的吃的，牙缝里给你挤不出肉来。从爱搭不理到看见耗子两眼放光，狐萝卜也就经历了两天半吧。狐萝卜还真不是没技术，人家捕猎能力强着呢。我们还以为它需要适应一下，但通过监控看到了它会跟真正的野生狐狸一样，侧耳匍匐，脑袋左歪右歪，辨别耗子躲藏的方位，确认之后，弓起身子，高高蹿起，一头扎进雪地里，再抬头，脸上虽然沾满了雪，嘴上已经叼着耗子了。

光会抓耗子不行啊，赤狐在野外也得吃点小鸟。我们又从"小飞机"养鸽子的朋友那里忽悠了两只鸽子，"小飞机"是这么跟他说的："借你两只鸽子用一下，可能不还。"后来他还有借不还地贡献了好多鸽子给不同的动物们，感谢这位朋友，也感谢鸽子。

狐萝卜第一眼看到鸽子的时候，眼睛里闪光，脑袋跟着鸽子转动，像是在盘算着什么，只看鸽子在笼子里飞了几圈，落在了中部的横杆上。狐萝卜静静地趴在窝门口看着，完全不动。鸽子扭着脖子左右观察着，狐萝卜还是不动。过了一会儿，鸽子觉得没危险了，在横杆上开始梳理自己的羽毛了，左一下右一下。接下来的画面在监控里没有声音，但狐萝卜的残影伴随着往前冲划破空气的"嗖"和猛然跃起的"哗"的两声，过后就是一闪，然后就只剩鸽子不到两秒的尖叫了。也怪我们的监控破，翻来覆去看了好几遍都没看清狐萝卜是咋样出击的，只看到了它慢悠悠地叼着鸽子溜达回了窝里，中途还抬头看了一眼监控。鸽子垂着头在它嘴里，它那个得意的样子啊，"就这？"两个字和一个充满了嘲笑意味的问号明明白白地刻在了它脑门子上。

我们并没有把狐萝卜送回喀纳斯景区，而是悄悄选了一个遥远但生境很好且遍地都是小耗子的地方，让它去给牧民守护草场了。冲出笼门的时候它没有一丝犹豫，四条腿倒腾得那叫一个快，毛茸茸的大尾巴蓬松地垂向地面左右微微晃动着，不过不是像之前一样用来讨好人类了，而是在保持着高速奔跑下的平衡。它头都没有回一下，甚至没有停下脚步看看我们这些曾经给它留下过阴影的两脚兽，直到消失在了远方的灌木丛里。

粉色的航空箱，送它来，又送它回家。那个家，是它真正的家，是它要在那里生儿育女、以赤狐该有的样子过一辈子的家。提着航空箱走回车里的路上，我还在跟方会长开玩笑，说狐萝卜可再别回来了，再回来还拿这个航空箱去接它。也不知道是大自然听到了我这段话，还是狐萝卜自己争气，我们果然再也没有见过对方了。

赖着不走的雕哥

方通简

几年来，我们救助和野放野生动物无数，绝大多数崽子都在我们有意识地隔绝它们与人类接触下返回自然就不会再见面了。唯有雕哥，给所有人上了一课，让我们明白了伤愈的动物们绝不是能跑能飞就能放，而是要建立野生动物放归考核机制，对它们的捕猎能力、对人类敏感性、野外生存能力进行综合评估，通过了才能进行放归。

它是协会 2021 年野放的一只草原雕，国家一级重点保护动物。我们救了它，它却丢尽了我们的脸，跑去哈萨克族大哥家偷鸡，关键还被抓了！人家给我们打电话，质问为啥派老鹰去偷他们家鸡！我们脸都臊红了，不知道该怎么解释。

想当年这货第一次来救助中心就是因为偷羊，它不像别的雕吃点肉就行，它有想法，有执行力，敢偷活羊。当时，乡里一家牧民大哥准备宰羊请客，庆祝儿子结婚。那边主人正在做准备工作，羊拴在身后，这边还是个雏的雕看准了，俯冲直下狠狠抓住羊背，就要往天上提。

勇气可嘉，想法感人，但它好像忘了自己还没成年，结果没提动，爪子还被卡在了羊身上。羊哥估计也很生气，一顿挣扎，它俩打了一架，然后它的腿被撇断了。

该说不说，它俩这一架可把那只羊的主人给吓坏了。想宰羊，结果扭头居然看到一只雕歪在地上，瘫在自家院子里，请大家自行想象他的心理阴影有多大。牧民大哥连忙报警说："这个老鹰嘛，脾气不好，和我的羊打起来了，

222

结果嘛，结果我的羊也生气了，把它打得站不起来了。"据说当时大哥紧张得结结巴巴，多次向警察同志重复说："它们这个矛盾嘛，和我没关系，它们俩自己打起来的。实在不行，我这个羊嘛，也可以不要了，但雕绝对不是我打的。"

好吧，找羊打架却被虐了一顿，当年还是小雕的雕哥就这么住进了救助站。医生给它接了骨，打了石膏，在我们好吃好喝的伺候下快速康复了。既然好了，就野放吧，那天我们开着协会的救护车，拉着它往山里开。"开远一点，这家伙有偷羊的前科，你们尽量把它放在深山里，离人越远越好。"出发前，初老板叮嘱。

我们朝着阿尔泰山深处进发，山路崎岖，蜿蜒无边，开车足足6个小时后，已经完全远离人类世界的我们感觉差不多该放了。倒不是前面不适合它，只是深山老林要是再往前走，我们几个恐怕就要迷路了。

停车，抬箱，静置，记录，开箱门，人退后。熟悉的野放流程，大家默契配合，等它走以后，我们还要抓紧时间赶在天黑前回去。

"我工作以来，还是第一次见到这种老赖！"同事小马事后回想起当天，还是气愤难平。

只见雕哥慢吞吞踱着方步从航空箱里走出来，不知道为啥，那个瞬间我居然从一只雕身上感觉出了它江湖大哥的气质。管它啥气质，总之快走吧，我们还急着回去呢。万万没想到，出来散了会儿步，它老人家居然又摇头晃脑地走回了航空箱，竟然顺势趴下了。

啥？不走？这什么情况？同事们都傻了眼。

最后，有同事想了个办法，我们拿了点它日常吃的牛肉，摆在离航空箱几十米外的地方，其余人藏在一棵大树后。果然，看到了吃的，雕哥晃晃悠悠又走了出来去享受美食。同事们忙上前收起航空箱，塞进救护车，我们跳上车就跑。我从后视镜看过去，还好，它正低头猛吃牛肉，顾不上理我们。

可算是把这个老赖甩掉了，返程路上，同事们吹着口哨，哼着小曲。忽然，开车的小马碰了碰我胳膊："方会长，你看天上，那不是雕哥吧？"我一个激灵坐直身子向外望去，碧空如洗，一个肉眼几乎不可见的小黑点在我们车子上空滑翔。

"应该不是，专心开车。"我强作镇定让他别胡思乱想，心里却蒙上了一层阴影。山路可真不好走，我们返回救助中心时天都已经黑了，小马跳下车去开大铁门。"方会长！方会长！"他喊我。"开个门咋还开出了颤音？"我跳下车顺着他手指的方向看去，让人震撼的一幕出现了，雕哥正蹲在单位的铁门上不满地瞪着我们，像是在嫌弃我们回来得太晚了。

好吧，你真行。从那之后，它成了救助中心里唯一不住笼舍的动物，为了让它早日离去，我们既不喂它，也不理它。可俗话说得好，强者从不抱怨大环境，它很快开始自力更生了。这次它吸取了受伤的经验教训，不敢再打羊的主意，而是改偷鸡。

可恶的是，偷你也偷远一点的啊，就偷我们邻居家和山下老乡家的鸡。于是老乡们纷纷报警：警官，就是山上那伙人，整天训老鹰偷我们家鸡！警察上门来问的时候，我说我没训。警察说那他们咋都说你们训了。我说那你把它带走。我们早放了，是它赖着不走，它是国家的"老棱"，你们拿走吧。当时那个警察把我拉到一边问："你好好说，它一个月要吃多少，我们派出所倒是养了几只鸡呢。"我说没几个，你带走吧。

半个月以后，那个警察回来找我。他说："我们现在没鸡了。"我说，我理解你的感受，以前我也有鸡，现在我也没了。他叹了口气幽幽地说："这样，我们派出所出个车，你们出两个人，咱们把它拉到山里放掉。鸡没了，给我们单位写个救助野生动物的宣传信息发一下也算有个交代。"我说可以，但是最好有个办法让它在野放地多待几天，否则有可能还会回来。

那天警察同志大清早拉着雕哥，来接我和同事，我们一起去放雕。早晨10点出发，我们又开了五六个小时，足足开到了中蒙边境线上。中午路过边防支队，我们去人家食堂蹭了个拌面，边防的领导好奇地问："你们派出所咋还有养雕技术，好养吗？"警察同志歪了他一眼，云淡风轻地说："倒是也不难养，你们单位养没养鸡？"

就这样雕哥住进了边防支队的鸡圈里，他们答应帮忙暂养一阵子，好让它不再返回救助中心。后面的事不用我说，你们大概也能猜到吧，边防支队现在也没鸡了，雕哥又回来了，300公里。

雕哥回来后时常在救助中心上空盘旋，耀武扬威。动不动就冲下来把我们后来养的狗吓得满地跑，好像要让狗子认清谁才是元老级前辈，好好的野生动物救助搞成了被"黑恶势力"欺负的故事，警察同志还不管，唉。

不过，闹归闹，工作可不能马虎。再后来，我们趁着一次它来救助中心蹭饭的时机抓住了它，回炉重造，进行了为期一个月的野放训练。在它通过一系列考核之后，再次进行了放归。这次，它终于不再回来祸害大家了。

这一课对我们来说其实很难忘，让我们彻底吸取了教训，改进了工作办法，认识到学习和进化是始终不能停止的，说起来救助中心后来的动物们还都算是因为雕哥而受益呢。

小熊"能能"越来越能

初雯雯

掉馅饼的时候不会有预兆，老天爷要给你送个熊孩子的时候，也绝对不会有任何的提示。2021 年 9 月 16 日，我生日的前两天，阿尔泰山国有林管理局的野生动植物保护处给我打电话，说有个牧民报告，有个半身不遂的小熊，被他们救下了山。他们实在是没个固定的笼舍，问我们能不能接收。接到电话的时候，我望着楼下在富蕴县政府支持下焊起的大笼子，终于昂首挺胸了一回："我们有足够结实的笼舍，也有照顾它的工作人员，把熊送过来吧。"阿山局那边给我发视频看的时候，我连忙喊来同事岩蜥、顾安、李佳和 Kiwi。小家伙毛发凌乱，在视频里不断抽搐着，点着头的那种，还有半边身子动不了。看到护林员们拿了根棍，拿绳子把它固定在上面，挑着它下山的视频，我们都笑出了腹肌。它手足无措的，四个熊掌随着担棍的起伏而上上下下的。当时除了觉得它好可爱，还有些心疼，顾安说："我们一定能让它好起来。"李佳找了很多在长隆照顾小熊的资料，我们一起把本来住在大笼子里的另一只草原雕和一狗搬到了隔壁的单间笼子里，因为这个大笼子是左右两边分开的，中间有钢网铁板制作的隔板，插在中间就能把笼子分割成两半，这样我们进去给它打扫卫生和布置野放训练用具的时候，不至于被吃掉。为了我们和熊的安全，只能先委屈一下一狗了。我们做好了当下能做到的全部，希望能够给到我们能给的最好条件，希望它能早日康复，早日回归山林。

但没想到，这次我差点毁了容。

226

小熊本来应该和妈妈一起生活到两岁半左右，在此期间，妈妈要照顾它的生活起居，并且身体力行地教会熊宝宝如何生活、吃什么、住哪里。这只熊应该是当年出生的娃，也就半岁多，不知道是妈妈遇到了不测，还是它自己遇到了什么问题。

9月15日，在阿山局的工作人员跟我联系之前，他们带着小熊从山上下来先到了阿勒泰，去了一家动物医院，想先给它检查一下。由于不知道小熊体重多少，医生估摸着给了麻醉。结果差点让小熊彻底醒不过来了，下午四点多麻醉的，到第二天早上八九点钟，它才算是悠悠醒来。这小家伙命真大！

阿山局也很负责，工作人员看护了它一晚上，也没啥办法，第二天一早就给我打了电话。了解到它麻醉还没彻底苏醒的时候，我只能压住心里的怕，叫同事带好各种工具，还带了一床被子。发车之前给熟悉的动物医院的钟院长打电话说："阿勒泰阿山局那边救了个熊，昨天麻醉量没控制好，他们要送我这儿来，怕挺不住，我们在你那儿会合，先缓一下再往这边来。"

我一路飞车。路上，阿山局的工作人员发来了小熊之前的体检结果，包括抽血化验的和拍片之类的：数值测不出来；化验单是手写的，参考范围居然也是手写的。顾安气得直拍腿："这白白给熊麻醉一次！还差点把它命弄没了！"

到了动物医院门口，我们和钟医生拿着之前的检查结果，一起分析了情况，决定不能让它再承担一次被麻倒的风险了。保命要紧，后面慢慢恢复。拉着小熊的白皮卡也到了，装着小熊的笼子就在后斗子上。还没来得及套上工作服，我就赶紧往车后面走，想看看它怎么样了，还在盘算着：现在快中午1点了，早上8点左右醒的，差不多5个小时了……就这么算着，我走到了笼子旁边，由于脑子还盘旋着麻醉的事儿，还在天上飞着呢，没回过神呢，于是我探着身子就贴到了熊笼子边儿上。谁想到，阿山局说他们没有结实的笼子，并不是在客套，这笼子是真不结实啊！小熊居然冲破了笼子，嗷的一声，熊掌从我脸前一厘米的地方划过去了。掌风里还夹杂着一股子熊粪的味道，直接就把我的脑子吓回来了，指挥着我的身体。我往后一躲，好险，就差那么一点，我就毁容了。

就这，我还得假装自己一点不慌，看着大家简单地拿绳子加固了一下笼子，拿来被子，给小熊盖在笼子上，让它尽量看不到外面，减少应激反应。李佳拿来切好的苹果，给它吃了一小片，看它的状态是可以进食的，向我点了点头："咱们走吧，快点回去。"小熊冲出笼子挠我的那一掌好像用光了所有的力气，现在只是蔫蔫地趴着，两个小眼珠子转着，呼呼地喘着粗气，吧唧着嘴恐吓我们，要我们离它远一点。我知道，不光是我害怕，它肯定也很害怕。

一路上，我们停下来了好几次，检查小熊的情况，Kiwi开车。我赶紧给"河狸军团"的家人们汇报工作：接到小熊了，状态不是特别好，我们先带它回基地，还有，这货一点都不听话，见我第一面就想拍死我，把爪子给它没收了，就起名叫能能吧！

就这样，下午四点多，我们回到了基地。楼下的笼子早上已经消过毒，铺上了几块石板，这样能能的爪子不会被钢网硌到，里面放了一个大大的水盆，熊喜欢水是一方面，另一方面我们分析觉得它有可能是中毒，还有营养不良和神经炎的症状，多喝水，有利于排毒。问题是怎么把这个虽然虚弱但杀伤力十足的小家伙骗进它的病房里。

顾安把两个苹果切成薄薄的小片，这样能起到引诱小熊的作用，也能避免它经过长途运输、还应激的情况下摄入太多食物。李佳从门口捡来了一根木棍，头上稍微削尖，能够戳得住苹果片。Kiwi和阿山局的工作人员一起从库房搬出来了几个轮胎，找了两块从狐萝卜的阁楼别墅拆下来的板子，垫了一个和大笼子门口相平的台子，这样一会儿那个死不结实的笼子就能放在这个台子上，和大笼子对在一起。大笼子的门是往里开的，熊进去的一瞬间，总不能挑个胆大的同事伸手进去关门吧。唉，我又开始责怪自己，当时怎么不做个上下开的门，非要做个合页门。岩蜥动手能力一向很强，他把我拨拉到一边去："小笨蛋，没事儿，我来。"从兜里掏出一小捆绳子，拴在开着的门上，一会儿小熊从这里进去，我们把这个绳儿一拉，门就可以关上了。

准备工作完成，大家一起把熊笼子抬到了简易平台上，虽然言语上小熊已经没了爪子，叫了个能能，但它现实中的攻击力还是都挺让大家忌惮的，搬笼子的时候，被子都没拿下来。隔着被子，听着小家伙在里面怒吼，还是挺吓人的。在台子上落定，摘掉被子之后，才发现能能尿失禁了，沾了一身。那个笼子的门已经打不开了，现在只能是拆掉笼子的一侧。能能的脖子上有根绳，是昨天护林员拴着的，他们昨天把它关在林管站院子里就拿了根绳拴了一宿，这个时候派上了用场。李佳拿苹果片把能能吸引到了后侧，岩蜥拿棍子从笼子里勾出了绳子的一头。岩蜥指挥着大家："我拽着这个绳子，它的活动范围就在这侧，去不了笼子那侧，你们快点拿钳子把那边的笼子剪开，让它从那里出去。"三四十公斤的能能折腾了这么久，也累得不行，就坐在笼子的一侧，任由岩蜥拉着它脖子上的绳子，胸腔里发出呼呼的恐吓声，又从李佳递来的棍子上一片又一片地接着苹果。兄弟们很快拆掉了笼子的另一侧，岩蜥趁着能能吃苹果的时候，已经拿到了绳子的另一头。昨天给能能捆住的护林员是个哈萨克族，他打的是拴马扣，找到短的那边，一拽就开。岩蜥手抖了抖，能能脖子上的束缚没了。李佳把小木棍从能能待着的那一侧拿出来，这次直接往上戳了四分之一个苹果，从拆掉的那一侧放进去。能能四脚着地站了起来，晃晃悠悠地往前走，从小笼子里到大笼子里，一共不到一米的距离，对于半边身子都不受控制的它来说，很远很远。它很不协调地把自己挪了进去，岩蜥迅速地一拽绳子，门合拢，他还拿手挡了一下，生怕笼门关上的瞬间，发出巨大声响会吓到能能。

笼子里的砖上，是准备好的第一顿饭。能能之前的笼子里，粪便内都是无法消化的水果残渣，我们对它的排泄物做了分析，可以看出它消化道是有问题的。因为长期的饥饿导致肠胃功能紊乱，护林员给的整个的苹果，它虽然吃了，但是无法消化。第一顿，必须让它吃点"软饭"，要好吸收、有营养。它大概半岁左右，也就是刚断奶两个多月，所以熟牛奶和羊奶粉是可以吃的，还得补充碳水。岩蜥很快就给它准备了一顿奶泡饭。奶泡饭旁边放着水盆，我们以为它会先吃饭，结果能能奔着水盆就去了，半个身子都差点栽进去。还好它稳住了，咚咚咚几下把一整盆水都喝完了。之后它望向旁边，看到了那盆软饭，又颤抖着挪过去，连吃带喝的，很快就吃完了，盆都舔得干干净净。完成这一系列动作之后，它居然一下子趴在了地上，没过一会儿就睡着了。

这是我第一次见到野生的熊，也是第一次救助一只熊。现在，只是刚刚开了个头。想着它浑身瘦弱，肚子却那么大，它佝偻的身体，和控制不住地抽搐颤抖……它现在只有半岁多，我们首先要做的是保住它的性命，然后要科学地对它进行野放训练。这里面最难的，可能就是要代替它妈妈教给它生活常识，在这个过程中，要想办法斩断一切和人类的羁绊，万万不能让它觉得人类是它的妈妈，最后才是要把它放归自然。

能能的回家之路还很漫长。我们几个挤在办公室，你一言我一语地研究着熊孩子要掌握的生活技能。讨论的结果是确定了三个核心和一个基本点。三个核心：野外生存、食物选择以及跟人类井水不犯河水。一个基本点：再爱再心疼，也不能亲近能能。每一项野放训练的设计都要秉持帮助能能回家的原则，有悖于这点的一切活动必须禁止。

从那个晚上到送能能回家的那一天的 9 个月里，所有人的心都被这个小家伙牵动着。我们到现在都还有个不成文的习惯，那就是在动物面前，从来都没有具体的分工，不管是项目组还是科研组，都会在心里记挂着动物们。我们也爱比，大家都在心里较着劲儿，最爱比的就是谁对救助中心的崽崽们更好一些。马驰在出野外做调查的时候，看到适合能能玩耍的大木头桩子，就会用皮卡车拉回来；看到能能在野外要学会吃的野果子，哪怕采到它要被扎一身的刺儿，他也会站在皮卡车斗子上仔细地连树枝一起带回来，供能能学习；看到河对面有棵大松树，脱了鞋蹚水过去，河水泡湿裤子也要拿衣服裹一兜松果，带回来让能能尝尝。Kiwi 和顾安一起在能能的笼子外围拉起了一面阻挡视线的遮阳网，这样能能平时也看不到我们，我们也不会太多地存在于它的记忆里。李佳定来了伪装服，定好了规矩，大家给能能放饭的时候要穿上伪装服，脸上要用飞巾裹住，全程都要悄咪咪的，不能让能能觉得看到人就有饭吃了，这样它回到了自然才不会去找牧民要饭，也不会给自己和别人带来危险。顾安和 Kiwi 把大木头用铁链子固定好，吊在笼子里，供能能攀爬，把食物藏在高高低低不同的地方，让能能自己去寻找。还给它从附近的工地上捡来了大塑料桶，切成两半，把边缘打磨整齐，让能能日渐成长的身子能坐得进去，还能练习抓鱼。

我们给能能制订的野放训练计划就像是打游戏通关一样，每天都有新的关卡，它对每一天新出现在小窝里的玩意儿都很好奇。啊，回忆起来，看它通关整个游戏的过程，其中一点一滴的细节太多了，挑几个来说说吧。

能能刚开始学抓鱼的时候，是它经过一段时间的药物治疗，神经炎恢复得差不多了，不再那么颤颤巍巍了。我们刚开始买的小盆够能能喝水，但要练习抓鱼，可有点小。毕竟能能以后是要在阿尔泰山的溪水和河里跟小鱼搏斗的。于是我们赶紧去铁匠铺子买了个我都能躺进去的大铁盆，Kiwi 把它顶在头上一路扛了回来，放进笼子里。李佳有个给动物们冲洗笼子用的水枪，她把水龙头挂在网子上，隔着笼子往里面添水，水流在盆里一圈一圈地转着，白色的泡泡泛起又消失，循环往复，终于满了。这可是能能在救助中心第一次抓鱼啊！我们迫不及待地把差不多 20 厘米长的鲤鱼放进去，架好相机对准大盆，拉开笼子中间的隔板，然后迅速躲到二楼。能能从另一边的笼子踱步过来，歪着脑袋看了看大盆。里面是它熟悉的水，能能伸爪子进去搅和着，突然看到了鱼！之前能能吃到的鱼都是固定不动躺着的状态，这是头一次见到活蹦乱跳的鱼！它也很疑惑，啊？你会动啊？于是它习惯性地就把嘴伸进了盆里想要一口叼住，可鱼又不傻，游开了。这下换能能傻了，鼻子和嘴都戳在盆里忘了赶紧出来换口气，我们就看着小气泡咕嘟咕嘟地从水里升起，水直接钻进了它的鼻孔和嘴巴里。小笨熊，呛着啦！

能能吓得坐到地上拿爪子捂着脸，扒拉着鼻子，想要把水掏出来，还咳嗽了几下。还好熊孩子不屈不挠，坐在边上看了几分钟，它又去了，这次不用嘴了，拿大爪子试图把鱼捞上来。鱼是那么好捞的吗？能能爪子伸进去捞一把，空的，又伸进去继续捞，持续了十几分钟，小鱼还安然无恙地待在水里。能能有点恼羞成怒，站起来了，它开始围着盆转圈了，它……它开始拆盆了？这，这，这是要干啥？我们就看着能能站在盆边上，两个前爪按住铁盆的边缘，屁股撅起，整个熊就跟个直角梯形一样的，一下一下地往下按盆边子，可有节奏感了。那铁皮哪能禁得住熊这么折腾啊！而且能能还怪贼的，把一边按扁了，水哗哗地流走了，可盆里还有水，它又换了一边继续按，就这样换来换去，我早上刚买的铁盆没几下就变成了铁盘……水都流走了，鱼在铁盘上蹦跶了没两下，能能一口叼住，带回窝里美滋滋地吃去了。这！下巴都惊掉了，这是什么操作！空气都凝滞了，那几分钟里，我们也不知道是该欣慰能能聪明，还是心疼买盆的钱。还是该想想办法这咋解决了。

我们灰溜溜地从笼子里拿出来"铁盘子"，试图给铁匠铺的老板解释一下事发过程，看他能不能给我们修复一下。没想到老板听说我们是给熊用的，他直接回收了这块铁盘，把钱退给我们，并表示他们整个店里都没有能卖给我们的东西了，推搡着就把我们赶出了门。回去路上，路过一个无人的建筑工地，看到有个蓝色的大塑料桶，顾安一脚刹车："这个应该可以，咱们锯成两半，里面放上水，能能绝对踩不坏！"过程不重要，反正下午院子里就响起了嘎吱嘎吱锯桶子和角磨机磨边儿的声音。不一会儿，就听到楼下喊："桶好了！放水！上鱼！"

能能这次学聪明了，踩了几下发现这蓝色的大玩意儿结实，踩不坏，捞也捞不上来，那试着不喘气用嘴叼一下？那先把嘴张大点儿，进去了直接咬吧？哎，没咬住，跑那边了，转个方向再试试。我张嘴，我下水，啊呜，呸，又没抓住。再来再来，这次我嘴再张大点，鼻子闭好，不喘气不喘气，我憋住，走你。

我们站在二楼的玻璃后面，举着手机放大，看着能能试探的样子，比它还要紧张，在它尝试了十几次之后，我眼睛都快瞪出来了，手都酸了，突然发现它这一次嘴里多了点啥，还头也不回地去窝里了！"抓住了抓住了！太好了！"顾安在我耳朵旁边喊。

这抓鱼游戏的章节还只是通过了第一节，后面的试炼还多着呢，难度可是要逐步提升的。那一个月里，除了主食，能能每天见到的鱼可真是一天比一天小，但熊孩子争气，鱼虽然小了，它的命中率和速度却每天提升。后来我们放进去的鱼只有两三厘米长，它居然也能很利落地把脸伸进去，抓到，抬头。每次脸埋进水里之前，也不提前张嘴了，直接就掌握了在水里张嘴抓鱼的技能。难度还得提升，河里可没有光溜溜的底，那可多的是石头，小鱼都会躲在石缝下，要是不会抓准时机，就得饿肚子了。我们又从河道扛回来好多石头，大大小小各种形状，铺在桶底，确保小鱼能藏身，这可就提高难度了。没想到能能没让我们失望，可能抓鱼的基因已经被唤醒，它居然会蹲在逆光的方向，避免自己的影子投射到水面上吓跑小鱼，还静静地观察着，直到小鱼在水的中段游动的时候，才精准出击。完美通关！能能真棒！

抓鱼只是野放训练的一小部分，熊是杂食动物，在教会能能吃饭的这事儿上，最重要的是让它认识不同的食物，种类越多，它饿肚子的概率就越低。那阵儿刚好木子也加入了协会，我们就按照抓鱼游戏关卡的设置原理，还给它设计了抓老鼠、抓鹌鹑、找浆果、掏鸟蛋、认松果、找蜂蜜、挖百合、认土豆（阿尔泰山有野生土豆，我们教会了它认识并且咋样挖出来吃）、识百草等等一系列的游戏关卡，可算是在识别食物这件事儿上做到了我们能做的极致，能能也在游戏的过程中不断学习着。为了不让能能觉得是人类提供了食物，也不让它跟人类亲近，我们只好躲在它看不见的地方，让它独自面对每个挑战。每次它通关的时候，我们欢呼的热情从来没有消减过。

能能的游戏关卡里除了填饱肚子的环节，还增添了野外生存能力的部分。同事们拿皮卡给它搞了一整车土回来，又把它的木板小窝改了改，造成了树洞的样子，能能用了一周，就给自己挖了个漂亮的小窝。它的笼子里也多了各种各样的丰容，有练习躲避的、攀爬的、小憩的。

冬去春来，能能越来越能了。

阿尔泰山解冻的那一天，翡翠色的喀依尔特河上的冰雪缓缓消融，鸟儿们都回来了，在林子里叽叽喳喳的，一行人走在林子里，那是我们和阿尔泰山国有林管理局富蕴分局的兄弟们。是时候给能能挑个成家立业的好去处了。整个林区我们转了一大圈，有熊的地方不敢放，因为能能还是个未成年的年轻姑娘，如果遇见公熊，它没到繁殖年龄，有危险；如果遇见母熊，能能会被视为竞争对手，也是死路一条；食物不充足、水草不丰美的地方不敢放，能能在救助中心一天的伙食顶得上我们全员的，饭量可大着呢；牧民多的地方不敢放，毕竟当年为了能能好得快，可给它吃过不少羊腿，这要去偷羊可得是一脑门官司……我们看了一个又一个地方，总是能挑出不合心意的点。折腾了两周，都快把富蕴县境内的阿尔泰山转完了，还是没找到合适的地方。

有一天木拉曼局长和我们一起去了，局长以雷厉风行和喜欢动物而出名，他给我们找了一个压箱底儿的好地方！水草丰茂，是一片原始森林，一条小溪潺潺穿过，鱼多的哟，盯着水面看两分钟能看到十几条跃出水面；路边各种小鼠兔、草原犬鼠、地松鼠，林子里还有好多浆果，树莓、黑加仑、蔷薇、忍冬之类的。大树也特别多，我还替能能试了试，好几棵大树下面都能当个睡觉的窝。"这里曾经是我们人工造林的地方，看着一片片的林子，好几十年了才长成这样，动物多得很。虽然现在这里没有熊，但是后面可能慢慢就扩散过来了。"木局站在溪水边的大石头上，望着远方，看了我一眼，他带着点骄傲继续说："怎么样，雯雯，这个地方，毛病再挑不出来了吧？"我想了想："那，牧民？"木局了然于胸："我就知道你要问这个，这附近就一家牧民，他们家养的都是牛，你的熊嘛，干不掉牛的。"哎呀，那我还说啥，我们就招呼科研组放红外相机，把这儿野生动物的情况再了解一下，也为以后给能能放监测红外相机做准备。

木局看着我指挥他们放相机，等我安排完，他把我拽到一边，问："定位不装吗？"唉，说到我的烦心事儿了。"木局，我也想装定位器，但是跟定位厂家沟通好几个月了，不敢装。能能是个亚成体，还没成年，它还会继续长，如果按照它现在的颈围定制了项圈，它长大点儿，就有勒死的风险。"木局还不死心，继续问："那，粘到背上的那种呢？"不愧是专业型领导，这都能想到，我说："这个我们之前也考虑过，但是熊是最爱蹭痒痒的。"刚好身边就有棵大树，我把背贴在树上，模仿着熊的动作上下左右地蹭着继续说："你看，这样一蹭，设备就掉了，设备坏了不心疼，就是得给它刮好大一块毛下来。"木局想了想，说："好吧，那就你的小马和我的护林员多来几趟，红外相机嘛，放满。"好，放满。

地方定好了，离能能回家又近一步。回来我就拽着木子和马驰设计笼子，要足够结实，确保在运输过程中能能不会打破笼子跑出来。之前它小，打破笼子差点给我毁容，现在它要跑出来满富蕴县溜达，那可就太危险了。"必须得用钢筋，直径得在一厘米以上，笼子门还得是向上提开的，两边要有把手，这样人推着的时候不会有危险。""对，说到推着，下面还得有轮子。"那个地形，咱们的笼子可能还得搬运。这个笼子门也很沉，需要再设计个专门搭配笼子的龙门吊。就这样修修改改一周过去，才有了一个估计连老虎都能关得住，还能和野生动物们用的笼子完美配合，在野外也能方便灵活使用的转运野放笼。

野放的方案也不敢有丝毫疏忽，当时协会只有六个人、两辆车，还好阿山局富蕴分局帮了忙。木局每天带着十几个护林员兄弟过来一起演习，我们练了三四遍，尽量减少中间的纰漏。在研究怎么把笼子抬到车上的时候，马驰和Kiwi还往起立龙门架呢，护林员兄弟们直接扛起笼子，举着就放皮卡车斗子上了，真爷们儿！

等真到了送能能回家的前一天晚上，每个人都很激动，担心能能在野外吃不好、睡不好，担心明天野放过程会出现什么波折，担心能能以后的日子，就像是要送女儿离家上大学的父母一样。木子还贴心地给能能准备了便当：四个鸡腿和两只活鸡，还有因为要做野放训练只能吃野外食物而很久没吃到过的、能能最爱的苹果，准备让它路上吃。大家又不放心，把转运笼和大笼子又吊起来拼合了两次来演习，一直折腾到凌晨两三点。

为了避免到山里的时候太热，我们定好了早上6点出发，木局和护林员兄弟们5点半就出现在楼下了。木子把芦丁鸡和苹果从转运笼的外侧塞进去，引诱着能能从它住了9个月的家里钻进了转运笼，马驰站在转运笼顶，迅速落门，第一步完成了。那天清晨，所有人都默不作声，在头灯的照耀下各自忙着手里的工作。护林员兄弟们默契地把笼子抬上了阿山局皮卡车的后斗，马驰迅速拆开龙门吊装车，Kiwi整理好需要用到的工具、野放单等，大家安静地上了车。我开着车走在第一个，用比人走路还慢的速度开在最前面，六辆车的车队亮着灯，暖黄色的长龙向着山里前进着。路上走走停停，木子时不时下车检查能能的状态。它很安静，并没有预想中在狭小空间的不适应和挣扎，可能它也多少知道这是回家的路吧。5个小时之后，所有的车慢慢蠕动着通过了最后一截颠簸且布满巨石的山路，到达了野放地。又是一阵静默的忙碌，检查能能的状态，去安放便当，支起了龙门吊，架好了相机，把笼门上的卡扣通过铁链和木局车上的电动绞盘连接在一起。万事俱备，避免意外，所有人都缩进了车里。木局按下手中按钮，笼门吱吱呀呀地升起了，阳光照进了转运笼里，能能站了起来。鼻子先从笼子里出来，它先在空气里嗅嗅，试探了一下，然后就看到毛茸茸的一大坨雀跃着从笼子里蹿了出来，奔向了林间。一瞬间，它像是摆脱了和我们的所有羁绊。

山里的风吹来，像是在迎接能能回家，推着它往林子里去。能能跑了两步，两个前爪前后交错站在一块大石头上，抬头看着我们为它选择的家园。从此再也不用住在笼子里的它，不住地左右回头看着，两个圆耳朵前后忽闪着，还仰起头努力地嗅着新鲜的气息，想要从风里读出点什么信息。我的眼泪掉下来了，也顾不上擦，拿相机咔嚓咔嚓地按动快门。取景器的小框很神奇，刚好框下我们膘肥体壮的能能。这个熊孩子从凌乱颤抖、浑身是病的小毛球，通过自己的努力，长成了这样漂亮健壮的大熊，每一根毛都在阳光的照耀下熠熠生辉，像是身上载着一整个星河。在石头上站了一两分钟，能能发现了木子给它准备好的小鸡，扑过去很熟练地解决了它，叼着鸡扭头就钻进了浓密的山林。

能能留给我们的最后一瞥时间并不长，我们眼睛里是它，心里都是它获得成长和战胜命运的每一次进步。等看不见了，木局才后知后觉地喊了一声："走喽！要好好的啊！小熊！"

在回程的路上，我的眼睛已经哭到睁不开了。木子开着车，我抱着手机看能能的视频，我的小车也真是讨厌，突然就放了一首《萱草花》。

能能啊，我的孩子，你从未看清我的脸，从未记住我的味道。我和我的同事们已经做完了我们能做的一切，未来的日子，你就要靠自己了。希望你不要忘了小时候玩过的游戏，希望你能用我们教会你的一切来应对自然的残酷，希望你永远不要再遇见人类，希望你能够忘记我。

后来，能能已经回家一年多了，我们也在布设的红外相机中偶尔见到了它的身影。它在自然里恣意成长着，我也在忙着我人类社会里的工作。有一天来了几个好朋友，我们坐着聊天，朋友把手机拿来给我看，炫耀着被设置成桌面壁纸的自己家孩子，方会长说："哼，谁还不把自己家孩子设置成个手机桌面壁纸了？初老板，给他们看看。"

我举起手机，点亮屏幕，是能能回家的那一天。翠绿的背景里，能能站在石头上，毛茸茸的小耳朵上还沾了两根草棍，眼神望向远方，鼻子黑黝黝的，小胡子闪着光，咧着嘴，嘴唇微微张开着，能看到白色的小牙。

朋友说："你家孩子厉害，还会笑呢！"

夺我两年桃花的秃鹫大哥

初雯雯

　　5月17日下午，警察叔叔给我打电话，说有个牧民送了个大老鹰过来，趴在地上不动了的那种。我说："行，送过来吧。"

　　警车呼啸着就来了，之前警察叔叔送动物过来，都是直接把装着动物的纸箱子抱下车，拿进房子里。这次他们居然空着手进屋喊我来了："雯雯，雯雯，快来，快点快点！"跟着他们出门，上了警车，第一眼看到的是个三角桩，我还在想：这警车地儿真大啊，原来三角桩都是这样运输的啊。眼神往旁边一扫的时候，我说："天哪！这么大！"警车里居然趴了个秃鹫，体长差不多得一米了，警车是三排的，第二排座和第三排座之间有一个空座位，它就趴在那儿，一动不动，挡了个严严实实。

　　这是我第一次近距离接触秃鹫，我用了整整两分钟来接受它的体形，还是在西林看我半天没进去之后出来喊我，才让我缓过来了那份震惊。真的太大了。这要跟我打一架，我肯定没胜算。当时我在心里暗自想着，如果我有上帝视角，我肯定会阻断这个想法，因为所愿即所得，四天后，我就体验了一把。

　　上帝视角关闭一下，回到刚被西林操了一下的我。"哎哎，是个秃鹫，快，腾个笼子，咱们先去一楼检查一下。"说的时候，我好像闻到了空气里熟悉的味道，这种味道很难形容，有点像湿了的铁锈，又好像杏仁揞发霉了，还有一股酸酸的味道，虽然无法被具体描述，但一秒就触发了我的噩梦："完了，这货是中毒了，别去一楼了，去我屋！洗手间！"

238

噩梦从哪里来呢？

是从无数个我们曾经试图拯救，但一次都没跑赢过死神，只能默默地看着它们离去的中毒鸟类中来。一个都没救活过来啊！我救到的第一只草原雕，它那么漂亮，有着明黄色的蜡膜，就在我怀里呼吸渐渐微弱，每一次喘气都跟拉风箱一样，发出嘶嘶啦啦可怕的声响。我救助的蓑羽鹤，有红宝石一样好看的眼睛，打完解毒针后，在我"你那么漂亮，别死好不好"的低声祈祷中，它慢慢地淡去了光芒，一动不动了。

同事"荒原狼"和马驰已经在我的洗手间忙活起来了，ICU，哦不，WCU又启用了。我们垫上厚垫子，避免秃鹫的龙骨突磨烂，上面再铺满尿垫，把输液用的器具都端上来，还有生理盐水。还好医生西林在，给秃鹫称完体重，7.8公斤，这家伙真重啊！现在第一步是要皮下补液，加速毒性代谢，每公斤要补液75毫升，每次总共需要补液585毫升。西林作为一个专业医生，这个任务她责无旁贷，赶紧就带着小伙子们准备去了。他们忙活着，我赶紧出门买必要的药物。因为我们当时只是个临时的救助站，阿托品这样的限制药很难开，到处找啊找，鞋都要给我甩飞了，人家医院也开不出来。这时我想起了医院的李院长，临危不乱，他跟我说："这你别急，你去联系我们医院的供应商，干脆就从他那里订药，他很快就能给你把药找来！"

于是我赶紧跟药商打电话，他迅速回复说："我先给你调一盒阿托品，拿着救命用！"我一路没闲着，跟我的远程兽医顾问苗姐打电话商量，确定了治疗方案：三个小时一次，皮下注射补液和肌肉注射阿托品。皮下补液为加速代谢，使用阿托品要看解毒情况，效果好，及时追加。第二天如果能缓过来，那就不用打阿托品了，光补液，胃管也提前准备好，口服补液，里面可以慢慢加点肉糜；如果撑不过来，那就……撑不过来了。最后苗姐还安慰我说："咱们试一试，秃鹫体重大，也许有希望呢。振作一点，加油！"

到了办公室，我高举着阿托品跑向洗手间，嘴里叨叨着："来了来了！来了！阿托品！每公斤0.02！快！注射器注射器！"西林接过去，迅速抽好并注射进去。完成之后，他安装好了摄像头，关上了洗手间的门，坐在我屋里的沙发上，我们几个都叹口气，可能是想到了之前我们失去过的动物们，整个房间陷入了沉默之中。看大家蔫了吧唧的，我说："这样吧，我带个头，跟老天爷交换一下。"大家一下子来了精神，看着我："咋换啊？"我说，如果这个秃鹫能活下来，我宁愿拿再多单身两年来换，行不？同事们终于哈哈哈哈地笑了起来，纷纷表态。"我拿我前男友5年阳寿来换！""我拿肚子上的20斤肥肉来换！"

没想到这个习惯如今传承给了"河狸军团"，每次一到抢救动物的生死关头，小伙伴们总要在群里拿出些什么献祭。别说，还挺管用，至少我跟老天爷换出去的两年，是成交了。

我们晚上6点开始抢救的，9点一次，12点一次，次日凌晨3点一次，早上6点一次，9点一次。保持着3个小时一次的频率，皮下注射和肌肉注射同时进行。皮下注射呢，是在秃鹫的大腿根部那里，把皮拽起一个帐篷样的小三角，从那个小三角里下针。每次的注射量都很大，要585毫升，虽然多，但每次都是以肉眼可见的速度在被吸收着。这次打左腿，下次就要打右腿。经过这么多次的注射，感觉它的皮肤都没好的地儿了，软塌塌的，失去了弹性。甚至有的时候，注射时，就能看见水珠子从上一次的针眼里冒出来，看着真心疼，我们都想替它挨两针。西林也不行了，嫌来回跑麻烦，就斜斜地靠在我屋沙发的椅背上，眯一会儿，一到时间就跳起来给它打针。我坐在椅子上看着书，"荒原狼"坐在旁边的地上，靠着沙发腿睡着。每次她跳起来，我俩就跟她一起进洗手间，"荒原狼"给她按着秃鹫大哥，我负责给西林换针管，因为针管最大是50毫升，每次输液都要倒好几个针管，针头是保持在里面不动的。我蹲在旁边，每次看西林一管子快推完了，就赶紧给她递下一管，她扶着针头，迅速地换上下一管。阿托品打了第一次后，它稍微好一些了，决定追加到每3个小时一次。

怎么说呢，可能我献祭两年真好用，也可能是同事们众志成城感动了老天爷，我们从最开始的三个人能按住它，直到第二天早上，必须叫马驰来，才能给它完成皮下输液了。而且，输着输着，本来只能趴在地上的它，居然站起来了。不是直挺挺地站起来，还有点弓着腰，有点像人肚子疼那样，但这站起来了啊！而且还开始不听话了。到了下午，该下胃管、补营养液的时候，它左右甩头，就是不配合。西林气得出门了，说要想个办法去。我说行，我也跟苗姐打个电话，商量一下下一步，这看着好像是有戏了啊！

等我推开洗手间的门，想告诉大家好消息的时候，看到了震惊的一幕，秃鹫忽然醒了！它嘴上套了只袜子，强行挣扎着要摆脱注射器，翅膀伸开感觉比人都大。

实际情况是啥呢？是西林下胃管下不下去，就想起了我之前跟她说的，如果动物不听话、乱动，捂住眼睛就好了。西林到楼下仓库里找了一圈，从行李箱里掏了一只袜子，剪掉了脚尖，准备给它当个眼罩。西林抓着它的嘴，袜子的脚后跟刚拉到它的嘴尖。当时我心里已经有数了，估计这个秃鹫是挺过来了，看大家累得够呛，就开了个玩笑说："这臭不臭啊，别最后解了毒，让西林的袜子给熏死了。"西林哼了一声："我这是新袜子！你一会儿上街再给我买一双！"就这说话的空当，它居然一使劲儿，把袜子甩掉了！

"行了，都起来吧，它进入新阶段了。我看着它稍好点了，给它整个盆来，让它自己喝点儿，如果可以的话，皮下补液减半！"

西林欢呼雀跃着，下楼找盆去了，还不忘把另一只袜子丢到我怀里。我只能是两个指头捏起来那袜子，小心翼翼地放了我的洗脸池子上，还好西林没看见，要不她肯定又要喊："秃鹫大哥都不嫌弃我！你怎么嫌弃我！你是不是不爱我了？"

拿了盆，西林往里面倒了生理盐水和葡萄糖水，再把维生素药片撒进去搅到融化，举到了秃鹫大哥的脸前。每次这样的关键时刻，我的洗手间，哦不，WCU里就会是静悄悄的，四个人八只眼睛盯着。我的手慢慢地接近大哥那比我拳头还大的喙，我把盆侧了一点，把它的嘴兜进去，让液体从它嘴角的缝隙里进去点儿。大哥可能也是渴了，也有精神了，张开嘴就狂喝起来，一下一下的。我是第一次见到这么大型的猛禽喝水，发出的声音居然是很响的"咚咚咚！"的那种。我们眼睛一个瞪得赶一个大，交换着眼神说："喝了！喝了！

喝了!!"秃鹫大哥喝完了水,整点吃的!我们打开了狐萝卜之前剩下的一个处方罐头,一股脑倒进了盆里,拿勺子把沾在罐头壁上的每一丝肉末都小心地刮下来,还用之前的方式,把秃鹫大哥的喙尖浅浅地泡进罐头里。大哥真的是缓过来了,也有胃口了,估计也是饿久了,张开嘴大快朵颐。

其实在救助的这 24 个小时里,由于有了阿托品解毒,还有皮下补液和下胃管补液,它体内的食物残渣和毒素源源不断地往外排,尿垫一会儿就换一张,粪便和尿酸喷了一地又一地,最后整个消化道应该已经到了半排空的状态了,排泄物里残渣变得越来越少。但气味是真的上头,太上头了!之前闻得太久了,已经感觉不出啥来了,但是配上这个处方罐头的味道,感觉又把我的胃顶了起来。

吃了,喝了,好了不少了,补液的量虽然能减半,但并不能不补啊。让大家都歇了会儿,秃鹫大哥也歇了会儿,一个小时之后,我们又全副武装地进了洗手间,要开始补液了。本来是马驰和"荒原狼"给它翻身,扶着保持一个侧面的姿势,我作为助理随时递东西。以上描述的,都是之前的模式,但今天不行了,咋不行了呢?就在"荒原狼"刚戴着手套,把大哥侧翻过来的时候,西林蹲在旁边准备下针了,刚拿酒精棉球消完毒,也不知道秃鹫大哥是不想忍了还是咋回事,直接一个挣扎,满是粪便的尾巴就那样糊在正低着头准备给它打针的西林脸上……那一幕,真的是,非常,相当精彩,我蹲在旁边看着西林脸上的固液混合物往下一滴一滴……当时都不知道脸上的表情是该切换成同情还是嘲笑了!

西林抹了把脸,发狠了,说:"挣扎就能不打针了吗!你这样不听话的小朋友我见多了!腿拿过来吧你!"秃鹫大哥吓到没,我不知道,反正马驰和"荒原狼"表情很严肃,按得也更严实了,总算是把这次的补液完成了。没想到,几个小时之后,秃鹫大哥差点把西林的心掏出来。

这是咋回事儿呢?既然秃鹫大哥能自己喝水了,补液的频率就可以降低了,于是直到傍晚那阵儿,我们才又准备战斗。没想到,虽然只是吃了点儿处方罐头,但可能补液给了它足够的体力,毒素也排得差不多了,秃鹫大哥腿上可是有劲儿了。西林正揪着它大腿内侧的皮准备下针,它飞起一脚,直奔西林的胸口！我们就眼睁睁地看着西林被秃鹫大哥一记窝心脚踹倒在地。

　　"不就是国家一级保护动物嘛，我不跟你一般见识。哼！"西林低声吼了一句，又委屈地看向我："我就是怕动手的话，打输了没面儿，打赢了还得坐牢！"当时我就笑出来了，赶紧安慰："行了行了，知道是你让着它，我看它也能自己喝了，咱也按不住了，就给它盆，让它自己喝吧，它现在应该也能吃点肉了。别生气了，你见过我做'注水肉'没？走，我带你见见世面去。"她这才顺了顺气，拉住我伸向她的手，从地上站了起来。下楼的时候还叨叨："受伤的总是我，这么恶劣，我还甘之如饴，这真的得是真爱了吧！"

　　其实这一点我也挺有感触的，每次救助野生动物的时候，都是拼了老命想要做完我们能做的一切，想要尽我们所能救活它，帮助它活下去。但是它就是不理解，还具备极强的警惕性，恢复过来就给我们挠一爪子、叨一嘴的。这也还好说了，我们涂点碘伏就行了，反正我们单位报销。最怕的是我们救着它，它还应激着，最后把自己整得激素失调，肠道菌群紊乱，应激致死，真是想起来就头疼。每次想起这样的故事就肝儿疼，就特别希望自己能说点动物的语言，至少可以沟通一下："大哥，你先别动手，给我个机会，我给你展示一下属于我们两脚兽的高科技，你感受一下再决定打不打我。来，先把爪子收起来行吗？"

　　唉，希望我有一天能具备这个能力吧，但现在，我要先整好"注水肉"。秃鹫大哥能吃了，但它的消化道还处于脆弱的状态，所以需要准备好乳酸菌素片，塞进切好的块状鸡胸肉里。我为数不多的刀工，基本上都是在给动物们切肉的时候练出来的。每块肉都要切成4厘米见方，乳酸菌素片掰碎，塞进侧切了口子的肉块里，最后再拿稀释了维生素C的葡萄糖水和生理盐水，注射进肉块里。

　　秃鹫大哥一顿风卷残云，吃完了十几块肉，连底下的汤都没剩下，我和西林都松了口气，这下彻底不用皮下补液了，让它自己多喝点吧。阿托品也不需要继续打了。而且，就算要补液，可能也不是我们几个小喽啰补得进去的了，大哥已经站起来了。

　　我觉得我是个好人，不知道为什么老天爷在5月20日的时候要送我这么一份大礼，520啊！是520啊！520的早上，我已经接受了要单身两年的这个事，想着去看看昨天晚上秃鹫大哥的夜宵吃得咋样。推开洗手间的门，我发现，这货站起来了，站起来就算了，它居然站在我马桶旁边的小椅子上了，还背对着我，傲气十足地瞥了我一眼，好像在说："平凡的人类，何事？为何要来打扰本大王？"它身上的羽毛感觉都有了光泽，就像是披着一件棕灰色的袍子，霸气十足。我是气也不敢气啊，这货个儿太大了，一米多高！我真的是，只能拍下它不屑的眼神，发在了"河狸军团"的群里，本来是想求点安慰，结果兄弟们的反应却是无情的嘲笑。"它这样站着是想陪你上厕所吗？""初老板，你马桶旁边为啥有个椅子？是观众席吗？卖票吗？需要摄影师吗？"那个椅子明明是我坐着泡脚用的，我觉得大哥的眼神意思明明就是：你别管我会不会用马桶，反正我能让你用不了马桶。

我想着这也不是个事儿啊，就下楼给它把化好了的肉拿上来，想要给它吃一口。但是大哥永远是你大哥，只要精神恢复过来，它的大哥气质也一起恢复过来了！我慢慢地靠近它，嘴里还念叨着："大哥，你下来吧，吃一口行吗？吃一口，来，听话，你这刚康复，得多整点啊，别把自己饿晕了是不是？"可能就是我叨叨的这几句惹怒了大哥，大哥一直目不转睛地盯着我，眼神儿都黏在我身上了的那种，看着看着，它居然跟小狗一样，把脑袋仰过来了，倒着看我。当时我还觉得挺好玩，哎，可爱的。就继续往前走，挪了还没两步，大哥轻松一跳，改成了正面对着我，我还没意识到危险，把盆往它脸前递了一下，结果大哥直接张开了翅膀。我的妈！我当时觉得那个翅膀起码3米长！张开了还不算完，大哥迅速挥动了一下，做出了攻击的姿势。我要吓哭了，好吗！这是要把我吃掉吗？吓得我盆往地下一扔，直接掉头就跑了。

那之后，5月算啥，我不管，我就要穿上我那长到脚脖子的羽绒服，我就要全副武装！而且再也不敢直接进门了，每次都是把洗手间的门，推开一个小缝子，看大哥在干啥，确保安全再进去拿盆放盆。终于，从缝里看到大哥不在我的小椅子上时，我松了一口气，可以进去看看小椅子咋样。我要把我的椅子拿出来。呜呜呜，我的小椅子。哎！不对！大哥不在椅子上，那它在哪呢？

我又把头塞进门缝。妈呀，它在我的洗衣机上！洗衣机旁边还挂着我的一件羽绒服！黑色的，上面喷了一泡它的粪便，黑白相间的，甚是富有艺术气息，这真的是……大哥给我留下的美术作品？

我是再也忍受不了了！一个电话向警察"小飞机"叔叔求助，其实也没那么底气十足，我的原话是："飞机大哥，求求你了，救救我吧，喊着你的队员来一趟，做好防护措施啊！大哥！盾牌带上！还有头盔！真的！都带好了再来啊！大哥！"不一会儿，"小飞机"带着他的队员来了，第一件事儿就是冲上来看啥情况。我带着他，一起把脑袋塞进门缝里，秃鹫大哥就站在洗衣机上，侧着头看着俩脑袋就那么一上一下卡在门口。"小飞机"说："妈呀，站起来怎么那么大个儿！"当时沾沾自喜还带着点儿骄傲的我说："那还不是我们成功救活了才能让你看到它的满血状态吗！让你的兄弟们带盾牌和头盔来，没错吧？猛禽要站在高的地方，走，咱给它整个木头桩子来，让它有个地方站着，再缓两天就让它赶紧滚回大自然去，我遭不住了。"老天爷如果知道我这么说，肯定会轻蔑一笑：遭不住？这才哪儿到哪儿？

警察叔叔们全副武装，连防护甲都穿上了，前面两个兄弟举着盾牌，扎着马步，挡在秃鹫大哥和其他兄弟中间，保持着一动不动。剩下的兄弟们赶紧冲进去，先把我的椅子抢救出来了。苦命的小椅子啊，还是阵亡了，上面的海绵垫子一整个被叼出了个巨大的洞。这我还真舍不得扔，先搬到库房存着吧。然后就是一趟一趟地往我的洗手间里搬刚从工地上捡来的路沿石，给大哥固定大木头桩子。猛禽爱站在自己目之所及最高处，我们量了马桶的高度，量了洗衣机的高度，去后山某个大佬藏木材的地方锯了一根大桩子回来。如果我有预知未来的能力，我一定会让警察叔叔们再多锯个块状20厘米，但当时我并没有。于是我们开心地抬着桩子回到了WCU，把桩子固定好，两个盾牌兄弟这才撤走。两兄弟浑身都被汗浸透了，摘了头盔擦着汗说："你们可能刚才没顾上看，这个家伙一直盯着每个人呢，谁动就盯着谁。我那天把它救过来的时候嘛，回去查了一下手机，秃鹫是吃腐肉的，它不会是在算咱们还能活多久吧？"

大家都很想看一下，大哥是否喜欢我们新给它恭请的王座，洗手间里的门缝中间，卡了一排我们的脑袋，个儿不高的警察叔叔，还站上了我的破洞椅子，悄无声息地扶着墙加入了我们观望的队列。

为了让秃鹫大哥放过洗衣机和那件我不敢去摘的羽绒服，我使了个小心眼，把它的午饭放在了树桩上。大哥向来不是省油的灯，我们刚把脑袋的位置排好，就看着它张开翅膀，轻轻地从洗衣机上起跳，下一秒稳稳地落在了树桩上，还不忘看我们一眼：咋样，哥跳得好不？我们也很配合地轻声惊叹："妈呀！"大哥满足地低头吃肉去了，警察叔叔们也纷纷卸了防护甲，摘了头盔，开着警车又嗡嗡地散了。

我以为，这就告一段落了，我和大哥能够和平度日，大不了我不用洗手间了嘛，对不对？大哥你好好康复，我乖乖去一楼的洗手间，这多和平，对吧？但，但，这个世界的真相就是：你以为的以为，永远都不会是你以为的样子。

第四天了，秃鹫大哥彻底活下来了，它向世界宣告这个好消息的方式是什么呢？是大早上 7 点，新疆的天儿刚亮起来的时候，在它的 WCU，我的洗手间里，哐啷哐啷的。我也不知道发生了啥，被吵醒的时候，坐在床上想了10 分钟，我是谁，我在哪儿，我在干什么，这是什么声音？看着躺在地上的长羽绒服，我一脸蒙：难道我睡了整整半年？到了冬天？哐啷的声音还在传来，我把被子拉到脑袋上，突然，我想起来了！我洗手间里住了个大哥！这个意识的恢复救了我一命，真的。

晃了晃脑袋，把里面还没来得及蒸发出去的水甩出去，我穿上拖鞋，裹上到脚脖子的羽绒服，迷糊着拉上了拉链，颤颤巍巍地摸上了洗手间的门，以熟悉的姿势控制好力度，轻轻拽开了一个小缝，探头进去。哎？大哥呢？桩子上没有，马桶上没有，洗衣机上也没有。这能到哪去？我把门又拉开了一点，当时我直接就没忍住冲进去了。大哥在哪儿呢？大哥蹲在我的洗手台上，把我所有的化妆品和洗漱用品都扒拉到洗手池子里了，它站在边上，拿那个比我拳头还大的喙，正在台子里祸祸着，搅来搅去玩着呢！本来就很贫穷的我，天天攒工资买的护肤品！除了在池子里已经碎了的，剩下的盖子都被它搅飞了！一池子黏黏糊糊的，精华、洗面奶、爽肤水、面膜啥的，还有牙膏！我嗷地一嗓子，就张开胳膊冲向了大哥，已经顾不上雪上加霜的事儿了，就怕大哥把化妆品都吞肚子里，这不白救了吗？再来一遍，西林可能得杀了我！我的洗手台背靠的那面墙是和我的门连在一起的，所以冲进去的角度有点别扭，得先往洗手间里走几步，才能往里冲。这个过程中，大哥就那么冷漠地站在台子上，通过镜子盯着我。那眼神儿把我气笑了，我直接停下脚步。"遇事不要慌，先掏出手机，拍一张发给'河狸军团'的家人们。"我拍下了大哥不屑的眼神配上这段话，发进了"河狸军团"的群里。这一套动作做完，大哥还盯着我，倒是不祸祸了，嘴边上还挂着牙膏的沫沫。咋？你也早上起来先刷牙呢？这得阻止它啊！现在我只有一个人，咋办呢？那也得硬着头皮上啊！没办法，我只能又嗷地叫了一嗓子，给自己壮胆，然后把羽绒服的帽子紧了紧，尽量护住脸，再一次举起胳膊，嗷着冲向了大哥。大哥可能也是第一次见我如此嚣张，直接张开翅膀朝着我的头拍来，那叫一个血雨腥风，差点给我从 WCU 扇出去，扇进真正的 ICU 那种。我不想再回忆那个场面了。反正我真的很感激我意识恢复了，裹上了羽绒服，要不然我真的整个人就没了。总结下来就是，它把我打了一顿，我一个手捂住脸，一个手缩在袖子里用胳膊扒拉它，终于把它搞到木桩上去了。木桩在洗手池子旁边，我也不能背对着它啊，大哥再跳我头上来咋办，只能是深吸一口气，带着哭腔大喊一声："西林！救我！"

唉，剩下拆家的事儿我已经不想再列举了，以后谁再问我秃鹫咋样，我只会告诉他，顶得上 20 个哈士奇。在它又把我天台笼子拆出一个大洞之后，我们评估了大哥的状态，认为它可以被放归自然了。对于这种具备生存能力的成体，只要康复了，就该第一时间放归野外，避免它们对人类产生依赖。

之前救助它的地方有再次中毒的风险，西沟山清水秀、食物充足，还有阿山局富蕴分局的林管站，遇到问题可以随时联系到我们。评估通过了，地方找好了，也跟林管站的兄弟们说好了，当然，并没说大哥拆家的那部分。我们一秒钟都不想停了，又一次求助。警察叔叔全员上楼，全副武装，拿手套的、抬航空箱的，还有好几个拿浴巾的。把大哥塞进航空箱里的过程倒还算顺畅，几个警察同志吸引注意力，马驰和"荒原狼"从背后一人一边拿着浴巾直接就把它盖住了，戴着厚手套一把抱住，塞进了航空箱。赶紧离我洗手间远点吧，您啊！

"你们先往车上装！我打个东西！马驰，咱印泥在哪呢？"我冲向了电脑，把猛禽的体征测量表打印了一份，马驰找印泥的空隙，我歪歪扭扭写了一份证明。

到了林管站门口，我摁着喇叭，喊出了木合亚提站长，他带着护林员们。边防警察叔叔也被我叫来了，我说，放归自然这种好事，行善积德，能得福报。我们挑了个高一点的带坡度的小平台，秃鹫这样自重比较大的动物，需要有个坡度，溜达几步，才能把自己滑翔起来。这个小平台满是绿色的草甸，远处是裸岩，还有一片片连绵的泰加林。警察叔叔帮我们一路把航空箱抬了上来，马驰和"荒原狼"打开航空箱的盖子。这个时候，警察叔叔和护林员兄弟们的作用就一秒体现了出来！

"来，护林员大哥，你帮忙掀一下这个盖子，注意啊，跟我的两个同事配合，别让它蹿出来了。

"马驰，荒原狼，准备浴巾，盖住，我有几个数据要测量。

"西林，准备一下数据表格，我来量，你来记录。

"警察叔叔，来，帮个忙，一会儿我同事抓住之后，你帮忙轻轻地固定一下它的翅膀，还有腿。我给你讲怎么操作，不用使劲儿，也不用怕，别看它大，头盖着呢，不会攻击你的。"

那可不得现在量嘛！在办公室哪有这么多人能完成这个困难操作啊！

量完所有数据之后，我掏出了手写的歪歪扭扭的保证书，让西林帮忙拿着印泥往它爪子上蹭了蹭，我再拽着它的脚丫子，盖在了签名处。保证书内容是啥呢？我保证，再也不回来了！再回来就拿羊来补偿初老板的装修和化妆品！真的！落款：秃鹫大哥。

这个保证书我千叮咛万嘱咐地交给了马驰，就他保管东西能不丢。

这就到了最激动人心的放归环节了。说实话，那种网上的什么放生乌龟，久久徘徊不愿离开；什么放生大鸟，盘旋几圈不愿离开，放生的人们依依不舍，流泪告别。有些是胡扯，不是把陆龟扔水里，就是外来物种入侵，你放错了。

真有鸟盘旋儿圈吗？有，现在秃鹫大哥就盘着呢，是真舍不得吗？不，大哥是找方向、找气流呢。我们感动吗？泪流满面吗？也有点吧，看着它溜达着步子张开翅膀飞起来的一瞬间也是感动的，但我们也表达了内心真实的想法："别回来了！再别回来了！再见！再也不见！"

是真嫌弃，也是希望大哥未来能一帆风顺，它可是我们救助这么多年以来，遇到所有的中毒了的野生动物当中，第一只活下来的。虽然我们嘴上喊着再别回来，再别相见，其实眼里都噙满了泪水，心里都在念叨着：活了就好，活了就好啊！但还是要嘴硬一下，要让老天爷听到我们再也不想见到它的愿望。毕竟，只有遇到问题的野生动物才会和我们相遇。希望它永远平安健康，永远在大自然里绽放，永远再也不用见我们，哪怕一面。

去做大自然的清洁工！去大自然里拆家吧，兄弟！

河狸"小面"一家生死逃亡

方通简

　　"小面"失踪了！老班长给我们打来视频，70多岁的老汉坐在地上，抱着一只已经死去的小河狸哭得上气不接下气。那天，老班长照例在雪后带着胡萝卜去渠道里看望河狸"小面"一家，与往常不同的是这次刚进入渠道，他就感觉到了一股异常的气氛。

　　渠道里的雪地上，到处都是凌乱的狗脚印和被拖拽散落一地的树枝。老班长越往深处走，越感觉触目惊心，到了"小面"家门前时，地上甚至出现了鲜血。他颤抖着循着血迹继续往河狸窝后方探去，让人最不愿意看到的一幕还是出现了，一只被咬死的小河狸躺在地上，它是"小面"的第一个孩子"小小面"。一旁的河狸窝被拆了个七零八落，而这个家族其余的三只河狸已不知所终。

　　无人知晓这里到底发生了什么样的惨案，"小面"两口子和另一个孩子是否已经遭遇不测？听说了消息，协会的同事们心急如焚，扔下手头的工作都冲到这条渠道里。我们到时，闻讯赶来的牧民巡护员们都已经集合好了，大家说前些日子村里不知道从哪儿来了一群称王称霸的流浪狗，这些家伙接替了人类与野生动物之间的位置，成了生物链上的新势力，附近多了不少野兔、獾、未迁徙水鸟的残骸，甚至还有牧民报告家里的绵羊屁股被咬伤了。

　　平时生活在城市边缘的流浪狗群冲入了野生动物的食物链，事情变得复杂起来。它们可是一帮狠角色，群居的它们进可以在人类的垃圾箱里找到吃的，退可以凭借与狼群类似的群体协作能力在野外捕猎动物。活动范围很大，来去如风，走夜路时人遇到它们都得退避三舍。

看来，这次是"小面"一家倒了霉。"小面"是和我们相处时间最久的一只蒙新河狸，也是协会的心头肉。2018年协会成立时，它刚刚成年，面临着离开家独立生活的挑战。这只初出茅庐的年轻河狸正忙着四处寻找属于自己的新家园，但明显缺少生活经验，傻乎乎地把人类用来给农田浇地的农用渠当成河道，住了下来。

按理说，出现了新的河狸窝我们应该高兴，但大伙谁也笑不出来。因为野生动物没有分辨自然河流与人类农用渠的本领，所以在夏天纵横交错的农用渠水源充沛时，它们有的会选择在渠道里安营扎寨。可是，要知道农用渠的上游是人类的水库，秋收之后，随着闸门落下，渠道里的水一夜之间就会干涸。

别看河狸体型挺大，其实它们是非常温顺的动物，几乎没啥战斗力，而它们抵御天敌最有效的手段就是把家门开在水下，凭借水位线来保全自己的家。水没了，原本隐藏在水位线下的家门立刻就会暴露在天敌的视线中。

就像这一次，流浪狗群扫荡这片区域时，"小面"家族显然也遭受了攻击。躺在雪地上已经僵硬的"小小面"让匆匆赶来的初老板悲痛万分，她呆呆地走过去，蹲在小河狸和老班长面前，眼泪止不住地往下掉。远处，同事们搜寻的声音渐行渐远，显然极度不想看到让人心碎的画面。但天知道流浪狗会不会再次来袭，我们必须抢先找到"小面"一家的下落。

沿着渠道里遗留的脚印一路往上游追溯，所有人整整找了两天。终于，在多次扩大搜寻范围后，同事们在上游数公里外，在它们曾经住过的一个废弃巢穴附近找到了"小面"。当时它正拖着一摞不知道从哪里找到的树枝，匆匆忙忙往洞口铺设遮蔽物，看上去想把洞口掩盖起来。"小面！"同事们轻声喊它，它停下脚步，抬头，像个受了委屈的孩子看着我们。那一刻，我忽然意识到我们的小可爱"小面"已经长大了，现在它是丈夫和爸爸，肩上还承担着一个家族灾后重建的担子。见我们到来，它放心地将手头未铺完的树枝摆在了地上，然后扭头向着远处走去，渐渐消失在河滩边。

"小面……"同事们快步上前，朝着它扒开的洞口往里望去。里面住着"小面"的老婆和它的另一个孩子"小面包"。可怜的母子俩蜷缩着，颤抖着，显然被吓得不轻，万幸它们都还活着。已经不安全的巢穴会被河狸家族放弃，看来"小面"是把娘俩暂时安顿在这个旧窝里，自己离开去寻找新的巢穴了。

看着饿得皮包骨的"小面包"，我们心疼极了，忙给它和妈妈补饲了一些胡萝卜，又在旧窝入口外布置了一圈可以抵御流浪狗的防护网。其实，我们知道河狸想在冬天来临后找到新的巢穴几乎是一件不可能的事，但野生动物的迁徙和繁衍有它们自己的逻辑，不去影响它们是我们工作的基础纪律，所以除了担忧和全程关注之外，我们其实并没有太多可以插手的事。

接下来的日子里，它们一家开始了默契的分工，妈妈负责继续用树枝、向日葵秆来遮挡巢穴，"小面包"每天都会跑出去一趟给爸爸帮忙，早出晚归。然而，渠道里的形势也变得越来越严峻，在第8天的红外相机镜头里，我们看到"小面包"几乎是狂奔着回到了临时庇护所，就在它刚钻进我们架设的防护网后不久，一只大黑狗就扑了上来，阵阵低吼，用力地刨着地面，想撕开阻碍，钻进河狸窝。

第9天，不知道"小面包"是不是从爸爸那带回了新家已经准备好的消息，或是感觉这个庇护所已经不再安全，娘俩一起离开了这个暂时的家，朝着之前爸爸去的方向。第10天，第11天，第12天……它们一家再也没有回来过。

后来，我有一次梦到了"小面"一家。在梦境中的夏日午后，"小小面"和"小面包"正跟着爸妈在水里扑腾，毛茸茸的小河狸看得我心都要化了。"好久不见！"我走到岸边痴痴看着它们。见我靠近，"小面"却意外地没有逃走，两小只则紧紧贴在爸爸身后，身体藏在水里，只在水面上冒出两个小脑袋，好奇地打量着我。

奇怪，以往河狸见到人迅速就逃走了，今天它们是怎么了？梦中我忽然生出一个离奇的想法，"小面"该不会是想让我看看它的孩子们吧？于是我试着挥了挥手大声说："祝贺你当爸爸，两个崽很可爱，我看到啦！"听到了我的话，扑通一声，"小面"满意地带着孩子们潜进了水里，不见了。

秋沙鸭"老炮"勇斗金雕

方通简

在加入协会之前，其实我一直认为像雪豹、金雕、棕熊这种站在阿尔泰山"食物链顶端"的生物大约就是山大王，想打哪个打哪个，想吃谁就吃谁，是一个区域里那种投胎满分、过得最爽的存在。但是，在见过多场自然里的生死大战后，我发现事实似乎并不是这么回事。

比如说，河狸直播镜头里就曾有一只名叫"老炮"的、实力不济的中华秋沙鸭凭借高超的战斗技巧逆天改命，还获得了很多网友的赞叹，红极一时。当时，不知道是不是它惹是生非的恶名传太远，居然被一只金雕盯上了。话说虽然它俩都是国家一级保护动物，但金雕在阿尔泰山猛禽圈里也是妥妥的战斗力前三的大佬，属于绝对的食物链高层。而秋沙鸭嘛，战斗力这方面基本上可以忽略不计，差不多是劲大的跑得快，劲小的被吃掉。

但每个族群里都总会有一些不甘于平凡的人物，或者说动物。它们敢于追梦，不怕惹事，总想挑战自己的极限。例如，"老炮"这家伙的诨名便是来自直播镜头下它的"混世魔王"行径。这位发型奇异、戴着黑头套的仁兄平日里有着自己独特的爱好。

它的老表绿头鸭从身旁游过时，如果赶上它心情不好，被搡上挨两翅膀是最常见的事情；它好兄弟鸬鹚低头睡觉时，被它嘎嘎叫着吓得掉进水里更是家常便饭；就连隔壁的鸳鸯小情侣谈个恋爱，它也非要凑上去瞧个仔细；甚至房东河狸大哥养的小宠物麝鼠出来吃个夜宵，都有可能因为泳姿不够优美而被鸭哥蹬两脚。

鸭哥行走江湖就是这么斗志昂扬，试问谁不服？

不管邻居们服与不服，总之硬茬还是来了。那天，金雕大佬来巡视领地，在天上盘旋了半天不走，估计是想着来都来了，看看能不能弄点鸭子之类的吃吃。其他水鸟和小兽见状都赶忙躲了起来，只有越发膨胀的"老炮"歪在水面上晒着太阳，捉着小鱼，晃晃悠悠，不为所动，总之主打一个休闲，不把大佬当回事。

于是，让塘子里所有带翅膀的、不带翅膀的，所有被鸭哥欺负过的老实鸟、老实兽都喜闻乐见的一幕出现了。雕总说，你瞅啥？鸭哥说，瞅你咋的？那天的大佬很生气，这么多双眼睛看着呢，我来了，你这藏也不藏一下，是不是多少有点不给我雕某人面子？不收拾你，以后在这片滩，我还怎么带队伍，怎么服众？

于是，出门在外从不惯坏习惯的雕中大佬和行走江湖从来不带怕的鸭中老炮决心在这个阳光明媚的日子里，在这个相逢即是缘分的时刻，以武会友，一决高下。

战斗开始了！天上的大佬率先动手，只见它高空俯冲，铁爪寒光，照着鸭哥的小辫就是一记"鹰爪擒拿手"。"老炮"也是神奇，似有准备的它不慌不忙，微微向侧边一闪，微小的横移竟让金雕抓了个空，看来果然是有些不羁的资本。

只见那大佬空中转身，流畅地调整呼吸，再次运起轻功中一式绝学"千斤坠"，趁鸭哥闪身未稳的空隙直插疾下。不过这次可不似刚才的试探性出手，而是隐隐夹杂着破空之声的全力出击，刹那间鸭哥的前后左右退路竟全部都被封死，哪里还有辗转腾挪的空间？看架势"老炮"要是中了这一爪至少也得交出个鸭翅尖来。

谁知，场上异变突生。避无可避的鸭哥竟然另辟蹊径，一低头，一个猛子钻进了水中。金雕的铁爪擦着水面掠过，硬生生把那片河水分割成了好几层，却连根鸭毛都没落着。几息后，"老炮"从两三米外钻出水面，云淡风轻地甩了甩头，开始整理自己的发型，那份从容好像刚才那两下子是在和老朋友打招呼。

连续两击不中的金雕彻底暴躁起来。"臭鸭子，打架还不忘搞头发！简直欺雕太甚！"恼羞成怒之下，该大佬竟然不顾形象地选择了偷袭！它战略性回调到稍远处的树梢上，深吸一口气，将身体蜷缩成了弓形，猛然发力之下身体像离弦之箭一般射出，为了进一步降低进攻痕迹，金雕贴近水面，双脚在水波中轻轻一点，便改变了飞行的方向，从鸭哥正后方冲刺而来。

这边的"老炮"似乎还沉浸在刚才小胜带来的沾沾自喜中，没心没肺地整理着自己的羽毛，对着河水照镜子，架还没打完，居然就优哉游哉起来。而它的身后，伴随着被撕裂开的空气，一只矫捷的金雕闪电般袭杀而至。30米、20米、10米、5米！鸭哥的生命即将进入倒计时，镜头外的我们紧张地闭上了眼睛。

奇怪的是，想象中的鸭绒漫天的画面并没有出现。在金雕到来的瞬间，"老炮"双腿爆发出一股巨力，鸭子双腿踩水，水花四溅，它划出了一道Z字形轨迹，完美避开了对手从背后发起的全部攻击。金雕彻底冷静了下来，它轻轻飞落至河岸边，冷冷盯着"老炮"，却没有选择再次出手，而是扭头飞走了。

"它怎么这么容易就放弃了？"看到金雕飞离的画面，我不解地问同事。同事笑笑说："狩猎者虽然看起来战斗力强，但它们的体能却是更有限的，在体力耗尽之前如果不能抓到猎物，那它们自己就得完蛋。"另一名同事补充："事实上，它们捕猎的机会可能只有五六次，如果都抓不住，就几乎再也没可能抓住了。"原来如此，看来金雕判断"老炮"确实是个不好拿下的猎物后，便果断放弃离开了。

这件事在当时带给我挺大的震撼，使我再度感慨自然的无穷智慧。对于生物链上游的捕猎者来说，它们不太可能被另一种动物攻击吃掉，却面临着比猎物们更大的生存压力——老天爷给的捕猎效率考核，这个考核悄无声息却如利剑般悬在每一个狩猎者的头上，严格异常。

很多人好奇，猛禽或猛兽的天敌是什么呢？事实上，是强者背后"高对抗、高消耗、高风险"的自然法则。看似威风凛凛的生物链上游，似乎生活中也有自己的苦恼，受伤、生病都会降低它们的捕猎效率，它们也可能因此而丧生。对它们来讲，不断积累能量，尽可能避免损耗，保持高效率得手，才有可能生存。

既然强者自有天道约束，那么弱者又是怎样的处境呢？反正在填饱肚子这件事上，对秋沙鸭来说，河道里到处都是食物，吃口饭而已嘛，哪里需要像金雕一样搞得这么大张旗鼓、兴师动众呢？

农药中毒的蓑羽鹤，究竟谁错了？

方通简

"救命！快来人！" 2021年春天，富蕴县林草局的两名干部抱着一只身上盖着毛巾的大鸟飞奔进当时的临时救助站。同事们正在开会研究给草原雕"一狗"做手术的事，他们从门口冲进来，跑得满头大汗。"这是咋了？"我们忙停下手头工作围过去，掀开毛巾的瞬间，一种惊艳的感觉迎面而来。这是我见过的最美丽的生物了。优雅，端庄，仙风道骨，极简的黑灰配色，浑身上下没有一处不完美。

"好像是中毒了，昨天村民春耕时在田边发现了它，刚开始有些抽搐，后面感觉症状好了一些，老乡就没管它，结果第二天早晨看它还趴在地头站不起来，这才给我们打了电话。" 林草局的同志介绍了情况。那是我第一次参加中毒动物的抢救。

"这就是传说中的仙鹤吧？"我好奇地问初老板，她戴上橡胶手套聚精会神地盯着它的眼睛，看它的嘴角分泌物，又摸了摸龙骨突和嗉囊，再仔细扒开腹部和肛门附近的羽毛轻轻揉了揉，并不理人。我只好讪讪地笑："对对对，先看病。"

"蓑羽鹤，'国二'。"她忽然说。我还没开口再说话呢，她又跟了一句："躲开。"

躲开就躲开！谁想站在这里似的。

"精神变化情况呢？"初老板边检查边询问道。"中午刚送来时精神还可以，但是刚才在来的半路上就忽然抬不起头了。"林草局的兄弟补充道，"排便频繁，四肢无力，嘴角有分泌物，肌肉震颤，腹部脱羽，怀疑是有机磷中毒。""立刻联系兽医专家组，10分钟后视频会诊。"她快速向身边的两位同事交代初诊内容记录和会诊安排。

听说有紧急情况，我们野生动物会诊的兽医专家们全部都抽出了时间进入视频会议。初老板简要地把初诊意见和蓑羽鹤的症状向专家们做了汇报，结合发现它的地点，确定是吃了地里被农药浸泡的种子，且中毒时间已超过24小时。

趁着医生们商量诊断意见的空当儿，我蹲在一旁仔细地观察起它，还是忍不住惊叹，世界上怎么会有这么有气质的生物，简直就是仙鹤，用所有形容清新脱俗的褒义词来描述它都不过分。在当时的我看来，这只鹤好像没什么问题，身上没有伤口，红宝石似的眼睛也炯炯有神，就是有点懒洋洋，一动不动的。

"立即洗胃，输液抢救。到明天早晨之前如果能站起来，就有机会活下来，否则就没救了。"专家们的意见迅速统一。

看着眼前明明一切如常、正好奇打量着救助站的"仙鹤"，我真是难以想象把它和此刻正站在生死线上的状态联系在一起。不过，我还是识趣地退后，躲开，给快速动起来的同事们让出位置。抢救开始了。

随着时间的推移，它排便的次数越来越多，胃里冲洗出来的东西也冒着白色的小气泡，散发出一股难以形容的刺鼻气味。注射完解毒药后不久，整个鹤的精神垮了下来，它蔫蔫地趴着，优美的颈子无力地落在地上。

兽医们看过那些白色气泡后，面色阴沉，纷纷摇头轻叹："救回来的可能性不大。"可我不甘心，这么好看的生物，也许会有奇迹？当时的协会还没有足够多的摄像头可以实时观察，所以我向同事们讨来了给它送电解质水的活儿，好隔一会儿能看它一眼。

2个小时过去了，它还活着；

4个小时过去了，它依然活着；

8个小时过去了，它的头抬起来了；

12 个小时过去了，天亮了，它站起来了。

上午，它的情况变得更好了，最后一次给它喂水时，我发现它居然开始晃悠悠地走路了。

初老板和同事们依然眉头紧锁，但我的心情大好，看来奇迹也没那么难得嘛，又或者是我们运气比较好，它中毒没有想象的那么深？我暗暗嘀咕着，开上皮卡出门，想去山上给它挖点蚯蚓吃。

刚从协会开出，还没走到上山的岔道，我的手机响了。接替我喂水的同事小狼打来电话。"蓑羽鹤死了。""啊？"我惊愕地停住了车，返回协会，看着已经停止了呼吸的蓑羽鹤，近乎崩溃。打电话给兽医们，我说我出门前它还在走路啊，明明都站起来了！

"农药中毒是最棘手的问题之一，很多前期症状都不明显，不仔细观察甚至都看不出来。但一天之内毒性会突发、疾发，即便洗胃后感觉其他症状都消失了，恢复了，也会再次爆发，这时候这条命大概率就留不住了。"早晨我看到的，就是传说中的回光返照，他们告诉我。

最后，蓑羽鹤的尸体是被焚化炉无害化处理掉的。初老板在它的骨灰上种下了一棵小杨树，她说："中毒死亡的动物尸体一定要谨慎处理，它的死是一件不幸的事，但能被及时发现对其他动物来说也是一种幸运。因为如果它中毒后死在自然里，会有其他动物去吃，吃过的再次中毒，又会有新的动物去吃，最后就是死一大串的结果。"

随着在协会工作的时间越来越久，我慢慢体会到了"因人类生产活动而致伤"这句话到底是什么意思。其实，野生动物们还有很多种死法，除了偷吃种子导致农药中毒，最常见的是车祸。高速公路上经常会有企图横穿的耗子、小型鸟类被轧死，死后它们的尸体引来别的动物去吃，又被撞，再被吃，又被撞……

我们还见过小小的一张废弃渔网，展开来顶多也就一人大小，但缠进其中死掉的动物竟多达几十只，简直触目惊心。还有被铁丝网缠住翅膀的隼，吃了肚子里有个铁钩的鱼而暴毙的鸬鹚，被牧羊犬咬伤的鹅喉羚，等等。

其实，生活在城市边缘与自然接壤的人们也常会遭遇野生动物的侵袭，我们见过大雪后因为被狼群咬死了大部分羊群而哭得上气不接下气的牧民；被棕熊冲进家里结果牛没了、晾晒的风干肉没了、就连人也差点没了的村民；被鹅喉羚整片吃掉的葵花；被野猪连片端掉的玉米……农人和牧人辛辛苦苦劳作一年得来的粮食和牲畜经常被一扫而光。

我们经常在网上看到两种对立的观点：造成这一切是因为人类侵犯了野生动物的栖息地或者野生动物太多，破坏了人类的正常生产。可是，真实的情况远非这么简单，某条河，某座山，常常在很漫长的时间里既是动物们的栖息地，也是人类的母亲河或家园。野生动物要活，人也要活。

千百年来，所有的生命都是生活在一起的。只是，近一两百年间，人类的脚步越来越快，在这段关系中展现出了更加强势的地位。我们其实很难准确计算出人类的保护工作对于整个大自然起到了多少助力，但可以确定的是人类一定需要这个由所有的生灵共同维护而来的生态环境。所以，在现代文明里，我们该如何主动让出部分优势以确保同自然形成一种新的良性共生关系，也许这是需要每个人思考的问题。

后来，我到了春耕的地里，跟播种的大哥们谈起蓑羽鹤的事。"多好的鸟啊，太可惜了。"他们反复翻看我手机里的照片，"为啥非要吃种子呢？饿了，我们拿些粮食给它吃。"他们失落地说，又小心翼翼问我："可是如果泡种子不用农药，今年的收成又咋办啊？"

当时的我没能回答上来这个问题，但我觉得终有一天，我们会找到这个问题的答案。

红山动物园的千里驰援

初雯雯

第一天凌晨 4 点，漫天星辰闪烁，我裹着外套蹲在院子里，呆呆地望着天。此刻，我正等着去接胡兀鹫的同事们报平安。

7 个小时之前，即昨晚 9 点，马驰接到阿尔泰山国有林管理局两河源分局的喀伊尔特管护所塔吾所长的电话，还有一段视频和一张照片。牧民草场的铁丝网上，挂着一只硕大的胡兀鹫，它以扭曲的姿态缠绕在铁丝网上，眼睛瞪得大大的，嘴张着一直喘气，右腿耷拉着，好像是断了，旁边的草地上还有几滴血。这样的情况，哪怕晚一分钟，可能都会不一样。同事们饭还没来得及吃，就赶紧出门了。

半夜 12 点，抵达了第一个管护所，马驰给我打来电话，说护林员兄弟们还在等，现在要再去往第二个小一点的管护站，接到胡兀鹫，再返回管护所这里，预计要 5 点半就能到。我一遍又一遍地叮嘱着："我等你们报平安，慢点开，注意安全，路上小心，要是困了，你们几个就换着开，别硬撑啊，要小心一点……"我话还没说完，信号就没了。木子要在救助中心根据胡兀鹫的情况做好准备，就没去，每次遇见这样的情况，她都比我淡定，看着我紧张得转圈，她说："没事，咱夜路都赶了多少趟了，肯定没事儿的。我去睡会儿，你也休息会儿。看它那样子腿可能是断了，明天且有一场大战呢，要养精蓄锐。"我哪儿睡得着啊！我一边担心同事们，一边也挂念着胡兀鹫的伤情，让木子先去睡了。

260

这几个小时对我来说漫长又煎熬，想起了当时没有救助中心、没有医疗设备、没有骨科器械、没有呼吸麻醉的时候，总是会错过最好的治疗时机，只能是看着一只又一只的动物来到这里休养，等到它们的身体状态恢复到能受得住长距离运输，再赶到几百公里之外的动物医院的时候，它们的翅膀或是腿就已经严重感染，只能截肢。而且当时没有设备，根本拍不了片子，连打石膏和夹板这样最简单的外固定都做不好，好几只动物的骨骼都异位愈合，虽然长好了，但是长歪了，再也不能回归自然，也没办法重新做手术了。想着救助中心的那些黑鸢，还有瘸着腿、翅膀却完好的草原雕"一狗"，还有只剩一只翅膀的黄爪隼小朋友，我的心里可难过了。又想到，现在虽然有了齐全的设备，可我们还从没有给动物们做过接骨的手术，这只胡兀鹫看起来腿的确是断了，它会怎么样呢？这一次，我们能治好它吗？

我抬头望着银河，多希望天上的星星能给我个回答啊，天边划过一颗流星，这是在告诉我，胡兀鹫可以康复吗？

清晨5点，9月的富蕴县，夜里还是冷的，寒气透过厚厚的外套钻进来，估计还有半个小时，同事们就会打电话过来了，我站起身，揉揉蹲麻了的腿，上楼去找木子。我就知道她肯定没去床上好好睡，每次等动物回来的夜里，她都怕自己不能及时反应，耽误治疗。果不其然，她外衣都没脱，歪倒在沙发上，一条腿搭着沙发边，另一条腿呈90度，脚踩在地上。看着她睡得正香，我也不想打扰，就一屁股坐在地上，抱着手机等电话。5点多，马驰打来了视频电话，我赶紧晃醒木子。从手机里见到了这只胡兀鹫，它被放在管护所的木地板上，同事们都穿着羽绒服，很费劲地蹲在它旁边，Kiwi扶着它，欣欣在记录，小郭拿着蘸了葡萄糖水、里面裹着止疼药的牛肉往它嘴里塞。马驰凑近手机，声音小小地说："它太漂亮了，但也太可怜了，腿确定是断了，现在给它喂上饭，之后我们睡一会儿，等天一亮就往回走。"我赶忙说："你们平安到了，我就放心了。山上是不是很冷，你们和胡兀鹫都要注意保温啊。对了，有没有外伤？"马驰把镜头对准胡兀鹫，前后左右推拉摇移了一番，说："你看，断腿那里没有伤口，应该是摔在铁丝网上的寸劲给它搞折了。照片上的血，是脚丫子这里被铁丝划了个小口子，郭哥已经给它处理过了，可以放心啦，快睡吧。"

挂了电话，我和木子的眼睛感觉都在放光，因为没有外伤，也就有了希望，可以做手术！我试探着问木子："怎么样，它这个情况，要不你来试试？"因为救助中心设备在"河狸军团"的支持下刚配齐，木子还从没有拿它做过骨科的手术。她虽然是专业兽医，也学过不少骨科的专业课程，还亲自上手给猫狗做过这种手术，但鸟类的骨头中空，其实难度很大，我也不想给她压力。木子低头想了一会儿，说："可是我不敢啊，没给鸟做过，虽然看了很多猛禽手术的案例，但是我还是害怕啊……"她突然兴奋地说："你说，咱们能不能找外援帮忙手术？找红山？我上次去红山学习的时候，他们兽医院的邓长林院长和他们负责管理救助工作的李梅荣园长还专门给我讲过一些猛禽骨科手术的知识。要是……要是能把他俩都请来，那这个手术肯定就稳了！"

木子说起的红山，是南京红山森林动物园，堪称中国对动物最好的动物园之一。在红山，工作人员极尽所能地将动物的居住环境改造得跟自然环境接近，而且也没有动物表演，每一只动物都很有尊严地以自己的方式活着。红山付出的心血也是肉眼可见的，在那里生活的动物是我见过的所有动物园里状态最好的。我专门送木子去红山学习了半个月，包括丰容和救助，还有一些手术的操作。红山的每一位工作人员都很用心，给木子传授知识也不保留。她学到了很多，回来还跟我念叨了好久。也就是那一次，我们协会和红山成了好朋友。

听木子这么一说，我也激动起来了。是啊，如果能够请到红山的专家来这边，再加上咱救助中心的医疗设备，那这只胡兀鹫的腿被接上的概率不就很大了吗？可是，现在是旅游旺季，红山森林动物园那么火爆，肯定很忙，也不知道能不能得过来……她还想把两位专家都请来，我觉得多少有点异想天开了。想到这儿，我跟木子说："咱俩分头干活，你来盘点一下咱们救助中心现有的医疗设备，看手术还需要什么，然后我来联系红山那边。你倒是还挺会想，想把人家两个主力都请来，我努力试试。但不管咋样，咱们先做能做的准备。"

早上7点，天还没亮，按照内地的时间，大家也该起床了。我有红山白园长的微信，虽然有点惴惴不安吧，但还是壮着胆子先发了一条信息试试，万一就行了呢？我跟白园长说："园长姐姐！江湖救急！我们救助了一只腿部骨折的胡兀鹫，但是我们这边技术力量实在有限，能不能请您那边的邓老师和李园长来帮忙做个手术呀？"结果刚发过去，白园长语音电话就打过来了："雯雯，胡兀鹫是个什么情况？你发给我，我跟兽医院那边对接一下。还有，你们救助中心耗材有没有缺的，看看我们还需要带什么器械和药品过去吗？"我当时真是感动得都说不出来话了，这都完全不需要什么拉扯和客气，直接就伸出援手了吗？但我还留存着一点理智，表达完感谢之后，我弱弱地问："那个……白园长，我这么说可能有点不好意思，但是我想……能不能请李园长和邓老师两位专家一起过来呀？"白园长笑了，说："我跟你想一起去了，我就想着要了胡兀鹫的情况，发给他们俩，沟通一下让他俩一起去，这样还能配合着一起把手术完成，木子也能专心在旁边学习。"哎哟，这是什么神仙机构啊！

午后2点，同事们拉着胡兀鹫回到救助中心时，我站在DR（数字X线检查）室门口等着给它拍片子。这家伙可真大啊！从脑袋到尾巴得有一米多，张开翅膀估计得有3米！它占了皮卡的一整个后排，路难走，害怕颠着它，这7个小时，Kiwi和小郭是一路抱着它回来的。片子出来，它的大腿骨从三分之一处齐齐断开，因为肌肉的拉力，上面半截骨头的骨壁和下半截的断口紧紧贴在一起。我把片子发到早上刚建的群里，李园长和邓老师也一直在等，照片显示发送的进度圈刚闭合，他俩很快就发来了语音消息：

"这很严重了，必须立即手术，越快越好！看了片子，我心里有数了，我带一些可能会用到的东西过去。"

"现在2点，我刚查了，今天有飞乌鲁木齐的航班，下午起飞，晚上落地，刚好能接上明天早上乌鲁木齐飞富蕴的航班，辛苦你来接我们。"

我从椅子上跳起来，拽着木子，晃着她的胳膊给她看聊天记录，我说："这下放心了吧，你的心愿实现了！"木子笑得合不拢嘴，但还是甩开了我的手："好好好，太好了，你快松开我！我要赶紧去给我的老师们收拾手术室，把设备都调试好。"

下午5点，群里很热闹，木子在分享胡兀鹫的身体状况，红山的两位老师也已经准备登机了。邓老师在群里说："我跟我夫人说我要去新疆，晚上不回家了，她都觉得我骗她呢。"

第二天早上9点多，我和木子在富蕴可可托海机场，接到了只背着一个包、匆匆忙忙小跑着迎向我们的李园长和邓老师。南京和富蕴县，一个在祖国的东南，一个在祖国的西北，距离将近4 000公里，是横跨了大半个中国的距离。而这遥远的路途，在善良的人面前，压根就不是阻碍。李园长和邓老师眼袋有微微的乌青，但掩盖不住激动："飞机昨天晚上延误了，2点多才到，早上又6点多赶到机场，现在可算是见到你们了。"

回到手术室，邓老师打开他的神奇小包，从里面掏出各种神奇的宝贝，放进木子准备好的消毒托盘里："这是固定骨头的钢丝，我怕过不了安检，剪成了一段一段的……""这是牙医用的材料，你补过牙没，这个拿灯一照就凝固了，用来固定克氏针的架子，好得很……"

中午12点，手术开始。我每次都看不得这样的场面，就扒在手术室门口，听着里面的动静：

"麻醉先给到4……好了，倒了，降低，降到1.8。"

"李老师，你拽着这头，使劲儿，使劲儿！"

"止血钳。"

"髓内针。"

"骨钻。"

然后是嗡嗡嗡的电钻一样的声音，还伴随着木子："哦——原来是这样，我懂了我懂了。"

"牙科材料就是现在用的，来，照灯。"

下午4点，4个小时过去了，手术室的门打开，大家抱着还在麻醉状态中的胡兀鹫出来了，邓老师说："来，我们看一下角度怎么样，如果正的话，就缝合，不然再调一下。"

胡兀鹫躺在DR台子上，我们一圈人都围在电脑旁边看着，屏幕上显示着的，是昨天拍的那张腿还是断着的X光片。邓老师选择"复查"，踩下拍片子的脚踏，我眼睁睁看着屏幕里那两截断骨，就跟被变了魔术一样接好了！胡兀鹫跟金刚狼一样，像是骨头里长出了钢针，和外固定的架子连接在一起，形成了长方形的框子。这场面我是第一次亲身经历，真的太震撼了，一下子理解了医生的伟大，那是将破碎的身体修好的功德啊！我还没来得及仔细夸，邓老师和李园长又抬着胡兀鹫进了手术室，去缝合了。

不一会儿，手术室的门打开，他们摆摆手喊我进去，麻醉的气管已经撤掉，现在胡兀鹫脸上戴着面罩，正在吸氧。得益于邓老师精湛的缝合技术，它受伤的那条腿根本不像是开过刀的样子。木子把消炎药膏给它厚厚地涂了一层，邓老师拿来自粘绷带，借着外固定的钢架包扎着，跟木子说："你看，用这样的方式，就形成了小三角帐篷，钢架就成了帐篷的顶端，又能透气，还能防止灰尘或者脏东西落上去。"

大家忙碌着，扶着面罩的工作就交给了我。胡兀鹫还没清醒，我趁机好好看了看它。这嘴可真大啊，最大号的面罩感觉都快不够用了，怪不得能吞进骨头呢。它从脖颈延伸到腹部的羽毛都是金色的，背上则是黑灰相间的羽毛，胸前有一圈黑色的领子，嘴边两撮硬硬的小胡子，看起来跟昏迷中的西装油腻小恶霸一样。正欣赏着，感觉脖子上有点痒，伸手一抓，居然是一只羽虱！我又往胡兀鹫身上看，这羽毛上也有好多羽虱在来回爬。我又往邓老师和李园长身上看去，他俩身上也不少，还有好几只都在邓老师的口罩上爬呢，李园长额间的汗水还粘住了一只，但他们丝毫不受影响，还在忙着手上的事。这专业素养，真的棒！我还这么想着呢，感觉盖在毛巾下的胡兀鹫动了动，我忙喊小郭一起来按住它。然后，它的眼睛睁开了。那一瞬间，我感觉胡兀鹫的脑袋好像龙头，离近了看，它的眼睛里好像有魔力，黑色的瞳孔外面镶着一圈淡金色，外面又套着一圈正红色，配着它脖子上的金色和雪白的头顶，还有黑色羽毛组成的向上飞着的眼线，霸气十足。

在慢慢清醒过来之后，我们把胡兀鹫抱进了ICU里吸氧。李园长和邓老师也脱下了手术服，站在院子里，啃着馍，木子赶紧递了水过去，邓老师咽下，说："雯雯，还有啥，我们来都来了，你就别放过我们，把所有小病号和需要处理的都拿出来，我们一个个来解决。"我虽然也是这么想的，但真没好意思说，还好李园长善解人意啊！"那多不好意思呀，您先吃，吃完馕，我们还有一只红隼、一只黑鸢、一只鹅喉羚、两只雕鸮……"我掰着手指头算着。

夜里 12 点，救助中心还灯火通明，我接到了老方的电话，他冲我连名带姓地一顿吼："初雯雯！你不看看现在几点了，赶紧下山！咱们带老师们吃个丸子汤去！"

饭桌上，李园长和邓老师从丸子汤上桌就没抬起过头。

吃饱喝足，我们仰在各自的椅子上，聊着今天的几个病例，老方突然开口："李园长，很感谢您二位千里驰援，给胡兀鹫一个重返自然的机会，我们想请您给它起个名字。"这只胡兀鹫是在李园长和邓老师的神医圣手之下，重新拥有了腿，也见证了我们协会和红山之间的友谊。

李园长想了会儿说："就叫它由由吧，希望它永远自由，希望它的未来由己不由人！"

真是个好名字，由由一定会好起来的，会获得属于它自己的自由。

第 4 天早上 9 点，小郭发来一段由由的视频，它已经从 ICU 搬进了鸟舍的病房，趴在假草垫子上一动不动。过了半分钟，它左右摇晃了一下，居然站了起来！右腿可能还是疼，不敢使劲儿，整个身子有点像半蹲在地上。不光站起来，还拖着它的腿往前挪动，从给它铺的假草垫子那里，挪到了内外舍之间的洞口，站在那里晒着太阳。可能是想晒晒背，它把重心移至身子左侧，左腿支撑着地面，右腿不敢使劲儿，但也能起到点辅助作用，一点点转身，然后就惬意地站在那里享受着阳光，整个姿势看上去就跟军训的小朋友在稍息一样。我赶紧把这个好消息告诉大家，李园长回复："太好了，能站就说明在往好的方向恢复。现在看到它站起来，我们就放心了。希望早日康复，恢复自由！"

会的，一定会的，由由一定会承载着我们和红山共同的爱，自由自在地翱翔在蓝天上！

陪伴羊、陪伴鸭和麻醉鸡在编在岗

初雯雯

救助中心里有 3 个身高不足 1 米的同事，它们叫泡泡、鸭鸭和麻醉鸡。

这 3 个小家伙，是真有编制的，救助中心只要存在一天，它们就能跟着蹭吃蹭喝、好好活着，不用担心被做成羊肉串、烤鸭和大盘鸡。

泡泡的全名是羊肉泡馍。刚来的时候，我们在它面前放了 3 张纸，上面有 3 把草，木子说，它吃哪把就叫啥名，充分民主，就让它自己选个名字。那 3 张纸上的名字分别是"羊肉串""羊肉泡馍""手抓羊肉"。它选了羊肉泡馍这个名字，小名就叫泡泡了。鸭鸭呢，来得仓促，是 Kiwi 求爷爷告奶奶在大冬天从周围老乡家买回来的。新疆冬天天寒地冻，零下三四十摄氏度，本来过冬鸭子都是要宰掉的，但鸭鸭凭着自己一天下一颗双黄蛋的本领，硬是在老乡家等到了眼泪汪汪的要接它走的 Kiwi。

泡泡和鸭鸭的主要工作就是为野生动物们陪吃、陪喝、陪玩，我给它俩的工作岗位起了个名字，叫陪伴动物。这是啥情况呢？简单来说，是这样：食肉动物有个特别好的习惯，那就是食物都是要靠命和命的碰撞得来的，所以它们会珍惜每一口送到嘴边的饭，而且它们的脖子短，消化系统简单，实在不吃还能硬塞，总能保住条命。但吃素的动物，仗着自己在野外咋样都能找到口吃的，所以，精力就都放在警惕这事儿上了。每次救回来的食草动物，不管我和同事们再怎么小心翼翼，它们都得给我们先来个绝食看看。

是，你怕个儿高的两脚兽，我们不站着了，蹲在地上走或者四肢着地趴

267

着走行不行？不行。

是，你怕有动静，觉得是食肉动物要吃你，我们不发出动静了，专门编一套手语沟通行不行？不行。

是，你觉得这个环境不行，不像大自然，这跟关在房子里似的，我们一车一车土往康复病房运啊，再把野外的草和灌木什么的搬回来，算了，把树也搬回来，把食物伪装成自然食物，这样行不行？不行。

反正就是说啥都不吃，干啥都跟个惊弓之鸟一样，不管是北山羊、鹅喉羚、天鹅、赤麻鸭、绿头鸭、灰雁啥的，只要是食草动物，只要是我们救回来的成年选手，每一只都要走一段绝食之路。有的体格好，绝着绝着觉得没危险了，开口了，行，那吃药打针就能管用了。有的身体素质稍微差点儿的，直到自己饿死了都一口不吃，再输营养液也没用，越输液越害怕，应激反应对于它们来说简直就是致命伤。

应激简单来说，就是野生动物在被救助之后到了一个陌生的环境，看到的都是陌生的事物（人算是其中很可怕的了），体内的激素会告诉它：现在这样，好危险！你最好打起一万分的警惕！要不然就会被吃掉或者会死！然后它好害怕好害怕。我们在救助过程中，其实已经做了许多能够减轻野生动物应激的工作了，比如救助中心不对外，避免吵闹；在检查身体的时候会用特质毛巾盖住眼睛，并且声音尽量轻，必要的时候还会往身上喷"来自自然的味道"（多数情况下是其他动物粪便泡的汤）。但对于食草动物，一概不灵，就没有几个能顺顺利利吃上一口饭。有些时候，绝食都算轻的，有的应激反应特别强烈的野生动物，进入笼舍之后会疯了一样地往墙上撞，很容易给自己整一身的伤，老病没好，又添新伤。我们看着就只能干着急，野生动物救助最大的痛苦就是你知道你在救它，可它不觉得你在救它，说啥它也听不懂，而且它的反应就是浑身上下每一个细胞都在抵触，都在叫嚣："啊啊啊啊啊！！！吓死我了，吓死我了，吓死我了！！！"

这么下去不是个事儿啊，我就想着，要不给它们搞个同类试试？我们沟通不了的，让它们自己来讲道理。所以本来不接家养动物的救助中心，在听到有一只小山羊因为身体太弱、要被整个羊群淘汰、不送给我们就送给大自然自生自灭的时候，我们第一时间把它接了回来。它就是泡泡。泡泡自己其实就是个小弱娃，早产儿不说，天生弱胎，刚来到救助中心的时候就小小一点，它脚丫子还发育畸形，疼得都着不了地。木子天天抱着给它上药，小郭每天抱着它出去晒太阳，给它喂奶吃药，就这样才帮泡泡捡回来一条命。可能因为亲身经历，知道我们都是好人；可能是自己淋过雨，所以想要为别人撑起一把伞；也可能因为泡泡天生就是个小吃货和小话痨，总之在接到第一个任务，陪伴一只死活不吃饭、还吓得眼珠子都快要瞪出来的鹅喉羚时，泡泡的表现让我们所有人都惊讶了。

那是一位鹅喉羚夫人，摔伤了腿，被牧民送来时，已经整整一天没有吃过一口草了。小郭抱着泡泡在门口，煞有介事地小声交代着任务："儿子，你看，那就是你要陪的病号，你进去了就跟它说，这些人都不是坏人，可以相信的，你让它看看，你的腿就是被这些人治好的；你再跟它说说，咋样别跟自己身体过不去，该吃饭还是要吃饭……"木子踹了小郭一脚，眉头皱起轻声吼："快点儿的！放进去！"小郭打开圈舍门，把泡泡推了进去。泡泡比正常山羊要娇小些，更别提在成年鹅喉羚面前了，它瘸着小腿走的每一步感觉都充满了犹豫，像是很怕挨揍一样。有时候动物的预感的确管用，那位夫人冲着泡泡就来了，有一种同归于尽的架势，我们的心也跟着揪起来，害怕泡泡被欺负，也害怕鹅喉羚伤到自己。没想到泡泡径直走到墙角，把自己的脑袋往墙上一顶，然后就不管了，就让鹅喉羚把它顶了几下。还好是母羊，没有角，也不是真的使劲地顶，都是试探性的，反而是泡泡的包容让鹅喉羚冷静了下来，退到一边静静地看着还站在墙角、脑袋顶着墙的小白羊。

过了一会儿，泡泡好像是察觉到鹅喉羚不顶它了，慢吞吞地扭过头悄悄看了一眼。又转头，看了一眼草盆的方向，坚毅地迈着小瘸步子走过去了，二话不说，直接低头开吃，吃得那叫一个香啊！我们蹲在外面都听得清清楚楚，草叶草茎被它嫩嫩的舌头卷进嘴里，再用臼齿细细磨碎，咕咚一声吞进肚里。就这样吃了一会儿，它抬起头来，看着瑟缩在另一角，目不转睛盯着它的鹅喉羚，轻声咩了一声，嘴里还叼着草，向鹅喉羚的方向扬了扬。可惜，夫人不为所动，泡泡又低头吃了起来。我们蹲在外面举着手机看监控，腿都蹲麻了，一个个的都坐在地上，围成个圈，看着泡泡的表现。泡泡可比我们有耐心多了，吃一会儿，看一会儿，咩一会儿。木子戳了戳我，又指了指屏幕，我看到鹅喉羚紧张的肌肉都没那么紧绷了，好像慢慢松弛下来了。它开始往泡泡这边走了？小话痨管用了？还是以身试吃管用了？看到鹅喉羚过来，泡泡也不知道是吓着了，还是谦让了，往后躲了躲，这刚好让出来的位置，鹅喉羚也不客气，直接就占上了，低下头，皱着鼻子闻了闻，好像在说："我看你吃那么香，这闻起来也不咋样嘛，算了，我就屈尊尝一口吧。"然后就真的张嘴叼了草吃起来了！泡泡站在一边，还扭头看了一眼监控探头，我好像看到它骄傲的小表情了是怎么回事儿？它的任务圆满完成，出了门之后木子拍拍小郭的肩："这个儿子养得好，以后有蹄类来了都安排它陪一下，咱们压力可就小多了。"小郭刚想嘚瑟，木子说："你要嘚瑟就你进去陪？"小郭说："我可没那个本事，还得是我儿子。"

从此之后，泡泡就过上了有编制的生活，还帮助了许多野生动物平和地度过了康复期，重返自然了。

鸭鸭也很争气，毕竟不能指望一只羊去陪伴水鸟，这咋沟通啊？所以在来了一只雄性绿头鸭并且又开始了我们熟悉的绝食的时候，就出现了大冬天Kiwi求爷爷告奶奶、满富蕴县找鸭子的那一幕。绿头鸭少爷，那绝食绝得真叫荡气回肠，啥都不吃，木子把整个富蕴县它可能吃的东西给它摆了一地，什么小鱼、苞谷面、各种叶子菜切成小片、鸡饲料、燕麦、面包虫……但是少爷就是看都不看一眼，就窝在角落里动都不动一下。本来腿上就有伤，浑身还瘦骨嶙峋的，这要是再饿下去，恐怕连命都保不住。Kiwi端着塑料筐子进门的时候，所有人都停下了手里的活盯着他，仿佛他端的不是一只鸭子，而是少爷的命根子。这次还是小郭把鸭鸭姑娘送进屋，我们也不知道在羊身上好使的例子，在鸭子身上能不能好使，反正死马当活马医吧，先送进去看主子啥反应。大家都提心吊胆的，害怕少爷对鸭鸭不为所动。没想到，鸭鸭进了圈舍的第一秒，少爷垂下的头突然就抬起来了，眼睛里好像有光和桃心冒出来！还没到下一秒，少爷瘸着个腿就奔向了鸭鸭，鸭鸭也是个爱干净的姑娘，在之前的主人家里冬天也没个能游泳的地方，见了少爷的大水池子直接就冲了进去，少爷紧随其后，俩人在水池里居然戏起水来了。大哥，你不饿吗，这还有体力谈恋爱呢？鸭鸭洗干净了身上的土，沿着水池边上了岸，可能它也懂姑娘家要端着点儿，硬是看都没看少爷一眼。少爷一瘸一拐，亦步亦趋，那鸭嘴都快撞到鸭鸭姑娘的屁股上了，瘸着都一步没落下。鸭鸭看着满地的大餐，这个埋头吃两口，那个埋头吃两口，也不理少爷。少爷在旁边急得转来转去，可能是转累了，看着鸭鸭姑娘吃饭了，居然也低头和鸭鸭一起吃了起来，而且鸭鸭吃哪盘，它就吃哪盘，直接把自己干瘪的嗉囊吃得都鼓起来了，冒着油亮的光，这我们就放心了。

从圈舍出来，Kiwi 邀功："我可是好不容易找的！因为鸭鸭会下双黄蛋，所以它没被主人宰掉，我好说歹说卖给咱了……"他还没说完，木子阴沉的脸突然就舒展了，松了一口气的样子："我还担心呢，别两个真干柴烈火了。双黄蛋可太好了，这证明它生殖系统有问题，生不了娃，咱的水鸟以后都能让它陪着了！"我也很高兴，但是随即想到另一个问题……泡泡……还……木子可能会读心术："初老板你别担心，泡泡是要绝育的，只是它现在太小了，等开春了就可以绝育了，这样既能避免它和野生动物生娃，还能保证它的脾气性格一直很好，不会伤到野生动物，干好它的本职工作。"旁边的 Kiwi 听到这段还乐来着，拍了拍小郭说："哈哈，你儿子要绝育喽。"那个时候的他要是知道开春的时候自己也要参与泡泡的绝育手术，并且在手术过程中吓得脸色苍白，全程腿软，差点坐地上好几回的话，肯定不这么嘲笑了。

最后说说麻醉鸡。"河狸军团"一起凑钱众筹了呼吸麻醉设备，让我们再也不用每次手术都奔波上千公里。木子也是专业医生，但和新设备磨合并提高技术熟练度这事儿，肯定是不能拿野生动物来实验的。Kiwi 又自告奋勇去市场挑了一只红色的母鸡，回来进行麻醉尝试。这台设备测试的不同剂量、不同麻醉时间、不同苏醒程度与吸氧比例带来的效果，都在麻醉鸡一次又一次被麻晕、苏醒，隔几天再被麻晕、再苏醒过来的付出当中，被木子掌握得明明白白。

等到木子彻底熟练了，她看着麻醉鸡，说："哎呀，小麻，你的作用也发挥完了，你想不想去跟狐狸或者小狼做个伴呢？"言下之意，就是想把代谢完麻药的它送去参加食肉动物的野放训练。可能麻醉鸡和木子姐相互折磨了这么多天，已经猜中了她的心意，就在木子刚准备行动的时候，麻醉鸡一声咯咯哒！下了个蛋。要知道，它之前在救助中心住了好几个月，可从来没下过一个蛋啊！麻醉鸡下了蛋，转过身去看了看，又转向木子，就好像在说："别呀，麻醉鸡我虽然在麻醉方面已经鞠躬尽瘁，但是我还能下麻醉蛋啊！留着我吧！我可以下蛋！"木子也乐了，说："我就是这么一说，倒不是真因为你会下蛋，还是跟你合作这么多天了，也有感情了，那你就好好下蛋哦。"

直到现在，如果你上午碰巧路过救助中心门口，运气好还能听见麻醉鸡的咯咯哒。所以，"河狸军团"的兄弟姐妹们，别老是看着泡泡和鸭鸭流口水了，它俩不能吃，但是你们要是来救助中心的话，我可以拿出麻醉鸡下的麻醉蛋招待大家。而且啊，据方会长说，麻醉鸡吸了那么多麻药，体质特殊着呢，吃了它下的麻醉蛋，酒量会变大的。

化身两只小赤狐的妈妈

初雯雯

    富蕴的 5 月，是山里最好看的时节，我坐在泰加林里，看着面前碧绿的河水缓缓流过，手中的茶杯热气袅袅。我吹了吹滚烫的茶水，还没喝进嘴，手机响了，接到了富蕴边防吐尔洪派出所的电话，他们说救助了两个小家伙，马上发给我看看。挂断电话微信就响了，是一条视频。这是我第一次见到赤狐的宝宝，但惨烈程度简直无法形容。这么说吧，我点开视频的一瞬间，手机就被我扔出去了，茶杯也扔出去了，差点烫死我。但声音还在响，持续敲打着我脆弱的神经，警察叔叔在视频里说："唉，太可怜了！狐狸妈妈可能是吃了中了老鼠药的耗子，中毒了，估计倒地的地方离窝有个五六百米吧，它还一路爬回窝里，还没进洞就死在洞口了。这一路都是血印子，这两个小狐狸要是没有妈妈剩下的这点奶，绝对就死了。"

    我不能一个人心疼，必须给你们形容一下。两个小小的狐狸崽崽，眼睛都还没睁开，都还不会走，在一堆混乱的毛上奄奄一息，爬都爬不动。那毛就是它们已经失去了生命的妈妈。顺着妈妈依稀可见的尾巴看去，有一条已经成为棕红色但不清晰的痕迹，还有爪印和拖行的印子。

    我们第一时间就赶到了派出所，警察叔叔问我还去看现场吗？我强忍着眼泪，告诉他们同事会过去，中毒动物的尸体需要进行处理。我带着小家伙们回救助中心，其他同事去现场给狐狸妈妈好好安葬。

    两个小赤狐一路都很安静，在纸箱子里缩成一团，只是时不时哼唧两声，让抱着箱子的 Kiwi 一路两眼冒桃心，看着它们毛茸茸的样子，Kiwi 给它们起名叫毛毛和小小。

等到了救助中心，Kiwi 赶紧拿出羊奶粉，倒进奶瓶冲泡好，又滴在手上试了试温度，给它俩挨个喂奶。毛毛先来，它俩还没有 Kiwi 的手掌大，还不习惯外力触碰，在 Kiwi 手里扭来扭去，好不容易才把奶嘴塞进嘴里，但在喝到奶的一瞬间，毛毛尝到了奶的香甜，可劲儿往肚里吞着。到了小小的时候，它已经极度虚弱了，几乎都没有挣扎，就只是弱弱地喝着。趁着喝奶的工夫，我扒拉着它俩检查身体，它们很瘦弱，摸上去就是一副骨头架子外面包着一层皮的感觉。皮包骨头身上很多跳蚤和蜱虫。

我其实挺忐忑的，根本不知道它们能不能活下来，但也只能压下心头的慌乱。小狐狸在这个年纪应该待在温暖的洞穴里，由爸爸妈妈的体温保护着。那时的我们，并没有育幼箱和 ICU。我们想了个招儿，拿了装水果的塑料筐子，底下铺上尿垫，让小狐狸躺在上面，再在筐子下面垫上几块方木，放进整理箱里，整理箱放在电暖器旁边，这样既能保证有足够的温度，又能通风，不会太闷。看着毛毛和小小蜷缩在一起昏昏睡去，我揪着的心放下来了。小家伙们，要活下去啊。我暗暗发誓，我要成为你们的新妈妈。

Kiwi 那几天几乎就没睡，两个小时喂一次奶，他手机的闹钟排得满满当当，半夜也不敢睡，就算喂完了奶，又怕两个小赤狐热着了或者冷着了，害怕一点点的小失误就会让它们挺不过危险期，更害怕辜负了狐狸妈妈为了两个崽崽而搭进去的那条命。

一周过去了，Kiwi 熬得两眼乌青，饭也吃不好，端着碗也总要看一眼手机，就害怕错过喂奶的时间，整个人都瘦了不少。还好他的努力没有白费，两个小崽子挺过来了，还一点点胖了起来。Kiwi 每天在喂完饭之后要给它俩按摩，既能找找身上还有没有寄生虫，也能帮它们促进消化，看看有没有胀气什么的。那天他按摩的时候说它俩的小肚子都摸不到肋骨了，已经圆鼓鼓了。他顶着鸡窝头还一脸欣慰和骄傲，正想伸手摸崽崽呢，突然看到小狐狸眼睛睁开了！

这下可完蛋了，我们要开始和这俩小家伙"此生不复相见"了。我心里有点难过，没有人不喜欢这两个小家伙，看见这么毛茸茸又弱小的样子，都想把它俩贴在脸上猛吸一口，但喜欢是亲近，而真正的爱是克制。虽然在我们看来，现在这俩小狐狸是我们的崽，但它们终归是要回到大自然的，不能绑架它们成为宠物，而是得提供给它们需要的生活，要忍住自己亲近的冲动，要让它们成长为真正的自己。

所有的亲密接触，都在毛毛和小小睁开眼的那一瞬间停止了。

最开始的时候是心理上的亲密被斩断，我和 Kiwi 为了不让它们觉得是人类提供了食物，不让它们记住我们的样子，专门从网上买了狐狸的头套，每次喂奶的时候就戴着。不到两三天，它们对于固体食物的需求猛增，那接触也可以全部停掉了。食物换成了日龄鸡和小鼠，奶则倒在盘子里，都让它们自己取食，小窝也从整理箱换成了更大的笼子。现实中，狐狸妈妈会在崽崽熟悉了食物之后，带来活物供它们练习捕猎，我们作为它们的代班妈妈，也要教会它们这些。于是，每天我们都穿着伪装服，身上喷着混合了各种动物粪便味道的特质香水，悄无声息地靠近笼子，把小鼠和鹌鹑丢进去。毛毛很凶猛，不到一周，就能在小耗子被丢进去的一瞬间，直接扑上去一击毙命；小小要弱一点，经常是跟在耗子后面跑一会儿，偶尔还会自己前爪绊后爪地摔个跟头，要好一阵才能抓到耗子。它看着姐姐能顺利抓到耗子，一脸羡慕，居然还学会了观察。每次耗子放进笼子里的时候，它先不去抓，而是蹲在一角，看着毛毛是怎么突击的，一来二去，它也学会了，动作熟练了不少。我们那叫一个欣慰啊，也有点内疚，作为代理妈妈，没办法教它捕猎，但还好有姐姐来帮忙，让它能迅速成长。

有天晚上，木子和 Kiwi 来我屋里，鬼鬼祟祟的，说要带我去干件大事儿，让我啥都别问跟着走。大半夜的，三点多了吧，我们开着皮卡就到了救助中心附近一个建筑垃圾堆上，正纳闷儿呢，木子下了车，弯着腰好像在搬东西，还声音小小地喊我："初老板，快来啊！"我下去一看，是好多废弃的木板，零散地堆了一地。木子和 Kiwi 正往车斗子上搬，嘴里还数着："一块、两块……我想想哦，一共要多少块？"我都震惊了，下车拉住木子："哎，这就是你说的大事儿？半夜跑到垃圾堆上捡破烂？"木子说："你懂啥，这叫社会资源再利用！白天那么多活儿，这不就晚上有时间嘛！快点，搭把手。"她把板子丢给我。

我们就这样拉一车板子回到了院子里，又把板子搬进了能能住过的大笼子里，木子喊小郭拿来电钻和钉子，说："毛毛和小小现在捕猎能力差不多可以了，该升级大空间了，咱们再拿这些板子给它俩一人搞个窝。小狐狸长大了是要分家、要成家立业的，哦对，还得搞点土。小郭，你把马驰喊来，你俩去运土，我在这儿钉窝。"我啥忙也帮不上啊，干啥都添乱，就蹲在笼子旁边给木子递钉子，顺便商量着下一步救助小狐狸的计划。木子下手真是又稳又快。不到一小时，两个大笼子里各有了一个正方体的木板窝，朝向里面那侧的木板靠左上角的位置，开了个 50 厘米见方的洞口，这样土填进去不会露出来，窝上有顶,这已经是我们能做的最像狐狸地下洞穴的结构了。马驰和小郭也回来了，俩人灰头土脸的，额头上的汗水混着土，灯照过去很像过于黏稠的豆浆糊在了脸上，还是黑豆豆浆。大笼子的门有点小，得弯着腰才能进去，端着铁锨往里铲土实在是费劲，我们几个人就站成了一排，形成人形传送带，马驰站在皮卡车斗上，把土铲进盆里，我递给笼子里的小郭，他再递给木子，木子倒完土再把空盆递给 Kiwi，Kiwi 再把盆放在马驰脚边等着铲土。我呢，还是啥都干不了，就在旁边给大家举着灯，小声喊着："慢点啊，别扭着腰了，小心点！"

快完工的时候，夜色已经褪去，天边是淡灰色透着一点蓝，太阳也快升起了。大家坐在地上喘了两口气，刚想去换伪装服把小狐狸挪进新家，木子喊住他们："哎，别穿伪装服，它们该学着怕人了，你们去抓的时候手上动作要轻，但表情要凶一点，最好能再吼两嗓子，吓唬一下，让它俩知道人可怕。"Kiwi 直接扭头停下了，跟小郭说："哎哟哎哟，我做不到，我不行，我下不了嘴凶它俩，毛毛和小小是我心尖上的娃。"木子说："还下嘴呢，又不是让你咬它俩，你至不至于还来个单押。"

小郭抓着毛毛和小小，把它们先后送进了各自的新家，还不忘嘴上凶着："不要被我抓到哦，我们都不是好东西，要把你吃掉的！就你小子红是吧？最好躲着点我，不然把你漂亮的红衣服扒下来做手套！"两个小家伙眼睛瞪得大大的，可吓坏了，一进笼子就迅速蹿进木板房子里，都没敢把小脑袋伸出来看一眼。这样它们才能学着怕人。

就这还不算完，我们又拿来了防晒网，挡在了大笼子和院子里的过道之间，这样它们就不会天天看到人了。等到小郭去鼠房拿来老鼠，穿上伪装服偷偷放进笼子里的时候，天已经大亮了。

有了重重遮挡设施和挡风避雨的人造洞穴，毛毛和小小变得更机敏，也学会了躲藏。我们每次去放小耗子的时候，也是丢下就走，很少能看见它俩。我都是借着给它们更换训练场地和体检的时候，才能看到一眼。

毛毛和小小的训练场地也很酷。场地在院子里，借着三面墙壁，一面空地和顶上加了钢网的新圈舍相连，大概有个50平方米，大小够这两个小家伙耍。但改造起来可费了大劲儿了，为了模仿野外环境，得给场地铺满土。同事们推着小车一斗一斗运，铺平，中间还有个小土堆，供两个小家伙学习打洞。小花和小高，居然一人一个，直接把大木桌扛在肩上，也运进来了，木子没忍住夸了一句："劲儿真大！"这一夸不要紧，俩人更卖力了，比着搬。除了搬桌子还搬大石头，直到木子看快放不下了赶紧喊停，她俩这才擦了把汗，脸上带着荣耀和对对方的不服气站在木子跟前，木子又指挥着她俩把桌子放倒，放在几个不同的地方。这是为了给它俩设置障碍物，毕竟野外的猎物可不会像它们之前抓到的那样，人家是会躲的！

准备得差不多了，毛毛和小小挨个体检和打疫苗。我的妈呀，这两个小家伙，几个月不见，怎么长得这么大了！它们长得跟成年狐狸没啥区别了。身上的绒毛全部换完了，一身溜光水滑的针毛，在阳光下闪着光。小郭牢记木子的叮嘱，用言语恐吓着它俩，我说你这不行，来，我来。趁着木子把它俩按在手术台上打针，我挨个捧起它俩的小脸，捏来捏去，还把它俩的腮帮子搓了一顿，手上动作进行着，嘴里也没停："看到没！不能被人抓住了！两条腿的都是坏蛋！抓到了就要抽血！不对！抽血都是小事儿！命都没了！"然后又左右轻轻晃着它俩的脑袋："听见没有！不要被抓住啊!!!要离人远一点！"毛毛和小小耳朵紧紧背着，魂儿都快吓没了。趁着这会儿，我又赶紧给同事们交代：

"这样还不够，大家换人，每天穿不同的衣服，进野放区追它们一顿。不要真追，气势做出来就行了。小花，你心太软，那就拿个扫把，假装吓唬一下。"

看着他们纷纷点头，我心里可不是滋味儿了，谁不想把这两个漂亮的小狐狸抱在怀里呢？可是不行。而且这就是野放训练的最后一关了，等到通过，它们就可以回家了，就要离开我这个代理妈妈了。想到这儿我就有点想哭，连同事把它俩放进野放训练场地我都没去看，转身上楼去了。

每天，我都从监控里偷偷看着毛毛和小小，它俩进步速度真快啊，那么快就学会了绕过障碍高速出击，哪怕是同事们时不时换障碍物、调整位置，它们都能迅速适应；那么快就学会了在土堆上挖洞做窝，当有人进去追赶它们时，一秒就能钻回洞里躲起来；那么快、那么快，快到我还没压下去我的不舍，它们就顺利通过考试，毕业了。

协会的科研组在乌伦古河给它们挑选了一处有林子、草地、浅浅河水流过的新家，分别的日子就这么到来了。

两个航空箱打开了，毛毛先蹿出来，小小紧随其后，两个小家伙头也没回，一直跑进了树林子，开始抓兔子。我这老母亲那叫一个欣慰啊。从两个巴掌大的小不点，到现在能够自由奔跑在天地间，它们已经长成了健壮漂亮的两个小家伙，也能够独自面对未来了。

自然母亲，我们已经尽己所能养大了这两个娃，教会了它们我们能教的一切，现在我把它俩还给你，以后的日子，就请你多多关照吧！

将热爱传递到邻国的三鹫姥爷

方通简

我们又救了一只超级大的秃鹫。

2022 年冬天是我印象里最冷的一回，那段时间正赶上大降温，齐膝或齐腰深的雪随处可见，其高度主要随各处扫雪能力而变。大家开玩笑说，每个人出门都得小跑前进，听说跑快点，人身上的血液循环更好，这样胳膊、腿就不会被冻住，而且趁积雪还没反应过来，你的鞋子就拔出去了，也比较不容易让雪挤进鞋子里去。万一大冷天雪水化在鞋子里，那滋味嘛，啧啧。

据发现秃鹫的人讲，那两天在零下 40 摄氏度的天气里，它就像是一个武打片里披挂着玄色大氅的江湖豪杰或者埋伏在雪中伺机而动的侠客之类，孤零零坐在一棵很高的树上好几天，不动声色，摆出一副硬汉不怕冷的架势。

其实想想当时那个场景，它的姿势应该还是挺酷的，只可惜天公不作美，富蕴的冬天实在冷到破功，把它冻麻了。那天，天刚亮没多久，富蕴县林草局的护林员在雪地里巡逻，远远看见它还坐在树尖上，上前和鸟聊天，显然他还未从睡梦中完全清醒。脸色红扑扑的护林员大哥紧了紧大衣，仰起头对它说："喂，朋友，大冷天你光个脑袋，帽子也不戴，酒也不喝，坐那么高，不怕感冒吗？"

一阵风刮来，这位硬汉冷漠地看了护林员一眼，没说话，随后传来扑通一声。

这下，护林员大哥彻底清醒了，然后救助中心就又多了一只秃鹫。我们紧急出动，把硬邦邦的、倒栽在雪里、没了面子的硬汉抬回救助中心。话说这家伙长得可真威风，翅膀打开足有三米多长，站起来差不多有半人高，不知道是不是被冻的，后脑勺上还与众不同地留着小毛寸。刚开始时，我们看到它这番尊容实在不确定它的攻击性，所以不敢离得太近。

但是它真的太虚弱了，一进屋就开始吐，连续几天胃里呕出来的都是蓝蓝绿绿的塑料块、泡沫，甚至还有碎拖鞋一类的垃圾，真不知道在完全找不到食物的大雪天里，它都经历了什么。乱吃东西导致它的消化系统感染了严重的沙门氏菌，排泄物颜色一言难尽，而且脱水严重。它看着个头大，其实整个身体已经垮掉了，全靠毛撑着。看着它这副有出气没进气的样子，我们不得不小心翼翼地接近，给它下胃管补充加了电解质的葡萄糖水，皮下补液。

倒不是我们毒舌，这家伙长得确实糙了点，巴掌大的嘴，眼睛滚圆，瞪得像铜铃，脸上的配色也是黑一块白一块，看久了总有种五官没有被认真安排的感觉，怎么看都让人不太想直视。不过还好，就像歌里唱的"我很丑，但我很温柔"，它的性格很不错，大眼睛始终温柔又顽强地看着我们，特别配合兽医的治疗。或许是收到了眼前这些人类的善意，也像是想为自己争取活下去的机会，打针、吃药、吃饭，它一点也不打折扣，堪称病房里最让人省心的病号。

不愧是著名的食腐动物，它身体底子不错，恢复得很快，几次治疗之后，头就能抬起来了。把胃里的垃圾清空后，它爱上了救助中心特调的纯瘦牛肉羹和葡萄糖电解质饮料，很快发展到每天要生吞好几斤牛羊肉还意犹未尽的状态。几轮治疗下来，我们除了担心要被它吃倒闭外，还发现这家伙只是长得凶，其实胆子很小，甚至还有一点憨厚可爱。

它白长了个大个子，连我们的陪伴小山羊泡泡都不敢招惹，泡泡看它一眼，都不用问"你瞅啥"，它就紧张地赶紧看向别处，更别说招惹隔壁的雕鸮和草原雕了。整个住院期间这种低调不惹事的性子使它和邻居相处融洽，只是协会养的几只狗子却不太待见它。可能因为过惯了流浪的苦日子，它每顿饭都会用心地把骨头剔得超级干净。以往野生动物吃剩的骨头，我们还会丢给救助中心的狗子们继续啃啃，唯独它这里，骨头丢给狗，狗都不爱要。

闲暇时，它还会背着手遛弯，眼里有活儿，经常捎带手帮饲养员把笼舍里的垫子摆摆整齐。看着它的这种养生气质，加上又是救助中心里来的第三只秃鹫，所以我们给它起名叫"三鹫姥爷"。反正，我感觉它这趟算是没白来，除了蹭吃蹭喝，还混了个名字，学会了人情世故和做家务，将来肯定会"鹫途"光明吧。

日子一天天过去，寒冬渐退，春天的气息越来越浓，救助中心附近的雪也开始化了，三鹫姥爷顺利地恢复成了一只强壮的秃鹫。我们为它准备好了用于野放后继续观测健康情况的卫星定位背标，同事们开始留意放它回家的时机。终于有一天，我们在野外发现了其他回迁的秃鹫在求偶，这说明山上已经可以找到食物了，而它的离开也进入了倒计时。

于是，在一个风和日丽的早晨，协会和富蕴县林草局、富蕴县公安局、阿尔泰山国有林管理局富蕴分局、阿尔泰山食药环分局富蕴派出所的朋友们一起，把它带到山顶，放归了大自然。离开时，它没有一秒钟迟疑，小跑着腾空而起冲上了云霄。初老板一边开心挥着手一边小声嘟囔："哼，头也不回一下，肉都白吃了！"

那天晚上，同事们看着它鹫去房空的笼舍，心里空荡荡的，相处了这么久，陡然看不到它，每个人都有些不适应。打扫完笼舍，收起动物们吃剩的骨头，木子姐笑着说："三鹫姥爷走了，最开心的可能就是狗子了吧，又有骨头啃了。"

很快，卫星定位背标传回了它的新消息。离开我们以后，它短暂地在富蕴县休整了几天，目标精准地向着东北方向，顺着蜿蜒的乌伦古河，飞过了所有忙忙碌碌修着水坝的河狸家族；飞过了河狸食堂庞大的灌木丛群落；最后飞过了阿尔泰山，进入蒙古国境内，在科布多以西、乌列盖以南的一个湖泊旁边停留了下来，表现出频繁的筑巢和求偶的行为。

真好，看来它找到了新的栖息地，有了家，活了下来。不知道远方蒙古国的人们抬头看到这巨大的鸟儿掠过时会不会想到，这竟是来自邻邦中国的生命，带着中国的青年人对于生命的尊重和希冀。未来，也许还会有更多的野生动物沐浴着金色晨光出现在这里，它们都将像三鹫姥爷一样，承载着无数中国人对于自然保护的热爱，并将这份责任传播到世界的更多角落。

在我们所处的这个世界中，有食草性动物、食肉性动物，还有着杂食性的动物。而食肉性的动物中，有些又是专门吃腐肉的动物，秃鹫就是其中之一。它们的长相虽然有些"混搭"，但它们作为大自然的清洁工，对于防止病毒过度滋生和瘟疫大面积蔓延，以及加快自然中微生物的分解速度起着重要的作用。

所以，三鹫姥爷，谢谢你和你的朋友们为大自然生态平衡做出的贡献。这一次，很高兴人类能为你们做些事。

追踪雪山之王，雪豹母子现身

初雯雯

"陈叔！等等我！走慢一点！"我的肺快炸了，提了半天的气才喊出来这一句。快要成一个小点消失在我视线里的陈叔这才慢下来，摘下帽子摇晃着扇风，我咬咬牙，手扒住一棵爬山松，脚下使劲儿，抬起沉重的腿，往前挪着。背上的双肩包好像每走一步都变得更沉了一些，感觉快要嵌进我身体里，把我拖着不断下坠，真恨不得四肢着地爬着走啊，这是我最痛恨地心引力的时候。

我们在阿尔泰山某一处山里，正要去取在野外替我们坚守了快一年的红外相机。这可是个好东西，小小的方盒子能在动物经过的时候自动触发，拍下视频和照片，每次取相机都像拆盲盒一样，永远都不知道大自然会往里面塞什么惊喜。这些影像除了能给我们带来欢喜，还能发给远在全国各地的"河狸军团"的家人们，还能起到很重要的科研监测作用。

这个快要费我半条命的区域是雪豹的家园。这些大猫咪被称作"雪山之王"，待的地方那叫一个怪石嶙峋，经常是爬着爬着连个落脚点都找不到的那种，雪豹可是如履平地，走起来顺溜得不行。陈叔也很像一只雪豹，这么多年在山野中穿行，他能快速熟练地找到每个陌生区域里最好走的那条路，我每次都暗暗叫苦，这就算是再给我两条腿，我也追不上他啊！下次我一定不爬了。但到了下次的时候，想着山上等待着的红外相机，就又不长记性了。

好不容易追上了陈叔，还好离相机也不远了，就在垭口那里有一块大石头，是雪豹喜欢标记领地的地方。陈叔解下捆在石头上的相机，把拆盲盒的喜悦让

283

给我，自己则是拿了块馕坐在石头下面背阴的地方，开始享用他的山间午餐。

我打开红外相机，翻到第十张，雪豹出现了，跟它身子等长的大尾巴拖在身后，弯弯的，还有条视频，它屁股撅得好高，对着石头尿尿，又拿脸颊不断蹭着石头高处的突起。这是在留信息呢：我是个小姑娘，身高80厘米，体长2.5米，单身，找对象，有意者请留言（别尿太高了，我个子有点矮，够不着）。说实话，自从协会成立五年来，我们红外相机拍到的雪豹视频和照片，没有上千也好几百了，但每次看到的时候还是会激动得心头一颤。它青灰色的眼睛永远淡然，斑纹像黑色的玫瑰开在白色雪地一样的皮毛上，大爪子毛茸茸却有力，踩在地上的时候就像是被挤压的棉花糖一样。我又往下翻，拍到好几段视频和照片，这下稳了，"河狸军团"的兄弟姐妹们这个月又能收到雪豹的视频和照片了。

把红外相机往旁边一扔，我摘下背包，躺在石头下的阴凉里，想起了当年红外相机全放出去，却连一只雪豹都没拍到的场景。

当时马驰刚来协会，跟着老专家陈叔天天就往山里跑啊。那是11月，山里的气温零下30摄氏度至零下20摄氏度，雪很厚，最上面一层白天被太阳晒，晚上又上冻，结成了冰壳子，走起来很费劲，两条腿时常会陷进去，要先使劲儿拔出一条腿，向前、踩雪、陷下去；再拔另一条腿，向前、踩雪、又陷下去，就这样往复循环。这样的雪壳子让我们很痛苦，但是能留下动物们的脚印。

陈叔在拔腿陷腿的循环里有点累了，回头看马驰刚好离得不远，俩人就保持着半身在雪里的姿势聊起天来，刚好身边的雪地上有一串脚印，陈叔指着问马驰："你看，这是啥动物的印子？"马驰伸头，看着雪地上的小梅花激动得有点失声了："是雪豹吗？陈叔，是不是雪豹？咱们终于找到富蕴的雪豹啦？"陈叔笑了笑："不是，你仔细看，这个脚印是有指甲的。有指甲的，就是犬科动物；没有指甲的，才是猫科动物，因为猫科动物走路的时候爪子会收起来。"我还在他们身后奋力地往前挪，刚好听见这一句，赶紧想证明一下自己是个好学的好孩子："对对对！这个应该是狼的，然后其实非洲的猎豹爪子是收不回去的，所以它是有爪印的，但咱国内看到的有爪印的的确都是犬科。"听我俩这么说，马驰仰天长啸："啊——我什么时候才能拍到雪豹啊——阿尔泰山你看看我，我都这么努力了——"

可能是阿尔泰山听到了他的呼唤，那次让我们裤子边都被雪磨破了的旅程，放的红外相机居然还真的拍到了一只雪豹，不过只有一张模糊的侧脸，并不清晰。那个相机放在一条兽道边上，估计雪豹是路过，所以它很快就从相机前走过。它巨大的爪子分散了它身体的重量，倒是一点没陷进雪里。

在这只雪豹的激励之下，马驰就跟疯了一样，晚上对着卫星图设计样线，白天就拽着陈叔漫山遍野到处找雪豹，陈叔都快 60 岁了，天天爬山，腿脚利索，偶尔会歇一歇，马驰就会自己去。我总说，你一个人出野外，又老去没信号的地方，有危险。但他根本不听劝，经常是偷摸就跑了，一打电话就提示对方无法接通，这才知道他进了山。老方也捶他，每次捶，就会被他回怼："方会长，要不你再雇个人，陪我爬山？"老方看了看空空如也的账户，就不说话了。平时马驰自己偷跑差不多天黑就回来，有一次他进了山，到晚上 12 点电话还打不通，可给我们吓坏了，都准备出去找他的时候，老方电话响了："方会长……别骂我，我车陷在一条小河里了……那儿没信号，我走了 10 公里，找到了一户牧民，他把我拉到他们家了，能不能……明天来帮忙拖个车啊？"老方气得电话都要扔出去了，我赶忙抢过来："你身上湿了没？快把身上先烤干，别着凉了啊！"一听我的声音，马驰又来劲儿了："初老板，我跟你说今天那个地方可好了，一看就是雪豹的生境，你明天来救我吧！然后咱们一起上去看看，放几个相机！我这次肯定还能拍到雪豹！"我也想摔手机了。

第二天，我还真跟马驰一起去了。把车给他拽出来之后，看着他那个跃跃欲试的样子，我心里也有点痒痒，所以在他说出来"要不咱再往前走走？去一趟试试？"的时候，我虽然脸绷着，但还是点了点头。那路是真难走，颠得我脑浆都快被晃匀了，不光是车受罪，人也受罪，那山啊，真难爬。用了半天，才到山顶，我刚想坐下歇会儿，直奔大石头溜达着的马驰突然喊我："初老板！初老板！快来，快来，看我发现什么了！"

我赶忙跑过去，哟喂，一坨新鲜的雪豹粪便。估计是早上刚留下的。而且地面上还有后脚在地上来回扒拉的痕迹。这不稳了吗？这路可真没白走，山也没白爬，每一步都很值啊！我赶紧掏出自封袋，把那坨粪便装回来了，这可是很好的科研材料，能分析出雪豹吃了点啥，不过……这么有纪念意义的粪便，还是拿回去做标本吧。我这边忙着收纳粪便，马驰已经掏出相机迅速布在了各个方位。

下山的时候，马驰可开心了，蹦蹦跳跳的，我让他小心点儿，注意安全。他不屑地说："我现在已经练出来了，给你展示一下我的新功夫：臀刹大法！"他到了一处几乎90度的陡坡，坐在石头上，胳膊放在身后，拿手撑着坡上的土，脚往前够，踩住了石头之后，屁股向前挪，手也跟着往前，稳稳地下了坡，站起来拍了拍屁股，说："你看，咋样？"

一回到办公室，我就把那坨粪便处理成了标本，摆在书柜上。睹物思人，天天看着那粪便，就疯狂惦记着粪便的主人啊。不到一个月，我就喊马驰："走，再看看去？"

粪便盲盒一点都没让我们失望，不光是有雪豹，居然还是三只！雪豹妈妈带着两个小宝宝，从大石头旁走过，卧在悬崖边我坐过的那块大石头上。它们悠闲望着远方，悬崖下是额尔齐斯河，河水流淌。

自然教育基地的雕主任

初雯雯

　　"这泼天的富贵给你，你要不要？"

　　我刚进一楼的门，就看着 Kiwi 追着小郭打，嘴里喊着这句台词，怀里还鼓鼓囊囊地抱着一坨布。我赶紧拦下他俩，问："这是干啥呢？"

　　小郭笑得直不起腰来，嘴里一个字都吐不出，Kiwi 把手里的布展开，我这才看明白，是他的床单。只见他两手把床单举过头顶，毕竟也没有第三只手，就拿脑袋撞着床单上一团不明物体给我看，还控诉着："初老板你来评评理！二狗跑到我们男生宿舍，跳床上撅屁股就来了一泡，小郭还说我这是要走鸟屎运了，泼天的富贵要砸我脑门子上了！你说他俩过不过分！"嗐，闹了半天就这点事儿，我赶忙安慰："过分，过分，太过分了！人神共愤！但是你能不能先把你这过粪的床单拿去洗洗，可别把你这富贵分给别人了，记得抹匀点。"始作俑者二狗同志不知道啥时候也溜达出来了，两个只剩半截的小翅膀让它看起来就很像退休了似的，歪着头看着打闹的俩人，一脸吃瓜的表情。

　　犯罪嫌疑人，哦不，嫌疑雕二狗是一只草原雕，身上还有着官职，是我们自然教育基地的雕主任，这可不好轻易处罚。我去冷藏箱里拿了它的饭盆，挑了块肉，攥在手里回温，它看到要吃饭了，乖乖地站在假草垫子上等着，仿佛刚才发生的一切都跟它没啥关系，嘴角还隐约滴下两滴口水。肉暖和了，我递给它，又摸了摸它的脑袋："你呀，都给你小沙发了，站在上面好好看小乌龟不好吗，一天天的就会惹事儿。"二狗好像听懂了："呜——吖——"轻声

287

回应我。看我也不像要再给它肉了的样子，就背着手，又从大厅溜达回了它的小沙发那里，使劲儿一蹦，跳到了垫子上，看着乌龟缸里的小朋友们泡澡。

能和我们亲密互动，能在办公室里自由活动，还能时不时给 Kiwi 送点富贵，这个待遇，在整个救助中心所有的野生动物里，二狗也是独一份，这是为啥呢？

因为"天将降大任于是鸟也"。二狗是牧民大叔救来的。大冬天的，它挂在了草场的铁丝网上，翅膀双双骨折。本来是有手术机会的，但当时赶上了阿尔泰山巨大的雪灾，路全部被封住了，根本没办法送来救助中心，还好大叔心地善良，拿出了自己家过冬的羊肉，帮二狗捡回了一条命。不过，两个多月的等待，还是让二狗错过了康复的机会。

等路通了，我们终于接到它，查看伤口的时候，发现它戳出来的骨头已经彻底发黑而且干了，本该是鲜红的髓腔变成了黑色，整个创面已经黑黢黢，像风干的肉一样，没有一丝生机了。我们心疼不已，还好在牧民大叔的喂养下，它的身体状态倒不错，可以直接进行手术。没有别的选择了，它的一双翅膀已经彻底失去了功能，只能截肢。

因为救助中心还有一只草原雕，同事当时起名叫一狗，取自鹰、雕的英文 eagle 的谐音，它也就顺着它大哥的名字，叫了二狗。二狗的手术很顺利，但磨难并没有到此为止。它的两个翅膀上都有好几次骨折的痕迹，是因为它拖着断翅膀在牧民大叔家，人家也并没有什么办法给它固定一下，于是在这两个月的养伤期间，它的骨头又出现断了几次这样严重的情况，这导致它手术之后的伤口血肿得很严重，咋说呢？剩下的小翅膀本身可能只有三五厘米那么大，却肿成了一整个拳头大小，而且血肿严重到感觉这个拳头都快要成粉红色透明的样子了，都怕换药的时候会戳破它。木子每天给二狗上药都提心吊胆，怕打开箱子看到它不动了。我也很害怕，不敢去看，就每天站在楼梯那个拐角处，听着木子喊一声："活着呢，初老板下来吧！"我才敢下楼。我们看着觉得惊心动魄，但二狗是真的疼啊，疼到浑身上下的羽毛都乍起来，疼得不住地颤抖。木子给它用了所有能用的药，止疼的、消炎的、护肝的，膏剂、片剂、粉剂、针剂……每天都根据它伤口的情况调整着换药，又怕它住在箱子里撞碰到伤口，还把一双新袜子剪掉了袜子口，又缝了个松紧带，套在包好的纱布外面。就这样，在我们每天"别死啊，别死啊，别死啊"的默默祈祷中，过了二十多天，二狗的伤口终于消肿了。

直到手术完成的一个多月之后，二狗的小翅膀上开始长小毛的芽了，我们这才放下心来，这算是度过危险期，命稳了。

二狗失去了一双翅膀，取而代之的是两个小毛刷刷。当时伤口上的皮肤还很娇嫩，袜子做的袖标依旧要每天佩戴着，二狗也很乖，从来都不叫。木子看着一边一个袖标的它溜达来溜达去，说："要不给它袖标上绣俩字儿吧：保安。"我说，哎，你这个主意好，也的确该想想二狗的未来了。可惜两个翅膀都没了，这辈子都不可能放归自然，未来肯定要在救助中心养老了。可能也是因为在牧民大叔家蹭住了两个月，又被我们每天跟爷爷一样地伺候了一个多月，它对人好像没有那么大敌意了，每天换完药、吃完饭，就往我们跟前一站，看着我们拖地干活，还跟着我们走来走去，背上的两个小刷刷就像背着手的保安大爷。如果换作其他要放归的野生动物出现了这种不怕人的行为，那是必须矫正的，但也许在二狗身上，这是一个可以好好发扬的优点？毕竟它下半辈子是注定要跟人一起度过了，如果一直有强烈的应激反应，不仅会对它的心理产生影响，还有可能刺激到它，导致二次伤害。想到这里，我们和猛禽专家以及其他野生动物兽医专家沟通后，一致认为：既然它不怕人，和人亲近起来甚至还能肩负一份重担，那就让二狗担任野生动物在人类社会里的代言人，成为自然教育基地的雕老师。

说干就干，木子给二狗裁了一块假草，钉了个专属于它的站架，减轻它的足部压力。担心它晒不到太阳，同事们用沙子给它做了个活动场。二狗被抱进去，脚丫子踩到沙子的一瞬间，开心坏了，就像是刚进了游乐场里的小孩子一样，蹦蹦跳跳地跑来跑去，身后的两个小刷刷时不时摆动一下，仿佛它的翅膀还在。没想到二狗最喜欢的，居然是Kiwi的一双破棉鞋，软乎乎的，脚感很好，在康复期间，它每天出来活动就踩在那双鞋上，Kiwi索性就送给了它，"给二狗的豪华游乐场送点家具"。木子又端来大水盆，挖开沙子把盆嵌进去，二狗直接就蹦过来，两截小翅膀毫无用处地挥舞了一下，跳进了水里，它整个身子都贴在盆底，又站起来，浑身都沾满水，好好地洗了个澡。

雕老师办公室也有了，游乐场也有了，木子就开始给它规划职业生涯了："二狗，以后你就是自然教育基地的老师，等到"河狸军团"的家人们和小朋友们来了，你让他们好好看看你，了解一下猛禽是什么样子的。"她又蹲下，戳了戳二狗的小毛刷刷继续说："还有你可怜的两个小翅膀，也可以让大家知道，野生动物有多脆弱，好多人类习以为常的设施，可能就会要了你们这些小傻子的命。不过还好，你挺过来了。"

是啊，幸运的就是二狗经历了这么多磨难，顽强地活了下来，成了救助中心最开心、最没压力的小朋友，还拥有铁饭碗。所以啊，我"河狸军团"的兄弟姐妹们，如果你也正在经历不开心或者不顺利，要想想二狗，它虽然遇到了各种要命的关卡，可求生欲带着它挺过来了；虽然不能回归自然，却有了另一条和其他野生动物都不一样的逆袭之路。所有的磨炼都是暂时的，命运不可能总是起起落落落落落落落的。未来的日子，总会好起来的。在哪里摔倒，就在哪里躺倒，也许就会开启不一样的人生呢？

河狸"来福"：大难不死，必有后福

初雯雯

　　河狸的身体结构很特殊，它们长着扁平宽大的皮质尾巴，可以在水里游泳的时候控制方向，还能在遇见危险的时候，拿大尾巴拍击水面，发出巨大的声响吓退敌人。它们的前爪是小手的形状，方便抓着食物啃，还能给自己挠痒痒，后脚的趾间有蹼，拉开来看就像一把小扇子，游泳的时候前后蹬着能提供推力，就像咱们游泳用的脚蹼一样。河狸，水陆两栖，河水对于它们来说就是高速公路，游泳是必备科目，大尾巴和后脚的蹼，是河狸最重要的生存装备，在野外离了这俩可真活不下去。

　　但咱们救助中心的来福小朋友，在装备这一块儿就只剩了一半。

　　2022年冬天，富蕴县杜热镇派出所的张所长给我打来视频电话，在一个干涸的农用渠，里面蹲着一只瑟瑟发抖的河狸宝宝。它的大尾巴上盖满了雪，脸上结满了冰珠子，眼皮上还挂着一颗硕大的雪球，身上的毛乱糟糟的，肯定有伤口，看起来很无助。半个身子都趴在渠边上，小手扶着渠底，一副摇摇欲坠的样子。我总以河狸的亲妈自居，看见娃受苦，百爪挠心，赶紧跟张所说："天下第一大帅哥张所，大哥，求求你，我儿子，我亲儿子，快救回去，救回去。"

　　河狸经常会误入农用渠，在那里，春天有水，夏天有水，秋天有水，可是就在河狸囤完越冬的"冰箱"，准备安心过冬的时候，为了防止渠冻住，也是因为没有了浇灌农田的需求，水就会被放完，河狸储存的树枝也会被牢牢冻住。有些聪明的河狸，会往外溜达着找点吃的，但挨过一个冬天也很难，冻伤都是小事，更有可能会因为没有水流庇护洞口而被捕食者吃掉；也有些幸运的河狸，在囤食前会被当地牧民、护林员或者警察叔叔发现，及时联系我们给它们搬个家；还有更幸运的，比如老班长照顾的那一窝，会有河狸守护者牧民兄弟们在窝边围起铁丝网，替代一下水流，保护一下它们的洞口，然后给它们每天送去越冬的食粮。它们虽然身上有冻伤，但也算能平安过冬。而这一只，完全啥都没有，还赶上了富蕴县最冷的一个冬天，温度低到零下 40 摄氏度。但它也是幸运的，这一年，我们有了救助中心，能帮助它度过难熬的冬天了。这一年，我们和警察叔叔接上了头，把他们拉入了"河狸军团"的伙。张所就是其中对野生动物特别热心的一位，他听着我急得快哭了，赶忙说："别哭别哭，别哭，我现在就拉回去，但这大雪封路的，一时半会儿也给你送不过去，你教教我怎么照顾它，好不好？"

他的同事小心地把小家伙抱上了警车的后备箱，一路送到了派出所的院子里。我一直絮絮叨叨的："可怜的崽崽，这么冷的天，冻了那么久，肯定都冻伤了，毛那么多着，肯定身上有伤，好担心啊！这可怎么办，你们那里有树吗？可要照顾好它啊，它要是冻伤了，可不能住在太热的房子里，不然冻伤会更严重；但是也不能太冷，它很怕冷的，你们有没有温度合适的房子啊？……"张所很耐心，听着我叨叨，又一个一个地回答我的问题："它喜欢吃什么树呀？杨树和柳树？好的，我的兄弟们去给它搞新鲜的。那它需要待在大概多少度的房间里比较合适呢？十几度？嗯，我们派出所很冷，我把最暖和的一间房给它就好了。"听到这我着急了："哎呀，那你们别冻着了呀。"张所拍了拍身上穿的厚制服，说："你知道这衣服叫啥吗？叫冬执勤服，穿着冬天都能站在外面执勤的那种，暖和着呢，我们裹着这个在办公室里，一点儿都不冷，别担心。"我看着视频里裹得跟熊一样的警察叔叔们来来回回忙碌着给来福收拾房子，还有警察叔叔抱来了从院子里砍的杨树和柳树枝条，还有个警察叔叔举着胡萝卜跟我说："我看过你的视频，河狸喜欢吃胡萝卜！我从我们食堂偷的，大雪封了路，我们菜也不多了，但我们张所肯定同意从嘴里省几根胡萝卜给它吃！你说是吧，张所！"然后我就看到这位同志屁股上挨了一脚，伴随着张所一声吼：

"就你话多！快放好！"大家都笑了起来……办公室没一会儿就收拾好了，里面真的是干干净净，啥都没有的那种干净，所有东西都搬出来了，40平方米的屋子，对于河狸来说，是很大的活动空间了。正中间摆着洗好又擦掉水分的树枝和胡萝卜，旁边还有一个铁盆，里面装着水。

看着差不多了，大家就把河狸抱了进来。它一进来，直直地就奔着胡萝卜去了，抱起来就啃。张所知道它要静养，让大家都撤离了，他把手机摄像头贴在门缝上，让我看看它。可怜的娃，一定是饿坏了，也冻坏了吧！突然我脑子里就有了个想法，这个小家伙，比其他的同伴幸福多了，有这么多人照顾着它，多有福气呀。我声音小小地问："张所，不如就叫它来福，怎么样？"张所也小小的声音回答："好呀，来福，来福，这个名字好，能招来福气。来福小朋友会有福的，要好好活下去。"

来福在整个派出所的照顾之下，吃得香，喝得好。张所每天跟我和同事们视频看它的情况，感觉它肉眼可见地圆润了。突然有一天我们发现有点不对劲，来福的脚丫子，本来应该是很薄的带蹼的小脚，肿得老高，像透明的馒头一样，是血肿的水疱，看上去就很疼。木子说这是严重冻伤之后，回温造成的血肿，水疱必须尽快医治。可是派出所那边不具备处理条件，偏又赶上路一直不通，我们没法去接它。我啥也做不了，只能跟张所打电话狂哭："这可怎么办啊，想想办法啊，来福肯定好疼吧，呜呜……"张所也急了，说："哎呀，是不是我们没照顾好它，才让它脚肿成这样？"我想解释，但哭得抽抽搭搭的："不，不是，不是的，是它，冻的时间太长了，呜呜……"木子看我说不清楚，着急地抢过电话，跟张所继续说："张所，你们照顾得没问题，是它冻的时间太久了，严重冻伤是会出现这个问题，可以处理，但是越早越好，麻烦您想想办法吧。"也不知道张所说了啥，木子一脸沉重地挂了电话。我哭得脑子都有点麻麻的，一想到来福的脚丫子跟馒头一样，每走一步都会很难受，我的心就跟着疼，越想就哭得越厉害，整包纸巾都让我抽完了。木子的电话响了，是张所打来的："木子，我找遍所有乡里的老乡家，好不容易找了个爬犁子，我和我们小伙子赶着爬犁子给你往外送，你们尽量往里走，不通的地方也就十几公里。

293

我刚才给交警也打了电话，清雪车在努力清路了。咱们从两头往中间走，能走到哪里是哪里。如果我过不去，就让清雪车带着它过去，我和司机说好了，把它放在驾驶室里！"木子接电话的时候调的外放，我也听见了，但哭得我根本说不完整话，又想说给来福保温，别冻着了，说不明白，最后到嘴边的是："冷，呜呜呜，冷，来福冷，呜呜呜呜。"还夹杂着吸鼻涕的声音，但张所听懂了，说："放心吧，我给它灌了好几个暖水袋，没贴着它放，把它装在纸箱里，外面捆着暖水袋，又套了个被子，怕它憋着，还拿了截管子当通气孔，你们快收拾收拾准备往这儿走！"听了这个，我哭得更凶了，这下不是担心来福，而是被张所的善良感动哭的。

木子和小郭拽起我就往车上走，刚上了车，张所又打来电话："快来快来！路通了！不用爬犁子了！"

一小时后，我顶着两个肿眼泡，见到了来福和张所。看到被来福的大板牙啃豁了的墙，我有点不好意思，刚想说点啥，张所先开口了："哎呀，墙是小事儿，我们可以解决，快带小家伙回去处理脚丫子吧……"我又想说句谢谢，但张所好像会读心术，又比我快："别说感谢，别客气，有困难找警察叔叔，快走。"他帮我们把来福抱到车上，又赶紧推着我们上了车，还"哐当"一声关上了车门，摆了摆手。木子也真是虎，玻璃都没降下来打个招呼，直接挂上挡就开走了。

万幸有张所这几天的照顾，来福体况稍微好了些，它现在的状态能够接受呼吸麻醉了。河狸个儿大，体长有一米，怕它从手术台上摔下来，我们先在地上让它进入昏迷状态：小郭和 Kiwi 拿毛巾按住它，我拿面罩按到它脸上。来福可不乐意了，两只小手推着面罩，想要把这个奇怪的玩意儿从脸上拿开，那我能答应吗，只能是手上按着，嘴上念叨着："来福宝宝乖哦，马上就好了，马上马上，你乖乖的，一会儿脚脚就不疼了，听话听话。"大约一分钟后，来福推着面罩的小手慢慢垂下，我们托着毛巾把它搬上了手术台。说实话，给来福脚上的血疱处理的时候，我没敢看，只是右手扶着面罩，左手塞在它胳肢窝下面感受着心跳，跳快了就把麻醉剂量提高一点；跳慢了就把麻醉剂量降低一点，脸呢，是一直仰着的，直直盯着毛坯房掉土的天花板，丝毫不敢低头，尤其是听到Kiwi："妈呀妈呀，嘶——疼死了疼死了。"和木子的："妈呀，崩我脸上了！""这咋还有个洞！里面有脓！嘶，这么深，不敢再往里探了！"这样的话，我就更不敢低头了，这要是看了，又哭，就真的影响工作了。毕竟哭着哭着太阳穴的突突会和我手指触碰到来福脉搏跳动的突突混淆的。直到木子说："好了，初老板，你可以低头了。但是，有三个坏消息。第一个是尾巴已经开始慢慢坏死了，你看，这里已经彻底空了。"她说着，指着来福尾巴末端那里，我趴过去看，的确已经空腔，皮肉分离了，干巴巴的。木子继续说："可能避免不了截肢，尽量不截。第二个坏消息是它的脚丫子，两边都有三个脚指头严重冻伤，可能……也要截肢。唉，你收住眼泪，还有个更坏的消息。来福可能……凶多吉少，你看，它前胸这里有个很深的伤口，估计是打架留的贯穿伤，里面全是脓，我清理干净了，里面很深，止血钳能进去这么多，从外面比的话……脓可能进了胸腔，如果是这样的话，可能真的就……"

"那……那要怎么办？"我的声音都在颤抖了。

木子说："现在的情况是，已经清理完了，接着要给它上药。最好的处理方法就是上完药，挂上两针把伤口闭合了。因为这个位置，药很容易漏出来，挂两针可能留存的时间长一点，然后咱们给它把长效抗生素打上，剩下的，就只能看它自己了。你觉得呢？"

我还能咋觉得啊，木子是专业兽医，我相信她做出的决定："好，就按你说的办吧。"

"行，那你抬头。"

……

日子过去了一个多月，木子这次采用的是"顺势疗法"，她和小郭跟在来福屁股后面，趁它不注意就顺势给它的脚丫子和尾巴上抹点药，一天一次，这样既能降低它的应激，又能确保药膏能起效果。这三十多天，来福没怎么应激，倒是我过得提心吊胆的，想到木子说的来福有可能活不下来，我吓得甚至不敢去河狸屋看它，就怕看到它是不动的。每天木子从河狸屋出来的时候，我都等在门口，等着木子说那一句："活着呢。"有一天，我依旧站在屋外等着，河狸屋架着炉子，是有暖气的，但外面冰天雪地的，我整个人被冬天的寒风都吹成了拧巴的麻花，恨不得把裸露在外的每一寸皮肤都藏起来，浑身都在抖，抖着抖着，终于木子出来了，她递给我一块黢黑干巴的东西，说："喏，不得不截了，这是来福的左后脚，已经彻底干巴失去作用，它自己啃下来了。尾巴的坏死也控制不住了，上次给你看的那个空地方，再不截就要往上烂了。"

我举着那一小块干巴巴的组织欲哭无泪，来福小朋友啊，你怎么就这么命途多舛啊，说好的福气呢，这福都哪儿去了？怎么让你遭这么多罪啊？疼死了疼死了。

木子看我傻呆呆的表情，继续说："咱截吧，及时止损，还能多给它保住点尾巴，要不越烂越严重，尾巴只会越来越小，而且，这次麻了，咱顺便看看它的胸口呗？我对那个伤口没底，这次刚好一起检查一下。"

又一次，来福躺上了手术台，我这次直接请假了，有点不敢面对这个结果，把老方喊到楼下陪着我。我俩坐得离手术台很远，看着他们忙碌着，老方胆子还大一些，一直看着，我则是把手挡在眼睛上，捂着脸，时不时从指头缝里偷偷瞄一眼。老方每次安慰人的方式都很奇特，他说："别捂了，都晒那么黑了，捂不白的。"我当时就要捶他，哎呀，这一下子手从眼睛前面拿下来了，刚好看到木子把来福坏死的半截尾巴切下来，电刀滋滋划过，正冒烟，我"嗷"的一嗓子，赶忙继续捂住眼睛，这次两只手都捂上！

但是和老方斗嘴，时间的确过得很快：

"你再这样捂下去会瞎的。"

"你一个近视五百度的人怎么好意思说我？"

"我近视但我不捂啊，你这样没准就从一百度捂到一千度了。"

……

"哎，他们截到脚丫子了，你快睁眼，快看啊。"

"滚。"

"哎哟，那个电刀啊，真快啊。"

"闭嘴。"

……

"你中午想吃点啥？吃个猪蹄替来福补补？"

"你吃我就吃，只要你破健身的功，我就替来福吃一口补补。"

"滚。"

……

老方以他特殊的方式帮我暂时忘记了忧伤，我也一滴眼泪没掉，的确挺管用的，直到木子喊我：

"初老板！方会长！快来看！快来啊！"

我心里一紧，啥情况？

老方推了推我，说："你听她那个语气就不是坏事儿，走，过去看看。"

木子指着来福胸口的那个洞，戴着手术手套的指头还戳了两下说："看，这个伤口好像长好了！完全愈合了！连我缝针的痕迹都看不见，毛也长出来了！来来来，你们戳戳看，这个手感，不像是里面恶化了。"我赶忙戳了戳，真的很有肉感，我摸过河狸外部愈合、里面化脓的伤口，不是这个触感。也就是说，这个洞真的长好了！我让小郭给老方也拿一双手套，结果老方往后退了几步："我看看就行了，戳就算了。你没事了吧，我上楼了。"说罢扭头就走了。他的确不太能见识血腥场面，可能还没我耐受力强，但已经强撑着陪了我这么久，也怪不容易的，我已经很感动啦。

木子哼着小曲给来福麻醉，又给我看了来福截肢完成的尾巴和脚丫子。"这样截完，缝合完，就没问题了。只要每天上药，估计要不了一周就好了。昨天我还给它拿套袖做了个套尾，这样戴着保持清洁，伤口好得快。不行！我一会儿要去再给它买两个套袖，我再做两个，换着戴。"

小郭平时就不善言语，看着我们开心的，他扶着迷迷糊糊正在吸氧的来福说："看，我们来福大难不死，必有后福。老天爷一定不舍得再为难我们来福了。"

就这样，来福只剩了半条尾巴和两个半只的脚丫子，虽然游泳的时候费

297

点劲儿，怎么划拉都不咋往前走，但好歹捡回一条命，在救助中心安了家。山上河狸舍修好的时候，来福是第一个住进去的，它好像很知足，也很喜欢这个新家。一会儿在内舍啃啃灌木柳和杨树，一会儿又去外舍的卵石区搓搓肚子。看着来福把仅剩的半条尾巴垫在屁股底下，小胳膊给自己搓着澡，我就在想，要是我会说河狸语就好了，我要跟它说：来福，即使你的装备只剩了一半，但是咱不怕啊，木子妈妈都开始给你规划了，要在后山上给你修建一个模仿乌伦古河河谷的室外区域呢。老方虽然抠门，但还是咬牙批了这个申请找地儿给你"要饭"去啦。还有张所，给你拿来好大一袋子警察叔叔种的胡萝卜和玉米，一会儿就拿来给你吃呀。没事儿，来福，装备不够，福气来凑，每一个关心你、爱你的人都是你的福气，我们会好好照顾你，陪着你度过未来的每一天。

河狸出淤泥而不染

初雯雯

2021 年冬，河狸小面的老婆惨死的那年，我说不等了，无论如何要建个救助中心，哪怕是个池子，也要建起来。本来大救助中心已经开建了，但一场雪让新疆上了冻，一切停工。那也要想办法啊，肯定会有河狸遇见问题，想办法想办法，硬着头皮也要整。所以在隔壁邻居家的毛坯房里，我们建了一个 1 米深的水池，一个用红砖砌起来的河狸窝，和一个只用了半次就堵了、还砌在墙里没法修的排水管，还有了一个为了不让河狸水池结冰、3 个小时添一次煤的供暖系统。于是，我们有了连成一排的 3 个池子，占去了本该是邻居客厅一半的面积。第一次试水的时候，水淌了一地。咱这个防水层也不是没有，就是有点聊胜于无。就在我们刚补好两个池子的防水层，跑遍富蕴县找到卖煤的人拉了一车煤回来的那一天，下午我们靠在门边晒太阳说这个门洞是个洞不行啊，咱得捡个彩钢板整个门，正想着去哪个废品收购站逛一逛呢，接到了富蕴县林草局吐尔洪乡林管站护林员的电话。

天光照着 Kiwi 嘴里呼出的气，我耳朵里传来护林员的声音："这一窝河狸嘛，把人家牧民的牛圈墙打了个洞，墙嘛，要塌了。"那一瞬间我其实是有点恍惚的，我在想，这也有点太巧了，也太不巧。我当时想，池子还没彻底建好呢，这咋就要来了呢？甩了甩头，我说，好，马上到。挂了电话，我们去废品收购站搞彩钢板，让陈叔先去看一眼。我和 Kiwi 还有顾安在彩钢板的海洋里遨游，想挑一块适合的，陈叔打来电话，他说："不行了，这窝肯定要接回去。它们住在一个小坑子里，全都是淤泥。主河道水过不来，一降温直接冻到底了。食物堆全冻住了。打洞已经是小事儿，它们没吃的，开始啃一棵大树了。树要是啃倒了，整个房子都要砸塌呢！"我也有点急，又开始了快快快夺命连环催："好好好，陈叔我知道了，你快，赶紧把红外相机捆上看有几只！把情况快点拍个照片、视频发过来！陈叔，我们很快就到！"挂了电话我又吼还在彩钢板里蹦来蹦去的Kiwi和顾安："哎，差不多挑个就行，回去找个人焊一下！赶紧回去收拾东西，咱们去现场！快快快！"

就这样，我们到了现场。居然是在牧民家的院子里，一进门是一片青贮玉米地，有一个地下的青贮窖，右边是牛圈和房子，再往前走就是岸边了，有一棵大树，已经让河狸啃秃了半边树皮，一地的木屑。这家河狸是饿急了，要不然肯定会把这些木屑捡回去垫窝的，我这么想着。陈叔已经着急地在岸边兜着圈子了，把本来就不怎么整洁的牛粪踩出了一个圈，把我的焦躁圈在了里面。

站在岸边看过去，是一片黑白和一小点灰，白色的是雪，黑色的是淤泥，灰色的是在跳动着的直径20厘米的一个小圈，河狸巢穴的洞口在水下，那是洞口最后一点水。在这样的气温下，不超过一周，这个洞口将会被彻底冻住，而这个河狸家族会因为冰封而见不到第二年的太阳。所以我们商量了，决定把这一窝接回去，先安稳过个冬。等来年过来给它们把淤泥清理了，再种点树，然后把河狸送回来，让河狸也想想办法，让它们这一家当好建筑师，把这个小生境自己经营起来。

我们跟旁边的牧民大哥商量了一下，大哥好得让我有点感动，他抽着烟，眯着眼坐在地上，跟蹲着的我们说："真的要接走吗？这两个水狗跟我们一起生活了十几年了，舍不得得很嘛！"我说："大哥，你别误会，等明年我们帮你把这个小湿地清理一下，我们嘛，快快地给你再把它们送回来。"他说，好好好。我把陈叔拽到一边："牧民大哥这么好，咱们虽然穷，但是也别让人吃亏了，咱有啥给他点啥吧，你去问问他想要点啥？咱凑凑也给他。"陈叔去了，回来跟我说："他想要点砖，把河狸给他打碎的那面墙修一修，不过现在也修不了了。明年吧，明年咱给他拉来。"我说，好。

陈叔拿木板和树枝做了个陷阱，活板门那种的，缺个诱饵，我们同时喊出来："胡萝卜！"开着车就去了旁边的乡里。最近的商店离着十公里，我精挑细选了两个看起来就诱人，哦不，诱狸的胡萝卜，揣在怀里回到了大型抓捕现场。陈叔拿柳枝小心翼翼地拴住胡萝卜，另一端连在了活板门上，活板门下面支着一块木头，只要河狸出来碰了胡萝卜，板子就会掉下来插入水中堵住洞口，河狸就只能在冰面上行动，我们就冲，一把把它按住。

预演很顺利，直到陈叔忍不住分享了一件事儿。Kiwi 问我河狸好抓吗？那是他第一次跟着我们参与河狸救助，之前只是在河狸直播里见过它们的他好像一直摸不准。我说："怕啥呢，河狸可温柔，胆子可小，不伤人，别看它那么大，你把它按住，拎着后脖颈抱起来放麻袋里就行了。"没想到陈叔转头却跟他说，他当年救过一只，蹦起来一米多，张着嘴就要咬人，还把他半个手指甲盖咬掉了。吓得 Kiwi 那吃了太多过油肉拌面的脸都变得煞白。

布置好陷阱，准备好麻袋和航空箱，我们就坐在车里开始了漫长的等待。河狸眼神儿是不行，但耳朵是真的好灵。我们不敢发动车，也不敢说话，就彼此沉默着，陈叔靠着椅背眯着，Kiwi 还是惨白着脸，手机搜索着河狸咬人，顾安默默地看手机，马驰拿着笔在本子上画陷阱，我则是想着这里还能做点什么。

就这样一路等到了天黑，星星出来了，感觉星星有点抖，定睛一看，不是星星，是我在抖。扭头看各位兄弟，也和我差不多，打哈欠都不是"呵——啊——"，是"呵——呵——啊——啊——啊——"，破折号那里是上下牙相互触碰发出的颤抖声。病这个东西吧，就是你无法控制的，我开始膝盖冰凉，隔着裤子都觉得凉气在冒出来，脚也不知道什么时候失去了知觉，从肩膀一路到大臂都凉得能挤出几块冰来。大家也没好到哪里去，嘴唇都冻得青紫。看了一眼表，11 点。我说好了，今天就先这样，咱们把陷阱撤了，俩胡萝卜送这家了，咱把红外相机架上，看看到底几只，咱就回去也把装备都整好，暖宝宝啥的都带好，准备好了再来。

兄弟们颤抖着回到了恰库尔图的小办公室，喝了一壶又一壶的热水，顾安摸着我两个小时都没缓过来的冰凉的手，还有已经开始有点烧的额头和耳朵，说："我的老板，咱们待在这里也没啥用，他们能好好地把河狸带回来的。现在我带你回去，咱们把大本营的工作做好，等着河狸回来好不好？"我知道她是心疼我，也知道我身体不好，但是仔细想想，基地的确需要人，在一遍一遍跟兄弟们过了细节之后，我们开车回到了富蕴县休息。

第一时间就是整出我的泡脚桶，接满水把脚戳进去。说实话，在我脚上的皮肤接触水面的一瞬间，我感觉脑仁都被烫得有一种白白的感觉了，很难形容，就是掉进了白色滚烫的沙漠里一样。泡了40分钟，顾安进来跟我说楼下焊门的事儿，摸了一下我的脚，左脚还是冰的，右脚稍微热一点了，她一脸震惊。我说这叫两套系统，懂不？人之所以左右对称就是因为人有两套系统，左边一套，右边一套，我这是左边那套系统反应速度没有右边的快，不碍事的。她还是一脸不信，我催着她去睡觉了。

第二天，我早早地就被楼下哐哐砸煤的声音吵醒了，顾安想把煤砸小一点，要不塞不进炉子，她想试炉子，看河狸屋里的温度能到多少。李佳在往水池放水，看我们刷了三道的防水层是不是好用。她把水管放进池子里看了几分钟，就又一路小跑着去准备给河狸采集粪便用的样本管和马克笔。我打电话给马驰，他们也在准备着，不知道他和陈叔用了什么招儿，听起来Kiwi没那么害怕了，也有可能是想明白了害怕也没啥用，真咬一口体验过了也就不怕了。我一直紧张着，攥着拳头在办公室里一楼二楼三楼地溜达着，也不敢给在外面的兄弟们打电话。这个时候，信任他们是最好的选择。

下午6点钟，我接到了现场的电话，马驰和Kiwi把陈叔布置的陷阱改造了一下，陈叔因为家里有事，先回去了。他们开始蹲守，是真的蹲。还是我们庞大但不敢发动的小皮卡，两个兄弟没听过陷阱落下的声音，怕错过，也怕河狸受伤，只能把两边车门都开着，一条腿踩在车门框上，两只耳朵竖得直直的，麻袋放在Kiwi腿上，捕河狸专用网的把手搭在马驰右手能摸到的地方。俩人就裹着大棉衣一直保持着这个姿势，随时准备夺门而出。本该是个和谐的画面，却因为暖宝宝差点打起来。马驰揉了揉酸了的脖子，使劲儿把头往Kiwi那边探，戳了戳他，用他自己都快听不见的声音问："Kiwi，买暖贴了吗？"Kiwi扭过头，也小声说："恰库尔图哪有暖贴，我买的暖宝宝。"马驰："哪呢，冻得膝盖疼，想贴一个。"Kiwi 就尽量不发出一点声响动，一下停一下地扭过身子，但保持一边耳朵向着开着的车门，让声音能随时传过来。在后座上翻了一通，发现没带，还想嘴硬："我不是让你带了吗？我没带啊！"马驰一把拍在 Kiwi 歪着的头上："你都买了，你啥时候说让我带了？咱俩都冻着吧！"这下好了，本来就结了冰的气氛，又冷了一点。两人挪回之前蓄势待发的姿势，继续等着，手机都不敢看一下，就怕分神。

突然，窝那边传来了巨大的咔嚓咔嚓声，像是在嚼冰块。两个大小伙子连气都不敢喘了，就怕哈出的白气会穿过夜空，飘到正在啃开冰层、试图从洞穴里出来的河狸面前，吓得它止步不前。就在咔嚓了二十几分钟之后，咚的一声，Kiwi 抄起麻袋，马驰拽过网子，一路狂奔到了洞口，他们看到河狸愣在木板旁边。这个时候它已经有名字了，"河狸军团"给它起名叫封封，被冰封在家里的崽，封封如果会说话，肯定会说："耶，这是嘛呀？我的洞呢？"Kiwi 趁着空当喊马驰，马驰找准角度，趁封封反应过来之前，也快也慢地把网子扣在了它身上，快是怕它跑了，慢是怕网子边缘会砸到它。封封在网子里开始挣扎，马驰慢慢提起网子，Kiwi 把麻袋接在了网子开着的那一边，就这样，封封进了麻袋，被抬回了车里。把它放在后座安顿好，Kiwi 坐在后排看着它，以防它咬碎麻袋跑出来，马驰开着车就赶紧带着他俩往富蕴县跑。马驰终于能打开车上的暖气了，一边调着温度一边跟 Kiwi 说："这啃冰的声音这么大啊，还有陷阱掉下来的声音，这下我心里就有数了！"结果这个有数，还没两天就又用上了，不过先不提这个。Kiwi 呢，看封封没有啃麻袋的迹象，就赶紧打开手机，跟马驰说："哎，我这次肯定争气了，这抓着不太困难嘛，吓死我了，这多乖啊！我刚才全都拍上……了？！哎！这相册里咋没有啊！哎！不对啊！为啥没有啊！"是的，Kiwi 是全程都举着手机了，是都对着河狸了，但这次他没按开始键。

他们带着河狸回到富蕴基地已是深夜 12 点了，我和顾安还有李佳已经在一楼等了好久，Kiwi 和马驰抬着麻袋进来的第一时间就上了体重秤，因为河狸太大，他抱着河狸的时候低头都看不见秤在哪里，就跟胖子看不见自己的脚尖是一个道理。封封19.7公斤。称完就把它放进了河狸舍，它迫不及待地下水，结果整池的水都变成了淤泥的颜色，黑灰黑灰的。李佳眼角红了，蹲在池子边上，小声地说："今晚好好休息，多吃点，明天就给你换池子。"顾安拿着采样管从麻袋里捡出它的粪便，正常河狸的粪便里应该富含植物纤维，而它的粪便里满是淤泥，这娃为了从窝里出来，是啃了多少泥啊！给封封放好了树枝，我们就默默关上了门。锅炉每3个小时就要添一次煤，顾安把我们都推着去休息，说排班的事儿等大家缓缓再说，这几天添煤的事儿谁都别跟她抢。

其实兄弟们一个都睡不着，我们挤在二楼的桌子旁边，给Kiwi和马驰泡了热茶。我跟李佳说着河狸喜欢吃什么、要注意什么，Kiwi在跟顾安说："河狸真的太可爱了，太乖了！怎么做到的？为啥这么可爱！唉，就可惜我没拍上！"顾安已经习惯了，只是笑了笑，没说话。"初老板，我们可能还得再去一趟。"马驰突然喊我，"陈叔放在大树旁边的相机拍到了河狸，但是我们不能确定河狸的数量，我们得再放一个，就对着洞口，也确定一下是几点出来的，这样才能确保不会有河狸被丢下，困在那个洞里。"确实如此，河狸是一夫一妻以家庭为单位生活着的，不是可能，是大概率还有其他河狸！

早上8点，马驰就和Kiwi出门放置红外相机了。他们又去了一趟青河和恰库尔图周边的几个乡，检查了其他几个在农用渠或者黑水沟里的河狸巢穴。一到晚上9点，他们就跑去了河狸窝门口等着，因为封封是11点出来的。等到凌晨2点多，两个人都蔫了，回到了恰库尔图的办公室准备睡一觉，让红外相机替他俩值班。

第二天早上6点，Kiwi被一阵暴雨砸醒了。恰库尔图的宿舍都是高低床，小伙子住在大厅里，姑娘住在小屋里。Kiwi睡的那张高低床刚好在水管周围，水管有点像那个凤梨酥里的馅儿，被高低床的四边的皮儿包着。水管在Kiwi脸上崩了。这已经不是他第一次被水管崩醒了，这次他有点蒙，觉得同一件事不可能发生在他身上两次，一定是做梦，于是把被子往上拽拽盖住了头。过了几分钟，这感觉越来越不对了，咋变成哗哗哗的声音打在被子上了呢？啊？咋还喘不上气了呢？好像盖了一床水？这下才觉得不对，坐起来揭开了被子，那水跟黄果树瀑布一样，跟钱塘江大潮一样，一轮接一轮绵绵不绝地喷在了Kiwi脸上。他就那么抱着湿透的被子坐在床上整整一分钟，仔细回想了一下我是谁，我在哪，我在干什么。别的没想起来，想起来了现在喊马驰应该管用，因为就算是在大本营，他也和马驰一个屋。"马驰，马驰——马驰！灯！灯！灯！"马驰也一脸蒙，啥啊，就灯，还有哗哗哗的水声。但马驰还是坐起来了，抱着被子，可能是因为他的被子没那么湿吧，他就那样坐着一动不动，直到Kiwi又喊："开灯！快！快开灯！"马驰才抱着被子坐了起来，打开了手机的灯准备下床，照到床下的时候，马驰看见自己的拖鞋漂走了。他赶紧光着脚踩进水里，当时水已经到脚脖子了，开了灯，发现一屋子都是水，Kiwi抱着被子，旁边的瀑布反着灯光照亮了他的脸。一下子整个房子都醒过来。哦不，女生宿舍里，灿灿还没被这巨大的动静吵醒。因为Kiwi想要找个盆，接住瀑布，而盆在灿灿屋里，他去砸灿灿的门，灿灿睡眼惺忪。

Kiwi喊："盆！盆！盆！"

灿灿："啊？盆？啥盆？"

马驰抓住灿灿一顿晃，说："你睁眼！睁眼看看！一地的水！快拿盆！"

盆盆，哦不，灿灿，在冰凉的水也没过她脚面冲向她宿舍的时候可算是清醒过来了，冲回屋里拿出巨大的洗脚盆就递给了马驰。Kiwi抱着大盆回到了床边。那么大个盆，五秒不到就满了，灿灿和马驰也慌了，在房子里转来转去说这咋办这咋办。马驰冲到门口，拉开门，往外扫着水，眼看着水就要淹到我们放着科研数据和书本的箱子那里了，他回过头扯过了还在试图拿五秒盆接水的Kiwi："给，你拿着！往外扫！我去找阀门！"于是，清晨6点，马驰穿着秋衣和秋裤里外跑着，Kiwi光着腿，小姑娘灿灿穿着整个小腿都被打湿的睡衣往外疯狂地扫着水。马驰找了半天终于关上阀门了，瀑布终于停下来了。三个相依为命的小朋友拿着盆、扫把、拖把，终于在零下30摄氏度的温度里拯救了我们恰库尔图的办公室。打扫完一切，已经是早上8点了。

小伙子们一咬牙、一跺脚，说，算了，也睡不着了，咱去河狸窝看看相机啥情况，灿灿看家。

封封家离着恰库尔图只有 11 公里，一脚油就到了。8 点多，他俩把相机拆下来一看，果然，还有个河狸，浑身裹满了淤泥，在冰上走过的印子都是黑色的。Kiwi 把这个信息分享给"河狸军团"的时候，当然也没忘了哭诉他被瀑布袭击的事儿。"河狸军团"的兄弟姐妹们免不了嘲笑 Kiwi 一顿，还给这只河狸起了个名儿，说要叫先知，因为可能是提前知道水管子要爆吧，所以不在有瀑布的这天来，怕淹着自己，也怕自己被救走之后，马驰和 Kiwi 带它回富蕴基地了，要留灿灿一个人和洪水斗争。

它出现的时间是凌晨 3 点，如果按照它的活动节律来说，又是一场硬仗。于是 3 点，他俩早早做了准备，不光买了暖宝宝，还买了热水袋，甚至出门前连被子都塞车里了。

晚上 10 点，马驰和 Kiwi 把车开进院子停好。这次知道河狸触发陷阱的声儿有多大了，虽然还是不能发动车，但至少两兄弟敢老老实实坐车里等着了。因为不知道几点会有结果，所以我、李佳还有顾安就一直等着。凌晨 2 点多的时候，Kiwi 给我发了一条视频，点开之前我以为是星星，他声音小到我手机音量放到最大都听不清，下楼问老方借了个蓝牙音箱连上，他说："老板，你看，咱皮卡车的前挡风像不像星星，我拿马驰的手机打个灯你看哦，群星璀璨有没有！这都是霜，拿指甲抠都抠不动的那种！我和马驰血太热了，呼出来的气一遇到这零下 28 摄氏度的温度，就给咱皮卡车镀金了！哦对了，河狸在外面啃冰呢，咔嚓咔嚓的，你能听到不？我估计我们很快就能再次取胜，你们准备好哦。"我说："兄弟，星星不星星的我不管，你和马驰注意保温行吗，冻感冒了的话，我们除了河狸还得照顾你俩。"Kiwi 又发来一条视频，还是声音小到我需要依赖老方的蓝牙音箱："没事，你看，马驰把自己裹在被子里，就剩一个头了，我们还带暖壶了，你看这暖壶冒出来的气像不像我俩在舞台上那个感觉？今天温度明显低了好多，河狸咔嚓了好半天，但是声音就没变过，感觉啃不通啊！不过你放心，这次我肯定能拍上！"虽然他强装镇定，但我还是听到了他言语里的颤抖，可我也不想再回复他了，怕他多说两句话再放跑了身体里不多的那点儿热气，只是回复了个"好，注意保暖，等你们信儿，勿回"。

清晨 5 点 50 分，我接到了前线的电话："一个好消息和一个坏消息，想听哪个？"

我都吓疯了！

Kiwi 慢悠悠地说："好消息是救到了！坏消息是我没拍上。"

真的是……

先知和封封比起来就惨了很多，这一天突然降温，而且它出来的点儿比封封晚。从凌晨 2 点开始它就在啃冰，啃了一个多小时才啃开，但是淤泥和冰水的混合物导致它无法从洞口出来，它又开始哐当哐当地往洞穴外面推冰水混合物，就有点像咱们拿手从盆里往外舀水一样，只不过先知面对的是将近零下 30 摄氏度的天气和跟它身体一样大的淤泥和冰水混合物。从咔嚓咔嚓地啃冰到往外哐当哐当地推水，它用了近 3 个小时，才成功从洞口出来。马驰描述这段的时候，我们都心有余悸。如果我们没有发现这一窝河狸，如果他们没有在红外相机里发现它，如果今天马驰和 Kiwi 没有在那里坚持蹲守，有太多如果，但任意一个实现的话，可能我们就永远也见不到先知了。

另一个让我心有余悸的事儿是，从晚上 10 点到清晨 6 点的蹲守，让他们兄弟俩的暖水袋都冻透了，暖宝宝换了一个又一个，车窗上的霜，在发动车后 15 分钟狂吹玻璃的情况下，也只被吹出来一个拳头大小的洞。马驰就弯着腰一只眼睛看着路，另一只眼睛看着霜，慢慢地开回了恰库尔图。我很怕啊，怕我的兄弟们感冒，怕他们落下病根，和我一样一个身体左右两套系统分开。但他俩一点都不担心，我就说他们还没到岁数。冻得话都说不利索了，还要连夜开车赶回富蕴县，回到富蕴县还要开车一个小时，而他们已经连续作战四天了。我和李佳还有顾安商量之后一致决定并且强行通知他们：现在必须回到恰库尔图，睡一觉再来协会，否则我们就把办公室门锁上，让你们都进不来！

就这样，他们俩带着先知先回到了恰库尔图，马驰怕先知在袋子里困着不舒服，就把它放了出来，但又怕它碰到办公室里的东西伤到自己，于是拆了床板和桌子，这个时候赤贫风的家具就起到了作用，好拆又好装。就这样四面给它围了个圈，让它在里面缓一缓，也让我们两个小伙子安心躺床上睡一觉吧。

早上9点半，马驰偷偷给老方打了电话，老方不明所以地给他开了门，被李佳骂了一顿，说这俩货不要命了。我们摸了他俩的额头，确定没着凉发烧，这才抱着先知称了重，让它和封封团聚。它足足21公斤，扁平的大尾巴上有缺口，正中间还凹下去一块，一看就是经验丰富的成年河狸。封封和它比起来就小一圈，尾巴也是完整的。要是问我，这俩到底是夫妻还是母子，是母女还是父子，或者父女？说实话，我还真不知道。河狸的特点就是你看不出谁是谁，连是男是女都看不出来。但我们能看出来的是它们对彼此来说都很重要。先知一进窝，封封就冲过来了，两个小家伙很仔细地给对方检查着，黑鼻头不停地嗅着闻着，四只小手都没闲着，一寸一寸地摸着对方的毛发，看有没有缺一块少一块，嘴里还发出像小婴儿一样的哼唧声。我们都蹲在砌窝的砖墙上偷偷看着，顾安抹了一下眼睛，小声说："我去给它们拿点新鲜的胡萝卜。"

于是，它俩就开始了在这里的生活，每个人的生活也因为这两个小家伙改变着。李佳、顾安和Kiwi轮流照顾着它们，每天的工作包含但不限于：从苗圃给它们拉树苗回来，把它俩从被糟蹋得一塌糊涂的圈里换到干净的圈里，清理圈舍，还有跟一池子的水做斗争。这个简陋的河狸舍，里面分为三个部分：1米长、80厘米宽、1米深的水池，砖垒起来的小窝和一个水泥砌成的活动平台。因为不能把邻居家别墅的地面往下挖一米，就只能是在地面的基础上往上叠加，最后窝的边缘高两米，平台的高度是一米。施工的大哥心善，给我们做了个简陋版的楼梯。每次给封封和先知换水的时候，都要从楼梯爬上去，站在平台上，水泵丢进去，把并不怎么清澈的"上层清液"抽出来，再跳进池子里，把河狸啃剩的树枝、它们的粪便，一铲一铲地铲进巨大的铁盆里，再一盆一盆端出来。每次换水，我们身上都弥漫着久久不散的河狸味道，是洗好几次澡都去不掉的味道，过了几天，味道差不多要消散的时候，又该换水了，这香水味道就又黏在身上了。

春天的脚步是和我屋里的"瀑布"一起来的，毛坯房办公室根本扛不住化雪，屋顶的缝隙与窗台相连，雪水沿着墙边往下流，五秒装满一个碗，接都接不住。想着野外的雪也该化了，该去看看它俩的老家了，想办法怎么改造一下。

雪的确化完了，但没了白雪的遮掩，这片泥塘露出的本来面目让我有点头疼。这个小水塘面积小，水位也很浅，完全就是个泥巴坑。周围能啃上树的地方都围满了铁丝网，河狸根本过不去。陈叔也和我一起来了，我觉得有点不对劲，调出之前河狸调查的卫星位点图，想找问题在哪里。原来它俩生活的这里本该是主河道的支流，主河道因为一个水利设施改道了，随着改道，这里渐渐就没水了。只是地底下一点点的泉水，形成了一个小泥塘。但因为牧民的牛羊和河狸还有其他野生动物在这里共同生活，没有主河道水流的循环，导致沉积物堆积，于是下面满是淤泥，水位也不到20厘米。这样看来的话，就算是清理了淤泥，要是没有主河道带来的流水，仅凭河狸的力量，也没办法使这里重新焕发生机。

这可怎么办呢？无人机还没降落，我先一屁股坐在地上了，巨大的无力感涌上来把我包围着。河狸要活，农民牧民也要活，这个水利设施是给沿途的农田、草场和农用渠供水的，对于人来说，它很重要。可是封封和先知呢？要怎么办呢？

头疼了半天，还是陈叔想到了办法，他从我手里拿走掌上电脑，两根手指在屏幕上张开捏起，过了10分钟，他喊我："雯雯，你来看。我知道有几个地方，环境适合，而且没有河狸居住。刚好我要带着科研组做暖季的河狸调查了，你别着急，我去这几个地方看看，给它们俩找个家！"

我一下子来了精神，是啊！思路打开啊！如果这里不再适合河狸生存，那我干吗还要钻这个牛角尖呢！给它们搬家，找一个新家，这也很好啊！只是牧民大叔，他也会很舍不得这两个崽崽吧，毕竟一起生活了这么多年。陈叔又说："这样吧，我去跟这家牧民沟通一下，等咱们放归河狸的时候，请他们一起去看看！"

科研组的动作向来迅速，陈叔很快就在中游附近为它俩找到了新家，那里也是一个河汊，应该是近几年新冲刷出来的，所以还没有河狸来占坑，这可是乌伦古河旺盛的生命力创造出来的新生境啊！这里在洪水期与主河道是连通的，枯水期就成了一个小生境，周围灌木柳很茂密。初夏，草就已经齐腰深了，时不时还有几只野兔冒出来，好奇地看着我们。这地儿天生就是河狸的栖息地，除了科研数据方面的确认之外，它还有另一重体感确认，蚊子和草一样多，我胳膊上被叮了十几口。匆匆看完，我抱着头就往车上蹿，边蹿边跟陈叔喊："这个地方可以！好得很！好得很，就这儿了！"

　　送封封和先知回家的那个下午，协会所有人都去了。出门前他们看到了我胳膊上被蚊子咬了19个包的战绩，老方裹得连眼睛都没露出来，他伸手拨开挡在脸前的铃铛刺，但也就仅限护住了脸，身上其他地方挨了好多下，被扎得乱叫，又怕吓着河狸，还不敢声音大了，就听着他压着嗓子"嘶！哎！啊！"的，走一路号一路，也算坚持着跟我们一起走到了河边。牧民大叔和陈叔早已经站在那里了，我问牧民大叔："怎么样，您对我们给它新挑的家满意吗？"大叔竖起大拇指，说："好，好，好得很嘛！这两个水狗，和我的孩子一样，看着它们在这样的地方活。我嘛，当爸爸的，放心呢！"我哈哈笑起来。Kiwi和马驰抬着两个航空箱走过来了，两个小家伙可能知道要回家了，一点都不安分，兴奋地用小爪子扒在门上，头抬得很高，闻着自由的味道。

　　两个航空箱的门同时打开，封封迈着小短腿踩在了草地上，扭着屁股就往河水方向走；先知被满目的绿色惊住了，愣在原地，左看右看。封封马上都要下水了，突然发现先知没跟上，赶紧扭头，哼唧了一声，呼唤它赶紧的。后知后觉的小家伙听见动静，才抬起小爪子往外走，还不小心趔趄了一下，差点摔个跟头。走到封封旁边，它俩互相碰了碰鼻子，一起下了水，一个游向了左边，向着对岸的树林去了；另一只游向右边，像是要去探索新家的环境怎么样。我估计它俩碰鼻子的时候是这样分工的，封封跟先知说："呀，这是新家，咱们探索一下吧？这样，看那边有一片林子，我过去瞅瞅，以后估计就是咱俩的食堂了，你去那边，整个绕一圈，看看咱家地盘有多大。你先转，等会儿我把饭给你带回来。"封封游到岸边，爬上去之后抖了抖毛，往树林里钻去了。先知一直游啊游，顺着河水右侧的河岸，游到了拐弯的地方，消失不见了，只有水波还在缓缓散开，证明这儿刚有一只河狸游过。河谷恢复了平静，河水静静流淌，树叶在风中轻轻摇摆，太阳也贴到了远处地平线的边上，大自然里又一个夜幕即将到来。这自然里的一切如故，就像是这场放归从未发生一样。

看着这一幕，我不禁在想，河狸是乌伦古河的一部分，封封和先知的回家，不像是我们把它们从 200 公里以外的救助中心运过来，为这里的环境增添了两只河狸；它们反而像是本来就属于这里，是从这条小河汊出现的时候，就一直生活在这里的。它们回归自然，就像是回归了本源，像是一滴水回归了海洋。自然容纳着河狸，河狸也会以自己的努力修筑水坝，创造更好的生态环境，它们彼此交融，共同生长，在时间的维度下同轨前进着。

虽然不忍打扰这一片和谐，但我还是和科研组一起在这里放置了几个人造设备：红外相机。以后，封封和先知的生活就交给这几个小方块来守护啦，希望我们和这两个小朋友再也不会见面，即使只是通过红外相机不打扰的自动触发传回它们的影像资料，我们也很满足啦。

狲五空：五进牛圈，两手空空

初雯雯

人这辈子，总要为了梦想拼命一回。

我看着眼前航空箱里，个儿还没有家猫大的小家伙，心里想：难道这鸡汤也在野生动物届传开了？

"它嘛，去了牧民牛圈里五次，抓上嘛，放跑又来了，这次还把牧民手咬伤了，你看。"富蕴边防吐尔洪派出所的所长义愤填膺地滑着手机里的照片给我看。我说，它，兔狲，抓牛？真的牛吗？还是牛圈里有羊？所长眼睛都瞪圆了，手上又滑了一下："看，牛！牛！我不认识吗？牛！"

唉，阿尔泰山这几年极端气候出现得越来越频繁了，这不，一场大雪，压得整个山脉都喘不过气来，依附着它生存的野生动物崽崽们也遭了殃，完全没有还手之力。在去接兔狲的那天，我站在车顶上往路边的雪里蹦了一下，白花花的雪直接就没过头顶，从衣服领子里钻了进来，搞得我一个寒战接一个寒战。我就像根萝卜一样杵在雪地里，想着咋样自己能把自己拔出来。使了半天劲儿越陷越深，还是靠同事们连拉带拽完成了拔萝卜的动作。这么厚的雪，让野生动物们去哪儿找吃的？这才给了这只兔狲熊心豹子胆，敢去跟牛大哥比试比试。

找我们，也算是找对人了。毕竟不光要给小家伙一条活路，想想现在怎么办，还得给它未来想个法子，那不就是我们救助中心最擅长的"野生动物再就业"吗？于是我们就和阿山局富蕴分局的护林员兄弟们以及食药环派出所的警察叔叔们合了张影，提着兔狲的航空箱回到了车上。在路上我就在跟木子商量："哎，你说这货，它居然敢跟牛大哥打架，还去了5次。木子说："是啊，小小一只，还有这么大本事呢，就像自己身上有神通似的！"她这么一说，可提醒了我，激动的我拍着方向盘说："哎哎哎，五进牛圈，两手空空，虽似小猫，却有神通！它就叫狲五空好不好？小名就叫狲大圣！"就这样，小惯犯有了让"河狸军团"魂牵梦萦的名字——狲五空。

体检时，我们发现五空的体重只有1.9公斤，相当于瓜摊上对半切开的西瓜，相当于江南屋顶上的两片瓦，相当于牛大哥的三分之一条牛尾巴。小家伙严重营养不良，皮包骨不说，体内还有寄生虫，驱虫药都还没上呢，它的粪便里就裹满了白色的细线，交错蠕动缠绕着，饶是彪悍的木子都是呕着把粪便塞进自封袋里的。

康复的过程漫长而又复杂，先来讲讲五空的"再就业计划"吧。咱们救助中心对于刚来的、比较虚弱的肉食类野生动物，为了让它们能挺过最初的危险期，都会给它们先来几顿纯瘦的、加了各种营养补充剂的牛羊肉，这可让五空开了眼了："哇，原来牛大哥的肉这么好吃啊！"哎，这句话我可没听到五空亲口说。为了不让它觉得食物跟人类有关系，小高和小郭都是趁着它在外舍晒太阳或者在木子给它定的小窝里藏着的时候，再迅速把饭盆放进去，架好手机。唯一痛苦的就是手机和小高，因为总是有很多段空白素材，小高每次都要瞪大了眼睛一帧一帧地寻找，等着五空出现在镜头里。一生要强的中国女人在这方面的强迫症，让她的眼睛看起来都大了不少。我是看了小高刚拿回来的视频，五空馋的啊，走到饭盆旁边，低头，开吃，吃完，舔盆，抬头，走人。一气呵成，没有丝毫拖泥带水，那吧唧嘴的声音放大了来听就很舒适，在我脑子里的兽语翻译器过一遍，就是它对牛大哥的赞赏。

我又把视频看了一遍，看着它一块接着一块肉地吃，都不带挑剔一下，嘴巴张合的频率甚至高于吞咽的频率，就是那种你们有体会没，饿得不行了狂吃，嗓子眼儿的饭还没咽进肚子呢，就想着再往嘴里塞的模样。明显就是饿坏了，肉又不用费劲儿去抓，这还不嗷嗷狂吃。但这不是个事儿啊，牛大哥以后可不会主动给自己的肉切成10克一块、长短都有标准、还精密地洒上各种补充剂的样子，五空这餐吃舒服了，但它还是要自主再就业的。我跟木子说："牧民家跟前再咋样也该有点小老鼠，它抓不上，还饿这么瘦，肯定自己也有问题。"木子笃定地说："那就等它长到了3公斤，开始老三样。"

老三样是啥呢？是我们给中小型食肉类动物专门养殖的再就业专用"工具"，鹌鹑、耗子、小兔兔。我们毕竟是做野生动物救助的，如果只是帮助野生动物康复，那其实没负全责。自然有着复杂的运行逻辑，每一种野生动物在其中都有着自己的位置，它们也必须知道怎么把自己摆在那个合适的位置上，才能在自然中存活下来。我们所谓的"野生动物再就业计划"，就是帮助每一只来到救助中心的野生动物量身定制一套方案，帮助它们找到这个位置。那么，为什么选鹌鹑、耗子和兔子呢？因为这是它们在野外能够捕捉到的野生食物的亲戚，具备它们野外食物的特征，也是人类社会已经成功驯化的物种，换个人话说就是：会抓这三样了，到了野外就能应付好多样！而且我们还能买得着！

当然了，助它再就业的野放训练计划不局限于捕猎方面，还有很多。但现在的当务之急，是要让五空这个小瘦猴快点长成齐天大圣。在这个过程中呢，不是一味地追膘，胖了就行的那种，而是要根据兔狲在野外的营养摄入来搭配，确保不会有失衡的情况。为了监测它的体重变化，木子搬了一台地磅进去，远程的那种，显示屏在门外面。每次就先进内舍把食物放在地磅上，再退出门外把数值清零，拿手机对准屏幕架好，人迅速撤离。这样只要五空踩上去吃饭，它四肢都落在上面的那一瞬，就能测出它当天的精准体重。当然了，每天找这一帧也让小高很痛苦，取回手机来来回回地得看个十几二十遍，总要看五空是四条腿都上来了，还是妄图隐瞒自己胖了的事实，只一条腿踩在上面？（嗯，下次我称体重的时候也试试。）

每天手机收回来，我们就围成一个圈儿，想知道五空又长了几百克。终于，在各种好吃的加持之下，一个月后，五空的体重长到了3公斤！这个过程在这里只是一行字的长度，对我们来说可是里程碑式的成就啊！从1.9公斤到3公斤，可不是傻喂，还要根据它体重的不断变化，再结合着对营养均衡的要求，还要让它逐步认清食物，可复杂着呢！尤其是逐步认清食物这一关，可给这个娇生惯养的小猫咪好好上了一课：从嫩滑可口的牛肉，变成了剪开皮肉的小耗子、小鹌鹑，会吃了就说明认识这玩意儿了；下一步就是换成不会动的小耗子、小鹌鹑；再到经过一些处理、会动但是跑不快的猎物；最后，五空长到 3 公斤的时候，它已经彻底脱离了对于牛肉的依赖，还可以熟练地扑向猎物，一击毙命了。看着手机里拍到的五空撅着屁股，身子伏地，毛茸茸的尾巴尖轻轻颤动着，静悄悄地接近猎物，再突然加速跟小导弹似的砸到猎物身上，我跟木子说："这下不会再觉得牛大哥好吃了吧，技能点也差不多点满了，咱们该……"木子的确很懂我："我现在就带他们去布置实战场地！"

五空住的康复病房外，早已布置好了仿照野外的场景，包括类似野外的沙丘，让小郭和小高腰都快折了才搬回来的大木头，还有从附近搬回来的大石头，也是因为在这样很像大自然的环境里，五空才康复得如此迅速吧。而木子所说的布置实战场地，并不是要在让五空觉得更舒适的方向上使劲儿，而是要给那些小猎物做一些能够帮助它们进行躲藏的地方，提高五空的捕猎难度，真正模拟在野外与小猎物斗智斗勇的情境。救助中心院子外面是我们给野生动物们塑造的小生境，里面有好多可以用的材料，木子带着动物组的同事们挖回来了小灌木和草丛，供慌不择路的小猎物躲藏；我们又从花店要来了几个破花盆，掏了些小猎物能进去、但五空脑袋塞不进去的洞，外面盖上土，藏在沙丘里，模仿它们在野外的巢穴；我们还调整了整个外舍的障碍物，让五空要动脑子设计什么样的路线可以以最快速度按倒猎物，平地直线追逐猎物的好日子从现在开始可是一去不复返喽。木子看着整好的场地，抹了把汗，颇有成就感地跟我说："看，这样小猎物有地方住，有地方躲，五空可就没那么好抓了，它只要稍微犯点错误或慢半拍，可就什么都吃不上了。这才像自然，饭哪有直接送到嘴边儿的。"

人都需要新鲜感，每次给自己家里重新收拾收拾，改个布局，都会觉得有点不一样，对于野生动物来说也是一样的。丰容的调整，应该也会让五空挺好奇的吧？我们改造完，去掉挡在内外舍门上的木板，放进去了小猎物就迅速撤离出来，准备看看五空的反应。为了不让它亲近人类或者觉得食物来自人类，我们还将它的笼舍四周全部用从工地上捡来的木板围了起来，在木板上钻了几个洞，好奇的人类（木子、小郭、小高、欢欣、我）排成一排，眼睛贴在洞洞上往里看。

五空估计是听到了外舍小猎物窸窸窣窣的动静，肚子也饿了，鬼鬼祟祟地站在内舍的洞口，歪着脑袋，猫着身子往外看。谨慎指数直线飙升的它，并没有把小圆脸都露出来，只能看见一只眼睛和一只小耳朵，前后晃动着。确认了没有危险，它走三步停两步地出了内舍，跳到石头堆上，好奇地左看看、右看看，还歪了歪头，张大嘴打了个哈欠。我们几个真是心都要被萌化了，还不能出声。它现在被培养得对人类警惕性很高，每天我们还没走进救助中心的院子，它只要听到声音，哪怕是在舔毛都会一秒站起来冲向内舍躲起来。所以为了不惊动它，我们几个只能很默契地纷纷捂住自己的嘴。熟悉了一会儿场地，终于到了检验实战场地和五空捕猎能力的时候了。直对着石头堆旁边的花盆里，有小耗子发出动静，五空本来坐在石头上，听罢迅速跑了下来，切换成了伏地动作，两个耳朵跟雷达一样转动着，眼睛瞪圆，直盯着花盆上的小洞。小耗子从洞口露了半个脑袋出来，仰着头左右嗅着，一只前爪着地，另一只前爪随着头抬起的幅度悬空。我们比五空还紧张，不知道他们几个是啥心理活动，那一秒我在替五空捏把汗，想隔空给它传信号："别上啊，姐妹，等小耗子再出来点儿，现在你冲过去，它就钻回洞里了啊！"但可能我的修炼还不到位，五空并没有接收到我的信号。我还没想完，五空直接冲向了花盆，小耗子看见虚影晃动，直接一个闪身后撤，躲回了洞里，五空失败了。就这，它还不甘心，脸贴在洞口上气呼呼的，像是在跟小耗子说："我不服！你出来！咱单挑！"小耗子可不傻，出去就没命了，绝对是紧紧贴着花盆壁躲着呢。五空看大脸威慑不管用，又半躺在地上，使劲儿把它的小短手伸进花盆上的洞里左勾右掏，脸上和身上蹭得都是土，也啥都没掏着，悻悻坐起，一边看着洞口一边尴尬地舔起了爪子。我拽着木子走到院子外，竖起大拇指说："还得是你，困难场地才能造就一流的捕猎技能。走，咱回办公室拿监控看五空还得挨饿多久。"

因为换了场地，捕猎成功率降低了，我们就提高猎物数量，这次场地里的小猎物数量是平时的好几倍。从监控里看到，五空一会儿在这个洞口猛刨几下，一会儿在那个草丛里扒拉几下，又蹲在地上煞有介事地捕猎几回，用一句话总结它折腾了大半天的结果，就是啥都没抓着。天都快黑了，我站起来活动活动麻了的屁股，跟欢欣说："你盯会儿，我上楼喝口水。"刚到楼上，水刚喝进嘴，就听到欢欣在楼下喊："初老板，快快快！快来看！抓到了！狗啃泥！但是抓到了！"等我冲到楼下，只看到了它叼着小耗子走进内舍的背影。欢欣指着监控屏幕，语无伦次地给我复盘五空的胜利："它就那样蹲在那个大木头上，能看得见好几个洞的那个位置，然后老鼠就出来了，从这个洞里出来，五空从那个大木头上下来，跟一张会动的饼一样慢慢蹭着滑下来，滑到这边的草里。小老鼠就往外走，可能是想要去找吃的吧，五空突然往前一蹿，整个脸都砸到老鼠身上了，就抓到了。"我说好好好，别急别急，咱监控有回看，咱回看，回看。果然，和欢欣叙述的差不多，尤其是最后的咬牙切齿，感觉拿脸砸耗子的那一下，五空真是要把自己的身家性命全都搭进去了，带起的风好像都在说："今天不是我抓到你，就是我砸死我自己！"这就对了嘛，食肉动物的哪一口食物是轻松得来的？都是拿命搏命，没点儿豁得出去的精神，怎么抓得上饭来吃呢？

　　抓到了一次，后面慢慢就熟练了，看着监控里的五空越来越轻车熟路，木子说："嗯，一级场地没问题了，走，加大难度。"我当时都要笑出来了，命苦的五空啊，不是我们非要道德绑架你，非要搞个"我们是为了你好"的折磨，而是你要成为真正的野外最强王者，就必须要经过这样的历练，才能够熟练应对各种复杂地形和鸡贼猎物。后来它接受的训练，我就不在这里具体叙述了，反正就是捕猎难度直线上升，随着五空不断解锁新技能，最后它连飞扑鸽子都能做到了，还通过了木子的魔鬼训练：分析地形、找到路线、耐心蹲守和飞越障碍捕猎。木子说："不愧是猫科动物，这都可以！"我心想，你这真的是……要么学会抓猎物，要么把它饿死啊……但我没敢说，反正现在五空学会的技能可真是比它妈妈教的还要再厉害一点，哈哈。

　　看着五空成长，我们心里也很清楚，就快要到了送它回家的时候了，各项准备工作都开始提上议程。

兔狲很容易被流浪猫传染疾病，而它生活的区域又有很多农牧民，家家都有猫。在与我们的线上专家团队进行沟通，开了好几次会，达成共识之后，我们决定送五空一件金钟罩：疫苗。谁都没想到，这个决定差点折损救助中心一员大将。

兔狲的体型本来就不大，比家猫还小点儿，身长就差不多是从胳膊到指尖那么长。你是不是在看自己的胳膊？哈哈，因为我也是低头看了一眼胳膊，觉得这个形容方式能一秒有个概念。别看它不大，但它可是正儿八经的野生动物，而且经过了木子的魔鬼训练，它现在可不好欺负，凶着呢！木子在笼舍外面给每个人交代："不要对五空掉以轻心！它是野兽，别看着它萌萌的，它一口能给耗子脑袋咬碎！想想如果那是你们的手，手套全都戴好，用网子抓的时候要小心！保护好它的安全，也要保护自己的安全，不要硬上！"见大家都武装好了，这才打开笼门进去。五空不愧是大圣，真有点飞檐走壁的功夫在身上的，每次都是在网子即将要扣到它身上的时候，一个扭身就蹿上了网顶，还能紧紧地扒住笼子，在下一次网子要上来的时候，凌空一跃跳到另一面的网子上。"这体力，可真不愧是吃牛肉补出来的。"就在我这么想的时候，木子大喊一声："用网子按住！别动！我过来！"五空被抓住了，它在网子里也不老实，来回挣扎着，木子戴着防护手套，正准备把它从网子中取出来，我拿着疫苗也赶紧走过去，没想到，五空的大闹天宫就是在这个时候开始的。那个悟空是往如来佛祖手上撒尿，我们这个五空是直接咬上来了一口。

"啊！"木子大喊，撕心裂肺。

我赶紧冲过去，就看见五空的嘴里是木子的手，还戴着手套呢，但血从它嘴角流出来，一滴一滴，沿着笼舍水泥的边往下淌。我直接就慌了，这咋办，这咋办？而且五空并没有撒嘴的意思，每次它稍微把嘴张开一点，木子往外抽时，它又迅速合上，一次又一次地连着手套和木子的食指在嘴里嚼着，狠狠咬住不松开。木子疼得音都变调了，她平时是很坚强的人，每次在工作受伤的时候都强忍着不动声色，这次的喊声我也是第一次听见，可想而知她有多疼。整个场面混乱到极致，我赶紧把疫苗揣在兜里，也换上了一双防护手套，用大拇指收起来的手套试图塞进五空嘴里，让它咬住空手套，把木子的手换出来。可五空根本不配合，还在空手套伸过去的时候更加使劲儿地咬了一口。这可怎么办啊！木子的声音都颤抖了："你先别动，我把它眼睛盖住，它看不见就不好预测动作，你也别掰它的嘴，它看不见了，可能就松开了。"说着，木子就拿另一只手捂住五空的脑袋，果然，它有了点松动，木子赶紧把手抽出来，血洒了一地。我说："你赶紧去处理伤口！"就这木子还不放心，抱着手冲出去之前还跟我说："初老板，你按住它，疫苗必须打，我马上回来！"我心疼得要死，但手上也不敢松劲儿，死死地把五空按在台子上，听着外面 Kiwi 喊："天哪！这么大个口子！木子姐，擦酒精太疼了吧，用酒精吗？"然后就是木子咬牙都没忍住从牙缝里钻出来的哀号："嘶！啊！太疼了！小郭！纱布拿过来！"听得我太难受了，很心疼木子的手，但还要集中精力对付在手下狂扭而试图挣脱的五空，一点都不敢分神。木子包好了手，又走进来，受伤的手颤抖着，从我兜里掏走了疫苗，拿酒精给五空脖子上消好了毒。可能是我的错觉，在打针的一瞬间，木子好像控制住了自己的手，不让它有一点抖动地推完了整支疫苗，拔针递给小郭的一瞬，她的手又开始疼得不住颤抖。我刚想放开，木子喊："别急，还有脖子也要量！抓都抓了，咬也咬了！我没事！快，尺子！"就这样，五空下一件装备的尺寸也有了着落。

退出笼舍的时候，我抹了一把脸，才发现已经泪流满面了，出去就号啕大哭地拥住木子："走，我带你去医院处理一下伤口，再打个疫苗，疼死了是不是？疼的吧，呜呜呜……"到了医院处理伤口的时候，才知道伤到了木子的手筋，可给我心疼坏了。她的手，救过多少动物生命的啊！看着医生打了麻药缝合，我就在旁边哭着念叨："疼死了疼死了，我的木子啊？我要咋样能替你分担一点疼，要不我胳膊给你，你咬着，是不是就没那么疼了？我要怎么做你能好受一点啊……"木子忍着疼，嘶了一声："你别念了，快出去吧，医生都烦你了，快点。我可以的。"医生也有点好笑地看着我："没事的，我会处理好的，你快出去吧，别添乱。"

这个伤口，用了很久才长好，而且过去了好几个月，内里还没恢复，手还不能正常弯曲。我偶尔还是会看着她的手定定出神，木子每次都会在我红了眼眶之前赶紧逗我："哎，别哭了，初老板，你看，你们的手都能彻底弯过来，我的就跟你们的不一样，我只能弯90度，比你们厉害多了。"

木子拿血换回来的数据，也帮着五空拥有了它的新装备：北斗卫星定位项圈。有了它，就能实时监测到五空在野外的情况，包括它的活动轨迹、体温、运动量、所处区域的海拔等等，这些数据会帮助我们以不打扰的方式持续监测它回归自然后的生活。等五空情况稳定之后，我们还可以远程操控项圈掉落，再根据位点去找回。

戴项圈这个复杂工作，可不敢再冒险了，我们这次将五空直接用网兜装进了航空箱，再把航空箱放进木子定制的麻醉整理箱里，接上呼吸麻醉设备，不一会儿它就扑通一声在航空箱里睡过去了。从航空箱里转移出来的时候，它已经从张牙舞爪的狲大圣变成了一摊软软的猫饼。看着五空戴着面罩静静躺在手术台上，我说："这可得感谢"河狸军团"了，是大家筹款买的这个呼吸麻醉机保住了木子姐剩下的手指头。"

说实话，看着五空一动不动，我是真想把它抱起来，把脸贴在它软软的肚子上吸一下啊！但不行，因为麻醉时间越短，对于它的影响就越小，所以我只能趁着木子给它佩戴项圈的时候，偷偷捏捏它的小手，再悄悄摸摸它背上顺滑的毛。小家伙营养状态是真的好啊，油光水滑的，小肚子摸起来软乎乎的。木子也没错过这个机会，扣面罩的时候，明知道五空听不见，但她还是气呼呼地说："让我看看，是哪颗牙咬的我啊？小朋友，你不是厉害得很嘛，跳起来咬我啊，我换个手指头给你咬！"看到我又快哭了，她才停住："哎呀，初老板别哭！快来帮我一起把项圈给它戴上！"

就这样，五空的新装备也好了，方会长开玩笑说，还真是五空啊，这就有紧箍儿了。是呢，可以远程控制的紧箍儿。

到了送五空回家的这一天，因为害怕它再回到牧民家，和牛大哥不清不楚地打架，我们决定给它换个"花果山"，所以提前很久就和地区林业草原局的专家给它选了水草丰茂的一处真正野地，就在乌伦古河的一处小河湾，有山有水有树林，耗子洞满地都是，小鸟好奇地蹦跶来、蹦跶去。虽然五空也可能往其他地方溜达，但我们有项圈能看到它的位置呢，而且经过了一系列的"野生动物再就业"训练，现在可口的小老鼠和小鸟才会是它选择的主食吧。

送它回家的阵仗真大，第一辆车是咱们"河狸军团"的救护车，后备箱里拉着五空的粉色小航空箱，还带着咱"河狸军团"送的大能量站，接着电风扇，给大圣降温，避免在回花果山的路上中暑了。小郭还自告奋勇地坐在后备箱里，替不会说话的五空感受温度。第二辆车坐满了照顾过它的同事们，大家都想要去送送这个让我们印象深刻的小朋友。最痛苦的可能是我，因为Kiwi一路都在叨叨着，还配着往上掀起衣服的动作，展示着早上抓五空进航空箱的时候，五空拿他当了跳板，在白肚皮上蹭了一脚，留下的八条爪印的伤口。"老板，你说五空是不是最爱我？它要走了都没给谁留点啥，就给我留了这个好看的纪念。"木子扭过头去敲了一下正在撩衣服的Kiwi的脑袋："下次让它咬你。"第三辆车是地区林草局的专家们，他们也是第一次见证兔狲回归自然。第四辆车是阿尔泰山国有林管理局富蕴分局的护林员兄弟们，他们没少帮忙，也很记挂这个小朋友。第五辆车是边防的兄弟们，他们说："我们一定要去看看把它放到哪里了，再不能让它去哪家偷牛吃了吧？哼。"其实他们也是舍不得。

到了地方，大家大包小包地顶着太阳走了很久，在预选放归的地方，木子指挥着大家先把航空箱放在树下，接好风扇给它继续吹着降温。我们在周围架设了好几个红外相机，希望能替我们陪着五空，也希望能够在红外相机里再一次看见五空在花果山里自由自在的样子。

准备好了一切，大家找好了各自的位置蹲着，我还煞有介事地拿出来了相机，想给五空拍点照片。怕它从我头上踩过去，警察叔叔还给了我个头盔。航空箱的笼门打开了，我准备按快门，五空直接跟踩满了油门一样嗖地冲了出来，脚下带起的尘土都追不上它，毛色和环境里嶙峋的石头融为一体，四条小短腿倒腾得那叫一个快，直接就消失在了山梁上，我相机还没来得及举起来！

小高默默地挪到我跟前，我还长吁短叹着，她一边帮我摘掉头盔，一边小声说："老板，你说五空回了家，它会过得好吧？"

后来，五空过得很好，根据卫星定位项圈回传的数据，在适应了花果山周围的生活之后，它开始对更远的地方探寻了。最后选择在乌伦古河中下游一处地方定居，看到它稳定下来，我们也顺利地收回了项圈。

这一次，五空与人类的故事，不会再是它试图去偷牧民家的牛，而是作为农民的守护神，帮助农民伯伯抓耗子、守护田地。

如果在看书的你，有一天能够吃到来自乌伦古河流域的瓜子或者玉米，要想想，这里面可能就有着五空的一份功劳呢！

雕鸮"咔吧"人类世界奇遇记

方通简

协会有两个人因为这份工作被朋友取笑过，一个是扫羊圈的初博士，一个是捏脚的 Kiwi。有一次，初老板的发小给她打电话闲聊，问在忙啥，初老板说踩了一脚羊屎蛋，正在打扫羊圈。发小听后哈哈大笑，说以前只听说不好好学习的人长大后要去放羊，没想到你都读到博士了，也还是逃不掉啊。Kiwi 就更惨，刚从黑龙江来富蕴工作时，他的朋友们经常会打电话关心他过得好不好，每次被问起在干啥时，他都说在忙着捏脚，朋友们听后忧心忡忡："兄弟，要说你真喜欢干足疗也行，可你为啥要跑几千公里去新疆呢？"

说起 Kiwi 干足疗这个事，要从我们当年接收到的第一只雕鸮说起，它叫咔吧。刚来我们临时救助站时不幸患上了鸟类常见的问题：禽掌炎。这个病吧，说轻不算轻，会直接导致猛禽的爪子内部发炎、化脓、溃烂；但说重也不算太重，保证它们爪部血液循环顺利，再坚持上药就能有效缓解。

当时，Kiwi 刚来协会，他负责的第一项工作就是照顾咔吧。刚来时，因为很多治疗办法都还没学会，只有捏脚这事易上手还出效果，于是勤快的 Kiwi 勤学苦练，不仅快速掌握了同事们教的猛禽捏脚术，还自己研究出了好几种不同手法，用他的话说就是"把咔吧的脚丫子安排得明明白白，嘎嘎健康"。

每天，他都要熟练地把一头雾水的咔吧裹在毛巾里，只露出脚，再抱出笼子，然后打开它的爪心一顿按摩。当时我们每个人都怀疑咔吧回家以后，该怎么向家人解释这去人类的救助站的一年间经历了什么，但愿雕鸮语里有足疗这个词吧。就这样，在他的精心照顾下，咔吧的爪子以肉眼可见的速度恢复了健康，它也从一只毛茸茸的雏鸟蜕变成了一只耳羽直立、神采奕奕的成年丛林猎手。

美中不足的是，它的身体虽然好了，但是生活自理能力还差点意思，吃饭的时候无法自主识别猎物。说直白点就是，它只会吃切好的牛肉和人工处理后的小鼠，活的猎物它搞不定。很多动物都有天然的捕猎本能，其实不太用我们教，通常稍微刺激天性，它们就可以自己开动了，除了咔吧这个大傻子。所以，我们决定在野化训练里对它加大刺激力度，早早就给它提供活耗子。

可是，活耗子要从哪里来呢？好在协会的驻地在荒山上，有一定的"耗源"。

那段时间，协会看门用的狗子"托海"和别人送给我们的小黑猫"铜铃"因为这件事而瞬间得到了重用，被放出来协助大家逮耗子。也许是穷人的孩子早当家，它俩的活干得又快又好，我们日常只要看到耗子就会立刻大喊"上猫！"或者"带狗！"，然后它俩就被提来办公室一顿横扫。猫负责逮个头小、跑得快的小耗子；狗负责逮体格壮、战斗力强的大耗子，它俩配合默契，成功率很高，导致协会附近的耗子们纷纷饮恨。

除了猫狗战神，我们还在单位库房和厨房附近下了好几个捕鼠笼，也有收获。一时间，耗子界风声鹤唳。结果耗子成了办公室里的"珍稀"物种，不好逮了。这可咋办？咔吧和其他几只猛禽还等着活耗子上课呢。基于"穷什么不能穷教育，苦什么不能苦孩子"的出发点，我们四处打听，又琢磨出一条"生鼠之道"，想办法繁育耗子！

于是，我们专门腾出一间房子当鼠房，从"托海"和"铜铃"嘴里省出活耗子来搞繁育。顾安的朋友又送来一些花枝鼠，于是她和 Kiwi 就开始利用空余时间刻苦钻研养鼠技术。这项工作推进得很快，没两个月就取得了初步成功，开始有小耗子出生了。正当 Kiwi 扬扬得意于成为协会的首位养鼠专家时，意想不到的情况发生了，阿尔泰山多变无常的寒流再显神威，一夜之间大降温，把他的小耗子灭掉了一大半，余下的也在寒风中瑟瑟发抖，仿佛命不久矣。两个月的心血面临着泡汤，Kiwi 气得托着下巴苦思冥想，还真被他想出了个招，自己生火炉！

于是，我们又在鼠房里搭建起了一个简易的土炉子，手工制作了铁皮烟囱，开始研究生火烧煤炉来给小耗子们取暖。原以为这不是个多难的事，可让大伙万万没想到的是，生火确实容易，但让炉子里的煤充分燃烧并长时间保持供暖可就太难了。协会的同事们多是90后、00后，谁也不掌握烧锅炉的技术啊。

既然不会，那就研究！大家齐上阵，脸都被熏得黑漆漆的，把煤块先是砸成块状，又搞成粉状，还试过掺点水做成煤饼晾干再来烧。那阵子好多人脖子上总有一层擦不干净的黑色煤灰，如果胆敢两三天不洗澡，干活流汗时用手一搓都能搓出泥来。加煤，计时，失败；换比例加煤，再计时，再失败；换顺序再加煤，又计时，又失败……按说努力成这样应该有点收获才对，但不好意思的是，当时真的没能搞定，谁也没想到烧炉子居然成了挡在我们面前的大山。

无奈之下，同事们只好纷纷打电话回家请教自己爸妈、爷爷奶奶，这个气人的煤炉到底要怎么烧。一时间，来自东北的、北京的、甘肃的、陕西的同事家长们纷纷出谋划策，分享自己年轻时烧煤炉取暖的经验，我们看着手里好几种不同的燃烧方案一个一个试，终于找到了相对好一些的办法。只是，技术不管怎么改良，煤炉也只是最多燃烧两三个小时就熄火，长夜漫漫，耗子们可受不住。于是，大家只好在冬天的晚上排好班，定好闹钟轮流从被窝里钻出来添煤续航。

笨办法累归累，好歹温度是上来了，小耗子们保住了，我们的鼠房开始生机勃勃，新出生的小耗子源源不断。谁知道，鼠口数量提升之后又产生了新问题。耗子一多，加上为了保证室内温度，并不敢长时间开窗户通风，鼠房里那上头的气味可真是一言难尽。

我们再想办法解决这个问题。先是从木工房找来锯末等木屑作为耗子排泄物的垫料，每天一次勤更换，这个办法很有效果，味道马上就得到了改善。不过还没高兴两天，第二个问题又出现了，富蕴县是个小地方，没有那么多木工活，木工师傅们的木屑存货被我们几下子就扫荡空了，鼠房"沁人心脾"的味道又恢复了。

办法总比困难多，不要紧，再想办法。我们从旧货市场搞了一台二手碎纸机，把单位所有的旧报纸、废纸全拿来打成纸屑来替代木屑，效果也还行。那段时间，办公室里碎纸机日夜开工，竟隐约搞出了一种纸屑加工黑作坊的感觉。

那句话怎么说的来着？不要高兴得太早，好日子总是不会太多。问题再一次出现了，我们所有的报纸都用完了。废报纸这个东西吧，平时扔在四处好像很多，但真到用时还不好找。我们试着去废品收购站打听了一下，刚开始是想花个几十块钱买上几百斤来着，但万万没料到的是，这玩意用着不值钱，可真要买还不便宜，一公斤居然要卖到十来块钱！我的乖乖，我们鼠房每天要用十几公斤呢，这要是都用买的，还不把我们买倒闭了？

一群人蔫了吧唧地回到协会，为自己居然不懂废纸行当的常识而惭愧，关键是明天鼠房的供应又要断了，可咋整？

我们想啊想，想起一句话来：有困难找政府！

"真的，咱们去试试吧！"初老板说，"咱们分头行动，多去几个部门要报纸，上次我不就从林草局搞了一大包旧报纸嘛！"到了这个关头也只能试一试了。我们分成好几小队，提着编织袋，跑到县政府大楼从一楼开始挨个办公室敲门讨要旧报纸。听了我们讲的原委，公务员同志们哭笑不得，纷纷从各自的座位上翻出了大的和小的、彩色的和黑白的旧报纸，那天我们收获颇丰，足足搞来了十几袋！甚至回到协会后，还经常有各个单位我们并不认识的干部下班后跑来救助站，搬下来一摞摞陈年旧报送给我们。

垫料的问题彻底解决了，我们的报纸堆了半库房。鼠房就像一座耗子产房，开始不断有成年的耗子出栏。

结果，问题又随之而来了！

咔吧不会吃活耗子。这家伙从小在救助站长大，吃的都是精瘦肉，活的它不敢去逮，好不容易伸伸爪抓住了，竟然还不敢吃。耗子们被逮住，被按在地上摩擦，但也仅仅是摩擦。隔一会儿鸟也累了，耗子也累了。我想，如果耗子会说话，它们也会生气的："你们这些臭老楞，吃还是不吃给个痛快话，把人家按在地上是几个意思？瞧不起鼠还是咋？"

对于此种局面，我们也很头大，咔吧要野放了可怎么活呢？

Kiwi 坐在咔吧笼子跟前发愁地看着它把耗子按在地上，他自己手里也提着一只耗子，张着嘴向咔吧比画示意："就这样，吃！唉，你看我干啥，你看它啊，吃！"某天，初老板给"河狸军团"直播野放训练时拍到了这个场景，大家看着他那样，纷纷忍着笑刷屏："Kiwi吃一个，给孩子打个样！""教育就是以身作则，相信自己，快用行动来一个。"

但问题还是要解决，到底怎样让咔吧意识到，眼前这玩意是要自己去抓来吃的，是一件很重要的事。你不能光知道拆开的耗子能吃，活的不知道啊。我们又想了个招，把耗子用绳子拴在木棍上，吊着在它眼前晃，让它一直看到。刚开始，咔吧还觉得挺有趣，一跑一跳跟耗子逗着玩，貌似这个不争气的孩子有种渐渐要和耗子处成好兄弟的架势。没办法，只好停了它所有的饭，逼它想填饱肚子就只能从眼前的耗子上想办法。

博弈开始了，说不吃就不吃，怎么都不吃。我们忍着担心，狠着心就是不给别的肉。就在我们担心别真饿着它时，狩猎者的血脉终于被激活开窍了，它的捕猎技能一日千里。经过一整个冬天的训练，它已经成了真正的捕猎大师，我们一次放好几只耗子进去，它都能快速搞定，甚至还学会了借助木桩潜行，藏起来埋伏，在耗子放松警惕时，冲杀出来一击必杀。

在兔子、鹌鹑的捕猎训练全部通过了之后，我们知道告别的时候到了。第二年开春后，我们抬着它来到了阿尔泰山的一处峡谷里，打开航空箱的门，集体坐在它身后不远处。它没心没肺地跑了出来，站在我们面前深深地吸了一口山里的新鲜空气，看到我们指了指远处的群山和天空，仿佛明白了我们的意思。

好像是想让我们放心，它快步走到山崖边，在熟悉了山谷间的气流后，耳羽一动，敏锐地扫向前方某处，抖了抖身上的羽毛，冲天而起，在空中舒服地展开身形，又在我们头顶兜了个大圈，向着山谷对面的一处草丛直扑而下，抓到了食物。

那一刻，站在峡谷对岸的我们安静地看着它，心中有种说不出来的感觉。我们的小毛球长大了，成了一个真正的男子汉。在这珍贵的一年中，它获得了成长，我们收获了攻坚克难的勇气，我们共同进步，彼此都刷新了自己的极限。

再见了，咔吧小朋友！以后你要好好生活，建立一个属于自己的家庭，希望在人类世界的这段时间里，那些我们曾经有过的回忆能够让你在将来遭遇困难和风雨时，带给你一些温暖和力量。再见！我们的宝贝。

沉重的鱼钩和渔网

方通简

你们经历过那种看着生命逝去却什么也做不了的感受吗？

2022 年夏的一天，乡里的派出所给我们打来电话，他们巡逻时发现一只白鹭被困在河边，看上去情况不太好。我们第一时间赶到河边才发现，它被一团废弃的渔网缠在了岸边动弹不得，渔网一头挂在树上，另一头紧紧勒在它的腿上。这个可怜的家伙也不知道被困了几天，奄奄一息，还因为挣扎太多次而被尖锐的鱼钩深深刺进了双腿，整个爪心都肿了起来。

顾不上心痛，我们迅速把它带回了救助站。外伤、应激、虚弱叠加在一起的它可怜巴巴，瘫软在保育箱里，眼睛缓缓地眨着，流露出活下去的渴望。我们全力开展抢救工作，试图把它从死亡线上拉回来。初老板和木子姐制订了治疗方案，同事通宵守候，全体同事不眠不休配合，它的情况却时好时坏，始终无法脱离危险期，让人揪心不已。

可惜的是，尽管我们使出了浑身解数，可它几乎没法进食，伤情也持续恶化，炎症和消化道的问题在以肉眼可见的速度变得严重，两天后它终于还是没能挺住，离开了我们。

大家还没来得及难过，就又接到了警察同志送来的一只鸬鹚。刚来时，它拉了一泡红棕色的粪便，我们一看不是好兆头，这说明它的消化道有出血的地方。通常来到我们这里的野生动物消化道出血都不是病理性的，应该是不慎吃了什么东西导致消化道受损，这下麻烦了。

当时我们的临时救助站里还没有 X 光设备和手术条件，不能准确地判断它身上发生的事。看着它饿得奄奄一息，兽医抱着试一试的想法给它喂了一些鱼，希望能帮它恢复些体力，可它吃了两口就全都吐出来了。无奈我们只好帮它下了胃管，先保证它不会饿死，又打针补液，希望它能好起来。但到了晚上，它忽然再次大量内出血，还不等抢救开始就已经冷冰冰了。剖检结果显示，它的嗉囊里竟然挂了好几个鱼钩。

　　三天后，我们在河狸食堂附近干活。那是一片被河狸营造出来的小生境，因为河狸修筑的水坝会养活藻类，聚集鱼类，从而造福鸟类，还会引来很多小型兽类，所以这种小生境里通常会有很多种动物共同生活着。走在岸边时，同事们隐隐约约看到水边草丛里有一坨白色的东西，跟草、树缠绕在一起。上前拉出来一看，居然是一团废弃的渔网，感觉手里沉甸甸的。于是我们把网仔细剥开，上面赫然困死了五只野鸭、两只兔子、一只白鹭。动物们的尸体已经腐烂，看不出来具体形状，触目惊心。这些曾经在河水里畅游、在森林里奔走、在蓝天上翱翔的生灵，都因为这张小小的渔网而变成了眼前让人心碎的一幕。

　　其实，围绕着钓鱼、捞鱼的这项休闲活动，像这样的事情还曾发生过很多。有时对于人类来说可能只是一个不慎脱钩的小鱼钩，一根用剪刀一下子就能搞定的渔线，一张已经破旧得不想再用的渔网，这些东西被轻易地丢弃在岸边，却在之后成了很多动物无论如何都无法挣脱、直到慢慢死去的残酷枷锁。

　　连续发生的这几件事让我们特别难过，却又不知道自己该做些什么，又能做些什么。因为钓鱼并不违法，而这些野生动物也不是因为钓鱼和捞鱼的人有意伤害而死的。也许在这件事里没有人想做坏事，可人们一次又一次的"没发现"和"不小心"背后都会有动物们为此承担后果。人类是自然生物里的强势物种，一些不经意的行为却可能会给其他生命带来致命的打击。

　　为此，我们专门录制了一条倡议所有喜欢钓鱼和捞鱼的人不要随手丢弃废旧渔具的短视频，发在短视频平台上。那期视频里，没有像往期一样的欢乐的片段，只有初老板在安静讲述我们的所见所感。当时，我们并不知道有多少人能体会到野生动物保护一线同事们的心情，能感受到这些可怜动物死去时的无奈，但选择为它们发声是当时我们唯一能做的微小努力。没想到，视频发出后一夜之间竟获得了很多喜欢钓鱼的网友的留言：

"看了你们的视频，对我的警醒很大。虽然平时对钓上来的鱼基本不分大小都放流，但对于换下的鱼钩却没有注意。以后定会注意！！"

"我悔过，我乱扔过废旧渔线，看到这条视频以后不会再乱扔了！"

"对不起，真的对不起，我以后不会再丢了。"

"记住了，这事以后一定不会再在我身上出现。我很爱护动物，但是从前没想过这些事。"

"我一定会带走，不用的鱼钩我再也不往河里丢了。"

……

这些评论每一条，我们都认真看了，有的还重复看了多次。原来，在这些错误里，有很大一部分都是源自人们的不知情。当大家看到了、知道了，其实每个人都会像我们一样心痛，都愿意像我们一样努力避免悲剧再次发生。那段时间，我们收到了大量微信群聊的截图，很多钓鱼爱好者的交流群里都在响应这条视频，都在呼吁"不乱丢废弃渔具，不让野生动物受伤"，"河狸军团"的网友们还把这句话做成了小牌子挂在自己所在城市的河边。

那个夏天，我们无奈地失去了白鹭、鸬鹚、野鸭、兔子……但也因此收获了很多人的改变。这个世界经常会发生遗憾的事情，但在所有人的齐心协力之下，事情通常也都在向着好处转变，对吧？

围城内外，黑鸢常来

初雯雯

　　救助中心的每一只野生动物，都有属于自己的一套档案，包括接收单、体检表、治疗方案记录表、日常饲喂用药表、野放评估表和野放单等。有档案，那就有编号，编号的格式是年月日加数字，比如是 2023 年 7 月 6 日送来的第一只动物，那就是 20230706001，之所以日期后面空三位，是我一直梦想着救助中心没准啥时候规模扩大，能一天救助上百只来自全国的野生动物呢。但也因为编号太长，没办法挂在嘴边，总不能每天都 "20230501002 今天抓耗子抓得怎么样？ 20220910001 的伤口好些了吗？ 20230406001 和 20230709001 体检一下" 这样吧？这可太拗口了，也记不住，所以救助中心的每一只动物在拥有档案编号的同时，我们也会和 "河狸军团" 一起给它们取个名字。

　　就是吧……可能是跟 "河狸军团" 一概又土又嗨的核心思想有关，我们起名字的风格真有点 "泥石流"：因为想要一爪子给我拍毁容，所以在起名上被剥夺了爪子的棕熊，叫能能；五只小艾鼬，因为艾鼬很像叹词 "哎哟"，就起名叫哎哟喂、哎哟呵、哎哟哈、哎哟我去和哎哟妈呀；俩蓑羽鹤小朋友，长得不鸡不鸭的，就起名叫布吉和布丫；雕鸮，会在害怕的时候上下碰撞它的喙，发出咔吧咔吧的声音，就起名叫咔吧；燕隼，是边防巡逻犬捡回来的，就起名叫狗送；兔狲，五次试着去牛圈偷牛，无一例外空手而归，又大闹天宫，就起名叫狲五空；河狸，因为是被困在了羊圈里，很像大坨的羊粪蛋，就起名叫羊粪蛋蛋，小名蛋蛋……诸如此类随意又可爱兮兮的名字每天都在救助中心回荡着。

要说起名字花样最多的，还得数黑鸢。作为我们这边的优势种，它的分布范围可真广啊！广到了什么程度呢？就是我们要是走在路上，听到路人大喊："快看，老鹰！"抬起头一看，基本上都是黑鸢。而且它们经常在人类的生活区域活动，放羊的地方、河边、草场、垃圾场、办公楼，随处可见它们的身影。以上几点，导致了黑鸢基本上是我们救助中心的常客，一年内光治好了放归自然的，差不多就得有四五十只。这起名字可是个大工程，得大家坐在一起想，还得回忆各种过程中的细节，最后再郑重地把名字写在日常喂养护理表上。所以在黑鸢圈舍墙上的那一排护理表上，就有着各种各样、奇奇怪怪、可可爱爱的名字。什么菜油、有牛、秃秃、双残、六六、电击、装饼……它们的名字都各有来头呢！

菜油是掉进了救助人家里的菜油缸里，浑身羽毛都沾满了菜油，可让我们好一顿清理啊，又把飞羽和尾羽都剪掉，天天换羽维生素补着，快一年，它才拥有了一身新羽毛，这才回了家。有牛是救助人发现它很虚弱地掉在菜地里，我们去接的时候，救助人家有个大院子，院门上挂着个牌子："院内有牛，请勿开门！"这个救助人还可负责了呢，我直播的时候经常能看见她发弹幕："雯雯，我是有牛妈妈，有牛咋样啦？"哈哈，过阵子有牛就可以放归了，我要喊她一起来参与。秃秃呢，估计是那一窝里最弱的一只，救助人送来的时候，它被寄生虫咬得头上的羽毛一根不剩，比"地中海"还惨。双残呢，是被非法饲养的，警察叔叔送过来的时候，它不光身子不太健康，还有心理问题，极度依赖人类，属于身心双残的那种。我们花了好大劲儿才给它养好了身子，又纠正了行为问题。六六小时候被民工从窝里掏出来，天天被喂剩饭，水煮肉片什么的，发育不良，有个爪子是萎缩的，不得不截肢，就变成了人手比六的那个形状。电击是真被电晕了，救助人眼睁睁看着它从电线上栽下来，整个双腿和爪爪失去了知觉，小花每天给它按摩和复建，现在爪爪能稍微动一动了呢。装饼……并不是个例，而是我们已经取了好几个类似这样的名字了：饼饼、小装、蹭饭之类的……它，哦不，是它们，我真怀疑它们是来蹭饭的！这个现象真的值得单独拎出来说一下。

黑鸢呢，在感知到危险的时候，就会变成一个"鸢饼"，这个过程不是一下子的，而是在你的注视之下，它会慢慢蹲下……然后，整个身子贴在地面上，先是尾巴，然后肚子，到最后连它尖尖的鸟喙都和大地来个亲密接触，浑身一动不动，连眼珠子都不敢转了，好像在说："看不见我，看不见我，看不见我。"这也导致了很多救助的情况都很乌龙。比如救助人很着急地送来一只黑鸢说："有个大鸟受伤了，趴在地上一动不动！给你，我给你们送来了！"然后我们一检查，啥毛病都没有。但中国有句古话，来都来了，那就吃个饭吧。所以我们基本上就会给它几顿饭，喂胖一点，就赶紧放走。"这不是来蹭饭的是啥啊！"木子经常这么说。又能怎么办呢？给蹭呗。装饼就是它装成饼被送来蹭饭时取的名。

黑鸢作为群居鸟类，还有个很好玩的习惯，那就是会互相照顾。我们的鸟舍是分内外舍的，外舍顶子是铁网，这些小家伙就喜欢白天站在外面晒太阳。有一天，小高打扫外舍的时候，抬头发现网子上有一个被啃了一半的鸭头，她爬上房顶拿下去扔了；第二天，又出现了一根上面还剩了几条肉丝的羊腿骨，她又拿去扔了；第三天她觉得不对劲了，就藏在旁边看着，居然是一只在野外自由的黑鸢从远处飞来，它的爪子上抓着吃的，飞到鸟舍顶的铁网上方的时候，一松爪，东西就掉下来了，这叫一个精准啊，砸在网子上咣当一声。这只黑鸢扔完还没结束，还来回盘旋了几圈，想看看它的兄弟姐妹们吃上了没有。这友谊可真结实，怪不得黑鸢能成优势种，数量那么多，都靠互帮互助来的啊！

黑鸢的这种友谊，不限于实物投喂，还体现在提供情绪价值。咱救助中心院子外面有个很大的鸟类野放训练区，每一只恢复了身体健康的崽崽，都要在里面进行野放训练，解锁捕猎、飞行、躲避天敌等一系列生存技能，还得通过考核才能放归自然。黑鸢是常驻选手，最靠边的那个野放区里总住着几只。这个野放区也最热闹，每天都有好几只野生的黑鸢飞过来，站在电线杆子上、野放训练区的网子上、鸟舍的房顶上、树上看着训练区里的黑鸢，有时候，笼子里的小家伙们还飞上去跟它们打个招呼。路过野放区的时候经常能够听见它们尖锐的啸叫，这还畅聊起来了，分享"围城"内外的生活经验呢。

有一天，一只草原雕刚通过训练回归自然。木子说把里面收拾一下，安排下一位学员准备考试。训练区的笼门开着，同事们来回搬着树桩、假草这些训练道具，到了饭点，大家去吃饭了，里面没鸟，也就没关门。等回来时，发现里面有一只黑鸢正在训练区里溜达呢。它左看看，右看看，这个树桩上站一下，那个假草上落一下。木子都惊了，说："这还有主动进来的啊？小朋友，你不回家吗？你老婆不要了吗？"又赶紧喊了小郭去拿了网子和毛巾，把它裹着抱了出去放它自由，但它还有点依依不舍，好像没逛够，边飞边回头。木子抬起手挡着阳光，眯着眼睛追着它看，说："初老板，你说，咱们这个野放训练区的网子像不像围城？网子里有吃有喝没自由，网子外面有自由，但要自力更生。是不是网子里的想出去，网子外面的想进来？哎，这就是围城吧，像不像人类的婚姻，真像。这好像就是新时代女性和家庭主妇的选择一样。"说着她还点了点头。

我弹了她一个脑瓜崩："像是像，但人有得选，这些崽崽没得选。赶紧地，咱继续收拾训练场地，该送下一个崽崽回家啦。"

后记

当此书完稿时，我才意识到自己和协会的年轻人们已经共同工作了四个年头，见证了这个年轻的社会团体从无到有，从小到大。闭上眼，往事历历在目，心中百转千回。回头看，曾经发生过的每一个在此刻引人生笑的小故事，在当时其实都是让我们惊心动魄，并不确定自己能不能迈得过去的一道槛。

青春是勇气和探索的代名词，在这些个瞬间里我们并不能预知未来，不能知道即将等待着我们的是什么。那时的我们不会想到各级林草主管部门和阿勒泰地区基层政府对待生态保护工作是如此倾尽关注。我们也不会想到，生态保护在中国已经拥有了如同燎原之势的群众认知和参与热情。在来自以北京林业大学、中国农业大学为代表的高校，以中国乡村发展基金会、中华环境保护基金会、爱德基金会为代表的公益基金会，以中国石油、泡泡玛特、民生银行、德力西等为代表的社会责任企业，特别是字节跳动公益等互联网平台的全力支持下，这场原本只是几个年轻人付诸梦想的小行动变成了融汇太多人心血的"大事"。

我们为此感到深深地自豪，自豪于在这个富有创新空间的国家，青年人有做事、成事的沃土；在这个充满奇迹的时代，奋力拼搏的汗水能够浇灌出美丽的花朵。作为当代中国青年人的一员，我们所面临的机遇让无数国际友人惊叹、艳羡。

直到今天，我依然清晰记得雯雯这个"初老板"的绰号是如何得来的。当年，为了让她的"崽子"们活下去，这位刚刚出炉的年轻知识分子在挺长一段日子里经常要挤出笑脸，做出厚脸皮的样子，凑到几乎每一位朋友身边，用故作老练的语气学着牧民兄弟们讲汉语的腔调来化解自己的尴尬，"老板，羊肉给我们赞助一点嘛"。这句话似乎成了某段时间里她招牌式的开场白。

直到终于把所有朋友都讨毛了，没人再敢接她的话茬。大家纷纷边表示："别别，你才是老板。初老板，饶了我吧。"于是，她正式拥有了这个浑名。其实，当时的她面对的可不仅仅是缺肉少药这种单一问题，而是更多在那个青涩的年纪里无法完整表达出来的焦虑。那是一种从内心深处涌出的，并不知道自己选择的这条路究竟能走多远，也不知道自己能否带领着团队找到正确方向的，对未来的不确定。

但是，有一种莫名的力量总会在关键时刻出现，支撑着她遇山修路，逢水搭桥。很难说维系这份坚韧的是一种什么信念，或许是对于自然的热爱和对生命的执着，或许是某份立誓要带着团队伙伴们找到正确方向的责任，甚至有可能是为了实现自己青春里与阿尔泰山，与野生动物们的某段约定。

经常有媒体问她一个问题：你作为一个在北京完成学业的博士，为什么会选择坚守在新疆的大山脚下？而她常常语塞，不知道要怎样回答。共事多年，这个问题的答案其实我知道，当我们谈到"坚守"这个词时，往往言下之意是指一个人因为某种原因停留在了自己事实上并不喜欢的状态里，但她不是。

她是一个真的把野生动物当成朋友的人类，是真的迫不及待地盼着毕业，离开学校，然后雀跃着奔回自己的大自然。回来后，她履行承诺，用尽所有力量为她的动物朋友们打造了一条名叫"协会"的小舢板。这条小船颤颤巍巍地下水试航，艰难地推开水面上漂浮着的障碍顺流前进。幸福的是她遇到了一群志同道合的伙伴，幸运的是她遇到的都是支撑着她继续前进的暖流。

五年来，这群小伙伴一路航行，一路接纳，不知不觉小小的舢板上已经堆满了很多人的梦想，承载了越来越多人成为自然保护者的期待。我们可以预见，在未来的日子里，这艘名叫"协会"的小船将驶向纯粹的理想之海，这些名叫"河狸军团"的种子，代表着对于生命的热爱，它们将开出更多的花，在大自然中结出丰硕的果实。

最后，感谢一路走来所有参与到阿尔泰山自然保护工作里的"河狸军团"网友和机构，感恩始终不变为青年人提供前进动力与施展才华舞台的国家，我们这一代人何其幸运，能够拥有这样珍贵的生命馈赠。在决定写下这本书之前，我和雯雯其实有一个小小的心愿，我们想把发生在协会的故事讲出来，讲给更多有志参与生态保护工作的朋友们听。我们想说，在追求梦想的路上确实会遇到荆棘与波折，但也会有更多的阳光和雨露。我们唯有遵循初心，拼尽全力，才能穿越迷雾最终找到属于自己的路。

方通简
2024 年 1 月于新疆富蕴县

为河狸清理巢穴旁的淤泥和过多的水草

摄影：方通简

最初很遗憾没能活下来的河狸"宝宝"
摄影：方通简

阿尔泰山野生动物救助中心外科手术
摄影：刘欢欣

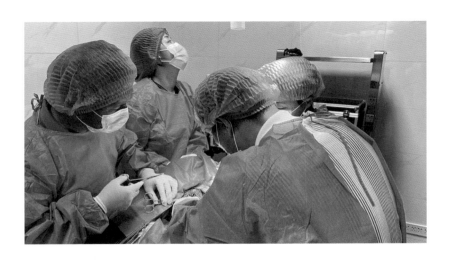

"河狸军团"向牧民"守护者"发放草料
摄影：马驰

下页:阿勒泰地区自然保护协会的红外相机拍摄到的雪豹
摄影：马驰

协会同事们出野外，查看红外相机拍摄的野生动物图片和视频

摄影：刘欢欣

"河狸军团"的小伙伴们合影

摄影：方通简

阿尔泰山野生动物救助中心最初的设计草图

摄影：方通简

阿尔泰山野生动物救助中心效果图
富蕴县林业和草原局供图

上、右上： 冬季河狸调查，记录河狸生境数据
摄影：马驰

下： "河狸军团"标志
阿勒泰地区自然保护协会供图

右下： 中国青年五四奖章
摄影：王大鹏

用旧被褥将暖气管道盖上，可以有效防止管道"结冰"
摄影：方通简

牧民巡护员一起为"河狸食堂"种树
摄影：马驰

初雯雯和陪伴羊"泡泡"
摄影：方通简

阿尔泰山的羊群及牧羊人

摄影：方通简

刚刚发芽的"河狸食堂"灌木柳

摄影：马驰